高等职业教育电子信息类专业"十二五"规划教材

模拟电子技术

徐 遵 刘莉莉 主 编

苏品刚 赵 卉 王 茜 副主编

U0310550

中国铁道出版社有限公司

CHINA RAILWAY PUBLISHING HOUSE CO., LTD.

内 容 简 介

本书以实用为导向，从工程实践的角度对相关知识删繁就简，理论知识强调"实用为主，必需和够用为度"的原则，在知识与结构上有所创新，采用较新的编写体例，符合高职学生的认知特点。本书既有基本概念的详细讲解，又有画龙点睛的知识拓展，真正体现学以致用。

本书共分 8 个单元，主要内容包括：基础知识、电源电路、基本放大电路、反馈电路、振荡电路、低频功率放大电路、模拟滤波电路、模拟电子技术实验。除单元 1、单元 8 外，其余各单元均以课题为教学单元，每个课题既包含基本理论知识的介绍、课题内容的分析和实物展示，也包含对课题相关知识的拓展以及仿真实验，有利于学生对相关知识的理解和掌握。**本书配套教学 PPT 课件，可登录 www.51eds.com 下载。**

本书适合作为高职院校电子信息、应用电子技术、电气自动化、通信技术等专业的教材，也可供从事电子技术应用的工程技术人员参考。

图书在版编目（CIP）数据

模拟电子技术/徐遵，刘莉莉主编.—北京：
中国铁道出版社，2013.2（2020.1重印）
高等职业教育电子信息类专业"十二五"规划教材
ISBN 978-7-113-15599-5

Ⅰ.①模…　Ⅱ.①徐…　②刘…　Ⅲ.①模拟电路—电
子技术—高等职业教育—教材　Ⅳ.①TN710

中国版本图书馆 CIP 数据核字（2012）第 280628 号

书　　名：	模拟电子技术	
作　　者：	徐遵　刘莉莉　主编	
策　　划：	吴　飞	读者热线：（010）63550836
责任编辑：	吴　飞	
编辑助理：	绳　超	
封面设计：	刘　颖	
责任印制：	郭向伟	

出版发行：中国铁道出版社有限公司（100054，北京市西城区右安门西街 8 号）
网　　址：http:// www.tdpress.com/51eds/
印　　刷：三河市兴博印务有限公司
版　　次：2013 年 2 月第 1 版　　2020 年 1 月第 4 次印刷
开　　本：787 mm×1 092 mm　1/16　印张：15.5　字数：378 千
印　　数：4 501～5 500 册
书　　号：ISBN 978-7-113-15599-5
定　　价：30.00 元

　　教材建设是高职院校教学改革工作的重要部分，高职教材如何体现高等职业教育特色，如何体现培养应用型人才的理念，是一个值得研究的问题。本书以实用为导向，从工程实践的角度对相关知识删繁就简，理论知识强调"实用为主，必需和够用为度"的原则。在知识与结构上有所创新，采用较新的编写体例，符合高职学生的认知特点。既有基本概念的详细讲解，又有画龙点睛的知识拓展，真正体现学以致用。

　　本书具有以下特色：

　　（1）结构创新。本书以课题作为介绍模拟电子技术相关知识的教学单元，不同于传统教材的编写结构。本书根据相关专业所需最基本、最主要的基础知识内容进行排列和连接。

　　（2）删繁就简。知识点的选取以"必需"、"够用"为度。减去了过多的推导，给出一定的结论，既保证了基本知识的系统性，又强调了生产实践的实用性。本书将重点放在提高学生解决问题和分析问题的能力上。

　　（3）图文并茂。每个课题既有原理图又有实际应用图，还有课题的实物图，使学生在分析电路的同时，获得一定的感性认识。

　　（4）仿真验证。每个课题均有仿真实验，教师可在上课时用仿真软件模拟在实验室用实物做的实验，帮助学生掌握相关电路的连接方式。由于实际应用图中的图形符号与国家标准不符，特附图形符号对照表，详见附录。

　　本书由徐遵、刘莉莉任主编，苏品刚、赵卉、王茜任副主编。全书由徐遵和刘莉莉统稿。

　　本书适合作为高职院校电子信息、应用电子技术、电气自动化、通信技术等专业的教材，也可供从事电子技术应用的工程技术人员参考。

　　本书配套教学 PPT 课件，可登录 www.51eds.com 下载。

　　由于时间仓促，编者水平有限，书中疏漏和不足之处在所难免，恳请读者批评指正。

编　者

单元 ① 基础知识

一、信号与电路

1. 信号

1）信号简介

信号是指随时间变化的物理量。信号又是反映消息的物理量，因为消息（如语音、文字、图片、数据等）不适合在信道中直接传输，需将其调制成适合在信道中传输的信号。消息中包含信息，信息是指消息中所包含的有意义的内容，消息是信息的载体，信号是消息的表现形式。例如，工业控制中的温度、速度、压力、流量和转速，自然界的光、声音通过不同的传感器转换成电信号。在通信系统中，传递消息要依靠电信号。例如，打电话时所听到的声音就是消息，朋友的话语就是信息，传递声音的电磁波就是电信号。

信息通过电信号可以进行传递、交换、存储和提取。电信号是随时间而变化的电压 u 或电流 i，它可用时间函数来表示，即 $u = f(t)$ 或 $i = f(t)$，并可画出时间域波形。电子电路中常将电信号简称为信号。

2）模拟信号和数字信号

电子电路中常将信号分为模拟信号和数字信号。

模拟信号是指在时间上和数值上均具有连续性的信号，即对应于任意时间值 t 均有确定的函数值 u 或 i，而且 u 或 i 的数值也是连续取值的。正弦信号就是典型的模拟信号，图 1.1（a）所示的图形也是模拟信号。

数字信号则与模拟信号相反，其在时间和数值上均具有离散性，函数值 u 或 i 的变化在时间上是不连续的，其数值的大小是最小量值的不同整数倍，如图 1.1（b）所示。

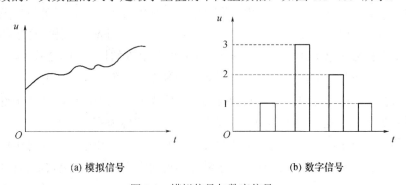

(a) 模拟信号　　　　　　　　　　　(b) 数字信号

图 1.1　模拟信号与数字信号

通常大多数物理量都被转换为模拟信号，而计算机识别的是数字信号，因此对信号进行处理和控制必须将模拟信号转换为数字信号，这一过程称为模-数转换；然而驱动负载的是模拟信号，故还须将数字信号转换为模拟信号，这一过程称为数-模转换。本书介绍的信号多为模拟信号。

2．电路

1）电路及电路的作用

电路是电流所流经的路径。它由电源、负载和中间环节三大部分组成。简单电路中间环节由连接导线和一些开关构成，而复杂电路因电路的各种功能不同，其中间环节各不相同。

电路的作用通常分为两大功能：电能的传输、分配与转换控制；信号的传递与处理。电力、电气专业通常研究电能的传输、分配与转换控制，电子、通信专业则较多研究信号的传递与处理，即通常意义上的强电和弱电。

2）电路的种类

根据所处理信号的不同，电路可以分为模拟电路和数字电路。模拟电路处理的信号是与某些物理量对应的模拟量，它们在数值上是连续的；数字电路处理的信号是二进制的数字量"1"或"0"，在电路中以高、低电平来体现，故在数值上是离散的。

模拟电路与数字电路除处理信号不同之外，在电路功能上，模拟电路通常实现模拟信号的放大、变换和产生，数字电路则大多在输入、输出的数字量之间实现一定的逻辑关系；在三极管（又称晶体管）的作用和工作区域上，模拟电路中三极管为放大器件，其工作区域在放大区，数字电路则将三极管用作开关，工作区域在截止区和饱和区。

二、半导体与半导体器件

1．半导体的基础知识

导电能力介于导体和绝缘体之间的物质称为半导体，经过特殊加工且性能可控的半导体材料制作成的半导体器件是构成电子电路的基本器件。用来制作半导体器件的材料主要有硅（Si）、锗（Ge）和砷化镓（GaAs）等，其中硅用得最广泛。

1）本征半导体

纯净的具有晶体结构的半导体称为本征半导体。用于制造半导体器件的材料纯硅和锗都是四价元素，它们的最外层原子轨道上有四个电子（称为价电子），受外界影响极易挣脱原子核的束缚成为自由电子。将纯净半导体经过一定工艺过程制成单晶体，由于原子排列的有序性，价电子为相邻的原子共有，形成图 1.2 所示的共价键结构。图 1.2 中+4 表示四价元素原子核和内层电子所具有的净电荷。价电子受共价键束缚，但在室温或光照下，少数价电子由于热运动获得了足够的能量，挣脱共价键的束缚成为自由电子，同时在共价键中留下一个空位，如图 1.2 所示，这种现象称为本征激发，这个空位称为空穴。原子因失掉一个价电子而带正电，即空穴带正电。可见这种本征激发产生的自由电子和空穴是成对出现的，故将它们称为电子-空穴对。自由电子在运动中很容易被邻近的空穴所吸引，空穴被自由电子所填补，自由电子填补空穴的运动可看成空穴在运动，但由于自由电子和空穴所带电荷极性不同，故它们的运动方向相反。运载电荷的粒子称为载流子，本征半导体中有两种载流子，故本征半导体中的电流是两种载流子电流之和，这与导体导电只有一种载流子的性质不同。

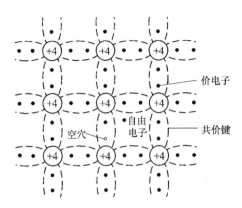

图 1.2　本征半导体结构和本征激发示意图

自由电子和空穴在运动中因重新结合而成对消失，这种现象称为复合。温度一定时，这种复合将达到动态平衡，这时自由电子和空穴的浓度一定。在一定电场作用下，自由电子和空穴作定向运动，这种运动称为漂移，所形成的电流称为漂移电流。

综上所述，在常温下，本征激发出的载流子较少，即载流子浓度较低，故漂移电流小则导电能力很弱，由此可见载流子浓度与环境温度有关，半导体器件的温度稳定性较差。然而还可以一方面通过增加载流子浓度来加强导电能力；另一方面可利用半导体材料对温度和光照的敏感特性制作热敏和光敏器件。

2）杂质半导体

为了提高半导体的导电能力，在本征半导体中掺入微量的杂质元素，这种掺杂后的半导体称为杂质半导体。按掺入的杂质元素不同，可形成 N 型半导体和 P 型半导体。

（1）N 型半导体。在纯净的硅（或锗）中掺入少量的五价元素（如磷、砷、锑等），使之取代晶格中硅原子的位置，杂质原子与周围的四价元素原子结合成共价键时多余一个电子，多余电子在常温下受热激发极易挣脱原子核的束缚成为自由电子，而杂质原子因在晶格上，缺少了电子变为不能移动的正离子，称为施主原子，如图 1.3 所示。掺杂后使得自由电子的浓度大大增加，自由电子的数量远远大于本征激发的电子-空穴对，这种以电子导电为主的半导体称为 N 型半导体，其中自由电子为多数载流子（简称多子），空穴为少数载流子（简称少子）。

（2）P 型半导体。在纯净的硅（或锗）中掺入少量的三价元素（如硼、铝、铟等），使之取代晶格中硅原子的位置，杂质原子与周围的四价元素原子结合成共价键时因缺少一个价电子而产生一个空位，在常温下本征激发的电子极易填入该空位，使杂质原子变为负离子，称为受主原子，如图 1.4 所示。掺杂后使得空穴的浓度大大增加，空穴的数量远远大于本征激发的电子-空穴对，这种以空穴导电为主的半导体称为 P 型半导体，其中空穴为多子，自由电子为少子。

综上所述：杂质离子虽然带电荷，但不能移动，因此它不是载流子；杂质半导体中有一种载流子占多数，但整个半导体仍呈电中性；杂质半导体的导电性能主要取决于多子浓度，多子浓度取决于掺杂浓度，其值较大且稳定，故导电性能显著改善；少子浓度与本征激发有关，其大小随温度的升高而增大，即对温度较敏感。

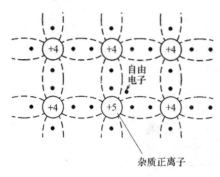

图 1.3　N 型半导体的晶体结构图

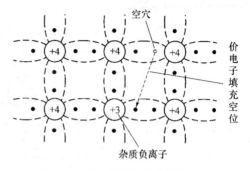

图 1.4　P 型半导体的晶体结构图

3）PN 结

（1）PN 结的形成。将 N 型半导体和 P 型半导体制作在同一块硅片上，由于浓度差很大，在它们的交界处产生了载流子从高浓度区向低浓度区的运动称为扩散运动，如图 1.5（a）所示。P 区的多子空穴扩散到 N 区，N 区的电子向 P 区扩散，在扩散的同时电子与空穴复合并消失，使得交界面附近的多子浓度骤减，P 区出现负离子区，N 区出现正离子区，则形成了不能移动的空间电荷区，从而建立了内电场，内电场的方向由 N 区指向 P 区，如图 1.5（b）所示。

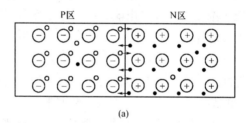

(a)

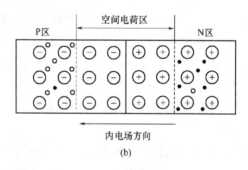

(b)

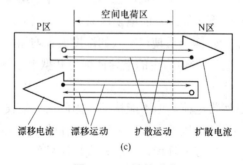

(c)

图 1.5　PN 结的形成

由于内电场方向与空穴运动方向一致，与电子运动方向相反，故内电场是阻碍多子的扩散运动，促使靠近交界面少子的漂移运动。起始时内电场较小，扩散运动较强。漂移运动较弱。随着扩散的进行，空间电荷区增宽，内电场增大扩散运动逐渐受阻，漂移运动逐渐增强。在外部条件一定时，扩散运动和漂移运动最终达到动态平衡，即扩散的多子与漂移的少子相等，因此扩散电流等于漂移电流，如图1.5（c）所示。这时空间电荷区的宽度一定，内电场一定，则形成了所谓的 PN 结。由于空间电荷区内载流子非常少，故又称空间电荷区为耗尽层。PN 结内电场的电位称为内建电位差，其数值一般较小，与材料有关。在室温下，硅材料 PN 结的内建电位差为 0.5～0.7 V，锗材料则为 0.2～0.3 V。

（2）PN 结的单向导电性。在 PN 结两端外加电压，称为给以 PN 结偏置电压，这将打破原来的动态平衡，使空间电荷区变化，呈现单向导电性。

① PN 结正向偏置。给 P 区接高电位、N 区接低电位，则称为 PN 结正向偏置（简称正偏），如图1.6所示。

PN 结正偏时，外电场的方向与内电场的方向相反，削弱了内电场，使 PN 结变窄，利于多子的扩散运动，形成了较大的正向电流 I，其方向在 PN 结中是从 P 区流向 N 区，当外加正向电压增加到一定值后，正向电流将显著增加，此时 PN 结呈现很小的电阻，处于正向导通状态（简称导通）。为限制正向电流值，通常在回路中串联限流电阻。

② PN 结反向偏置。给 P 区接低电位、N 区接高电位，则称为 PN 结反向偏置（简称反偏），如图1.7所示。

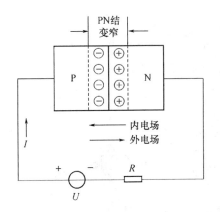

图 1.6 正向偏置的 PN 结

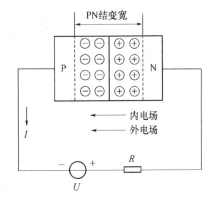

图 1.7 反向偏置的 PN 结

PN 结反偏时，外电场的方向与内电场的方向相同，增强了内电场，使 PN 结变宽，阻碍了多子的扩散运动，有利于少子的漂移运动，由于少子的浓度很低，反向电流 I 极小，一般为微安级，其方向在 PN 结中是从 N 区流向 P 区，相对于正向电流可以忽略不计，反向电流几乎不随外加电压而变化，故又称反向饱和电流。此时 PN 结呈现很大的电阻，处于反向截止状态（简称截止）。

综上所述，PN 结具有单向导电特性，即正偏时导通，呈现很小的电阻，产生较大正向电流；反偏时截止，呈现很大的电阻，反向电流近似为零。

（3）PN结的击穿特性及电容效应：

① PN结的击穿特性。PN结反向偏置时，在一定电压范围内，反向饱和电流很小，处于截止状态。但当反向电压超过某一数值（称为击穿电压）后，反向电流将急剧增大，这种现象称为PN结的反向击穿。

PN结的反向击穿分为雪崩击穿和齐纳击穿，反向击穿是由于PN结中电子被电离所致，但并不一定意味着PN结被损坏，若反向电压下降到击穿电压以下后，其性能恢复到原有情况，即这种击穿是可逆的，称为电击穿；若反向击穿电离过大，导致PN结结温过高而烧坏，这种击穿是不可逆的，称为热击穿。通常利用这种电击穿的性能可制作特殊半导体器件。

② PN结的电容效应。PN结内有电荷的存储，当外加电压变化时，存储的电荷也随之变化，表明PN结具有电容的性质。PN结的结电容由势垒电容和扩散电容两部分组成。结电容的大小与结面积有关，通常很小，只有几皮法到几十皮法。

2．半导体器件

1）半导体二极管

半导体二极管通常可用作检波、整流、稳压、混频、调谐、光电转换和开关控制等。

（1）二极管的结构及分类。在PN结的P区和N区分别引出两根金属线，并用外壳封装起来就构成了半导体二极管，简称二极管。其结构如图1.8（a）所示，常见的外形如图1.8（b）所示。

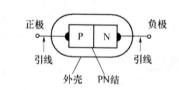

(a) 二极管结构示意图

(b) 二极管常见的外形

图1.8　二极管结构示意图及常见的外形

二极管的种类很多，按材料分有硅二极管和锗二极管。按结构分通常有以下几种：

① 点接触型二极管。由一根很细的金属触丝（如三价元素铝）和一块N型半导体（如锗）的表面接触，然后在正方向通过很大的瞬间电流，使金属触丝和半导体牢固地熔接在一起，三价金属与锗结合构成PN结，如图1.9（a）所示。点接触二极管的特点是结面积小，适用于高频下工作，但不能通过很大的电流。主要用于检波、混频及小功率整流电路。

② 面接触型二极管。其PN结是用合金法或扩散法工艺制成的，如图1.9（b）所示。由于这种二极管的PN结的面积大，可承受较大电流，但结电容也大，只适用于较低频率工作，

主要用于整流电路。

③ 硅平面型二极管。采用扩散法制成，如图 1.9（c）所示。结面积大的可用于大功率整流，结面积小的可作为数字电路中的开关管。

二极管不论什么类型和材料，在电路中的符号是统一的，如图 1.9（d）所示，P 区引出的电极称为正极（又称阳极），N 区引出的电极称为负极（又称阴极），正向导通电流从正极流向负极。

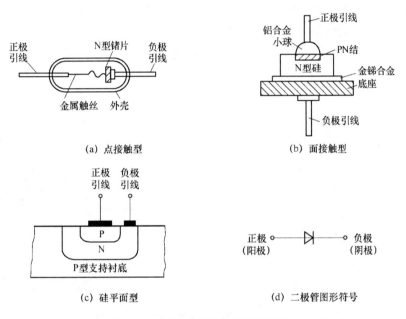

图 1.9　二极管常见种类及图形符号

（2）二极管的伏安特性。二极管的核心是 PN 结，在外加电压 u_D 的作用下，二极管电流 i_D 的变化规律用曲线来描述，这种曲线称为二极管的伏安特性曲线，如图 1.10 所示。二极管具有单向导电的特性在曲线图中一目了然。根据半导体物理的理论分析，其数学表达式为

$$i_D = I_S(e^{\frac{u_D}{U_T}} - 1) \tag{1.1}$$

式中：$U_T = kT/q$，I_S 为二极管反向饱和电流，单位为 A；$k \approx 1.38 \times 10^{-23}$ J/K，为玻耳兹曼常量；T 为热力学温度，单位为 K；$q = 1.6 \times 10^{-19}$ C，为电子电量；U_T 为温度的电压当量，在常温（300K）下，$U_T \approx 26$ mV。

① 正向特性。当加在二极管上的正向电压较小时，外电场不足以克服 PN 结内电场对多子扩散运动造成阻力，故正向电流几乎为零。当正向电压超过某一数值时，正向电流从零随电压按指数规律增大，使二极管导通的这一电压称为开启电压（又称门槛电压、死区电压），用 U_{ON} 表示。在室温下硅管的开启电压为 0.5 V，锗管为 0.1 V。在外加电压大于 U_{ON} 后，随着电压的升高，正向电流迅速增大，二极管呈现很小的电阻而处于导通状态。如图 1.10 所示，硅管的正向导通电压约为 0.6～0.7 V，锗管约为 0.1～0.3 V。工程上，一般将二极管正向导通压降定义为硅管 0.7 V，锗管 0.2 V。

② 反向特性。当给二极管加反向电压时，反向电流值很小，且与反向电压无关，约等于 I_S。在室温下，小功率硅管的反向饱和电流 I_S 小于 0.1 μA，锗管为几十微安。此时，二极管处于截止状态，呈现电阻很大，如图 1.10 所示。

③ 击穿特性。当二极管反向电压增加到某一数值 U_{BR} 时，二极管内 PN 结被击穿，二极管的反向电流急剧增大，如图 1.10 所示。U_{BR} 称为反向击穿电压。式（1.1）不能反映击穿特性。

④ 温度特性。温度对二极管的特性有显著影响，如图 1.11 所示。温度升高时，正向特性曲线向左移，正向电压减小；反向特性向下移，反向电流增大。在室温附近，温度每升高 1 ℃，正向压降约减小 2～2.5 mV，温度每升高 10 ℃，反向电流约增大一倍，可见二极管对温度很敏感。

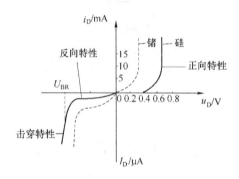

图 1.10　二极管的伏安特性曲线

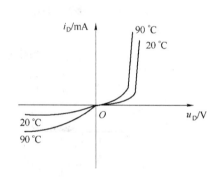

图 1.11　温度对二极管特性的影响

（3）二极管的主要参数。二极管的特性还可以用参数来描述，实际工作中一般通过查阅器件手册来合理地使用二极管。

① 最大整流电流 I_F。I_F 是指二极管长期工作时允许通过的最大正向平均电流。使用时若超过此电流二极管可能会因过热而损坏。

② 最高反向工作电压 U_{RM}。U_{RM} 是指二极管工作时允许外加的最大反向电压，为防止二极管反向击穿，通常规定 U_{RM} 为击穿电压的一半。

③ 反向电流 I_R。I_R 是指二极管未被击穿时的反向电流。I_R 愈小，二极管的单向导电性愈好。I_R 对温度非常敏感。

④ 最高工作频率 f_M。f_M 是指保证二极管单向导电性作用的最高工作频率。其大小与 PN 结的结电容的大小有关，其值越大，f_M 就越小。点接触型锗管由于结电容较小，其最高工作频率可达数百兆赫兹，而面接触型硅整流管，其最高工作频率只有 3 kHz。

（4）二极管的等效电路。二极管的伏安特性具有非线性特性，在二极管应用电路的分析中，通常根据其特性进行等效，一般有两种情况：理想化和实际近似折线化。

① 理想二极管。在实际使用中，希望二极管具有正向偏置导通特性，电压降为零；反向偏置截止，电流为零的理想特性。其伏安特性用两条直线表示，可等效为一开关，正向偏置时开关闭合，二极管两端压降为零，反向偏置时开关打开，电流为零。理想二极管的伏安特性曲线、图形符号、等效模型如图 1.12 所示。

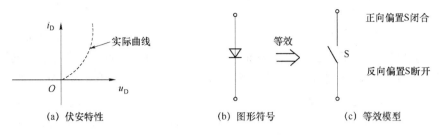

(a) 伏安特性　　　　　　　(b) 图形符号　　　　　(c) 等效模型

图 1.12　理想二极管的等效

② 近似折线化。将二极管特性曲线用两条直线逼近，称为特性曲线折线近似，如图 1.13（a）所示。两段直线在 U_{ON} 处转折，U_D 为导通电压。二极管两端电压小于 U_{ON} 时电流为零，大于 U_{ON} 后，直线的斜率为 $1/r_D$，$r_D = \Delta U / \Delta I$，称为二极管正向导通电阻，因此二极管的近似折线化模型为一个理想二极管串联电源 U_D 和电阻 r_D，如图 1.13（b）所示。二极管两端压降大于 U_{ON} 时开关闭合，等效为电阻 r_D 及电源 U_D 串联；二极管两端压降小于 U_{ON} 时电路断开。

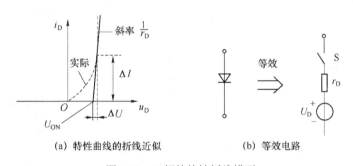

(a) 特性曲线的折线近似　　　　　　(b) 等效电路

图 1.13　二极管特性折线模型

在近似分析中，理想二极管误差大些，一般情况下将近似折线中 r_D（通常很小）忽略，用一理想二极管及电源 U_D 串联来分析电路。

2）半导体三极管

半导体三极管通常用作放大、混频和光电转换等，它是各类放大电路中的核心器件。半导体三极管（英文缩写 BJT）又称晶体三极管、双极型三极管，简称三极管。常见的外形如图 1.14 所示。

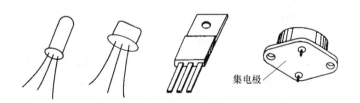

集电极

图 1.14　常见半导体三极管的外形

（1）三极管的结构及分类：

① 三极管的结构及图形符号。在同一硅片上制造出三个掺杂区域，并形成两个 PN 结，就构成了三极管。按 P 区和 N 区的不同组合方式分为 NPN 型三极管和 PNP 型三极管，其结

构示意图及图形符号如图 1.15 所示。

图 1.15（a）为硅平面管管芯剖面图，位于上层的 N 区是发射区，掺杂浓度很高；位于中间的 P 区称为基区，它很薄且杂质浓度很低；位于下层的 N 型衬底作为集电区，掺杂浓度比发射区低且面积很大。这种制造工艺和结构特点是保证三极管具有电流放大能力的内部条件。

无论是 NPN 型管还是 PNP 型管，它们均包含三个区：发射区、基区、集电区，只是排列不同。从三个区分别引出三个电极：发射极（e）、基极（b）、集电极（c）。同时在三个区的交界面上形成两个 PN 结，发射区与基区之间形成的 PN 结称为发射结，集电区与基区之间形成的 PN 结称为集电结，如图 1.15（c）所示。

NPN 型三极管与 PNP 型三极管图形符号如图 1.15（b）所示，发射极箭头方向表示发射结加正向电压时发射极电流的方向。NPN 型与 PNP 型三极管几乎具有相同的特性，只是各电极的电压极性和电流流向不同而已。

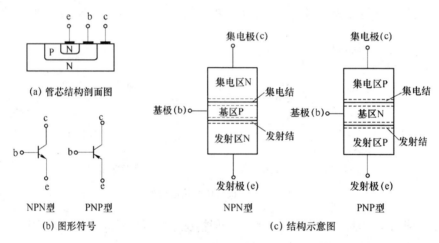

图 1.15　三极管的结构与图形符号

② 三极管的分类。三极管种类很多，主要有以下几种分类方式：

a. 按结构类型分为 NPN 型管和 PNP 型管；

b. 按制作材料分为硅管和锗管；

c. 按制作工艺分为合金管和平面管；

d. 按工作频率分为高频管和低频管；

e. 按功率大小分为大功率、中功率和小功率三极管。

（2）三极管的电流放大原理。放大是对模拟信号最基本的处理，三极管是放大电路的核心器件，它能够控制能量的转换，将输入的微小变化不失真地放大输出。

三极管在满足一定条件下能够进行放大，其制造工艺已满足了放大的内部条件，而外部条件是在发射结加正向偏置电压，集电结加反向偏置电压。如图 1.16 所示，给三极管加上电压后，为满足外部条件，必须使 $V_{CC} > V_{BB}$，三极管内部载流子运动有三个过程，下面以 NPN 型三极管为例讨论。

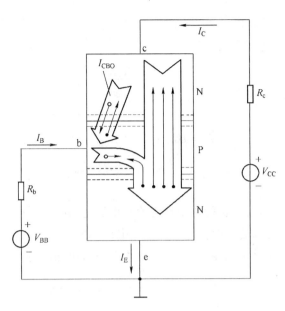

图 1.16　NPN 型三极管内部载流子的运动和各级电流

① 发射区向基区发射电子。由于发射结加正向电压，又因为发射区杂质浓度高，发射区大量的多子电子向基区扩散，形成电子电流，由于电子带负电，电子流动的方向与电流的方向相反。与此同时，基区多子空穴也向发射区扩散形成空穴电流，由于基区空穴浓度远低于发射区电子浓度，与电子电流相比空穴电流可忽略，所以可以认为，发射区向基区发射电子形成发射极电流 I_E。

② 电子在基区扩散和复合。电子扩散到达基区后，很少一部分电子与基区的空穴复合，复合的空穴由外电源 V_{BB} 不断补充，形成基极电流 I_B，由于基区很薄，且掺杂浓度很低，因而绝大多数电子继续扩散到集电结边缘。

③ 集电区收集电子。由于集电结反向偏置且结面积较大，外电场将阻止集电区的多子向基区扩散，同时将扩散到集电结边缘的电子收集到集电区，在外电源 V_{CC} 的作用下形成集电极电流 I_C。

可见，三极管在外电源的作用下，发射区向基区注入的载流子几乎都到达集电区形成集电极电流 I_C，只有很小部分载流子在基区复合形成基极电流 I_B，显然 $I_C \gg I_B$，且发射极电流为

$$I_E = I_B + I_C \tag{1.2}$$

当发射结正向电压改变时，即基极电流改变时，发射区注入载流子数将跟随改变，从而集电极电流 I_C 产生相应的变化，由于 $I_B \ll I_C$，很小的 I_B 变化就能引起 I_C 较大的变化，这就是三极管的电流放大作用。三极管的放大能力用集电极电流与基极电流之比来反映，即

$$\overline{\beta} \approx \frac{I_C}{I_B} \tag{1.3}$$

$\overline{\beta}$ 称为三极管共射极电路的直流电流放大系数。三极管制成后，$\overline{\beta}$ 也就确定了，其值远大于 1。

如果考虑集电区及基区的少数载流子漂移运动形成的集电结反向饱和电流 I_{CBO}，如图 1.16 所示，则 I_C 与 I_B 之间有如下关系：

$$\bar{\beta} = \frac{I_C - I_{CBO}}{I_B + I_{CBO}} \tag{1.4}$$

由式（1.4）可得

$$I_C = \bar{\beta}I_B + (1+\bar{\beta})I_{CBO} = \bar{\beta}I_B + I_{CEO} \tag{1.5}$$

$$I_{CEO} = (1+\bar{\beta}) \ I_{CBO} \tag{1.6}$$

式中，I_{CEO} 为穿透电流。

（3）三极管的特性曲线。三极管各电极电流与电压之间的关系可用伏安特性曲线来表示，称为三极管的特性曲线。它是分析和计算三极管电路的依据之一，可用三极管特性图示仪测得。下面用图 1.17 所示电路来讨论 NPN 型三极管共射极电路的特性曲线。

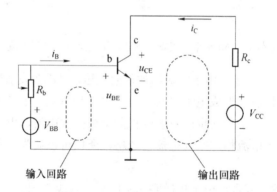

图 1.17　NPN 型三极管共射极电路

① 输入特性曲线。当 u_{CE} 一定的情况下，输入回路中的基极电流 i_B 与发射极压降 u_{BE} 之间的关系曲线称为三极管的输入特性曲线，如图 1.18（a）所示。用函数式可表达为

$$i_B = f(u_{BE}) \big|_{u_{CE}=常数} \tag{1.7}$$

由图 1.18（a）可见曲线形状与二极管的伏安特性相类似，不过它与 u_{CE} 有关，$u_{CE}=1\,V$ 的输入特性曲线比 $u_{CE}=0\,V$ 的曲线向右移动了一段距离，即 u_{CE} 增大曲线向右移，但当 $u_{CE}>1\,V$ 后，曲线右移距离很小，可以近似认为与 $u_{CE}=1\,V$ 时的曲线重合。在实际放大电路中，u_{CE} 通常大于 1 V，因此 $u_{CE}\geqslant 1\,V$ 的输入特性更具有实际意义。三极管输入特性曲线也有一段死区，只有 u_{CE} 大于死区电压时，输入回路中才有 i_B 产生，当三极管完全导通时，i_B 才随 u_{CE} 的增大迅速增大。常温下硅管死区电压约为 0.5 V，锗管约为 0.1 V。完全导通后，三极管发射结具有恒压特性。常温下，硅管导通电压为 0.6～0.7 V，锗管导通电压为 0.2～0.3 V。

② 输出特性曲线。当 i_B 不变时，输出回路中的电流 i_C 与电压 u_{CE} 之间的关系曲线称为三极管的输出特性曲线，如图 1.18(b)所示。用函数式可表达为

$$i_C = f(u_{CE}) \big|_{i_B=常数} \tag{1.8}$$

对于每一个确定的 i_B 值，可绘出一条输出特性曲线，取不同的 i_B 值（如 i_B =10 μA、20 μA、30 μA、40 μA 等）可绘出一簇输出特性曲线，如图 1.18（b）所示。在特性曲线上可以划分为三个区域：截止区、放大区和饱和区。

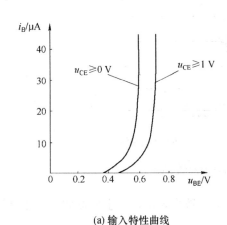

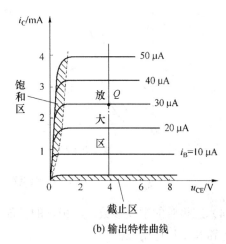

(a) 输入特性曲线　　　　　　　　　　　(b) 输出特性曲线

图 1.18　NPN 型三极管共射极电路特性曲线

a．截止区。将 $i_B \leqslant 0$ 的区域称为截止区，在此区域三极管的发射结反向偏置（也可为零偏）或发射结正向偏置但结压降小于开启电压 U_{ON}，且集电结反向偏置，三极管处于截止状态，没有放大作用，集电极只有微小的穿透电流 I_{CEO}，输出特性曲线几乎与横轴重合。在实际分析中可以认为三极管截止，$i_B \approx 0$，$i_C \approx 0$，c-e 之间相当于开路，类似于开关断开。

b．放大区。当发射结正向偏置且结电压大于开启电压 U_{ON}，集电结反向偏置时，即 $u_{BE} > U_{ON}$ 且 $u_{CE} > u_{BE}$ 时，由图 1.18（b）可知，不同的 i_B 的特性曲线形状基本上是相同的，而且在 $u_{CE} > 1$ V 后，i_B 等量增加时，特性曲线等间隔平行上移，i_C 几乎仅仅取决于 i_B，i_C 与 i_B 等比例变化，即 $i_C \approx \bar{\beta} i_B$，与 u_{CE} 无关，表现出 i_B 对 i_C 的控制作用，所以把这一区域称为放大区，即在此区域体现了三极管具有电流放大作用。

c．饱和区。当发射结与集电结均处于正向偏置，三极管处于饱和状态，无放大作用，此时 i_C 由外电路决定，与 i_B 无关，$i_C \neq \bar{\beta} i_B$。常把 $u_{CE} \approx u_{BE}$ 定为放大状态与饱和状态的分界点，称为临界饱和，图 1.18(b)中虚线称为临界饱和线。三极管集电极与发射极之间的电压称为饱和管压降，用 U_{CES} 表示，一般情况下，小功率三极管 U_{CES} 小于 0.4 V（硅管约为 0.3 V，锗管约为 0.1 V），大功率三极管的 U_{CES} 为 1～3 V。三极管的 c-e 间可看成短路，类似于开关闭合。

由以上分析可知，三极管由于发射结和集电结所加的偏置电压不同，在电路中有三种工作状态：截止状态、放大状态和饱和状态；在作用于电路时，三极管可作为开关器件和放大器件来使用。

③ 温度对三极管特性的影响。温度同样对三极管也有较大影响，输入、输出特性曲线簇都随温度而变化。温度每升高 1 ℃，三极管的导通压降约减小 2～2.5 mV，因此与二极管类似输入特性曲线随温度升高而左移，如图 1.19（a）所示；温度每升高 10 ℃，I_{CBO} 约增大一倍，因此输出特性曲线随温度升高而上移。此外，温度每升高 1 ℃，$\bar{\beta}$ 值约增大 0.5%～1%，

导致输出特性曲线间的间距随温度升高而增大，如图 1.19（b）所示。

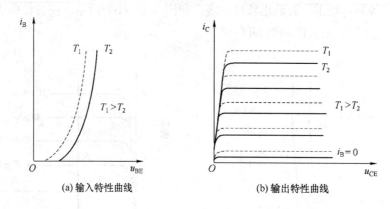

(a) 输入特性曲线　　　　　　　　　(b) 输出特性曲线

图 1.19　温度对三极管特性曲线的影响

（4）三极管的主要参数。三极管的性能常用有关参数来表示，其主要参数可用作分析三极管电路和工程选用三极管。

① 电流放大系数。三极管电流放大系数是表征三极管放大能力的参数，根据电路组态有以下几种：

a. 共射极直流电流放大系数 $\overline{\beta}$ 。$\overline{\beta}$ 定义为三极管共射接法下的集电极电流 I_C 与基极电流 I_B 之比，当 $I_C \gg I_{CEO}$ 时，忽略 I_{CEO} ，即

$$\overline{\beta} \approx \frac{I_C}{I_B} \tag{1.9}$$

b. 共射极交流电流放大系数 β 。β 定义为为三极管的集电极电流的变化量 Δi_C 与基极电流的变化量 Δi_B 之比，即

$$\beta = \frac{\Delta i_C}{\Delta i_B}\bigg|_{u_{CE} = 常数} \tag{1.10}$$

c. 共基极直流电流放大系数 $\overline{\alpha}$ 。$\overline{\alpha}$ 定义为三极管共基接法下的集电极电流 I_C 与发射极电流 I_E 之比，当 $I_C \gg I_{CBO}$ 时，忽略 I_{CBO} ，即

$$\overline{\alpha} \approx \frac{I_C}{I_E} \tag{1.11}$$

d. 共基极交流电流放大系数 α 。α 定义为为三极管的集电极电流的变化量 Δi_C 与发射极电流的变化量 Δi_E 之比，即

$$\alpha = \frac{\Delta i_C}{\Delta i_E}\bigg|_{u_{CB} = 常数} \tag{1.12}$$

显然 $\overline{\beta}$ 与 β 及 $\overline{\alpha}$ 与 α 的定义是不一样的，$\overline{\beta}$ 和 $\overline{\alpha}$ 是反映静态时的电流放大能力，而 β 和 α 是反映交流电流放大能力的。但在实际应用中，由于在工作电流不十分大的情况下，在数

值上 $\overline{\beta} \approx \beta$、$\overline{\alpha} \approx \alpha$，且为常数，故可混用而不加区分。另外，在选择三极管时，若 β 值太小，则放大能力差，若 β 值太大，三极管的工作稳定性差，低频管的 β 值一般选 20～100，高频管只要大于 10 即可。

② 级间反向电流：

a．集电极-基极反向饱和电流 I_{CBO}。I_{CBO} 指发射极开路时集电极与基极之间的反向饱和电流。常温下，小功率硅管的 I_{CBO} 小于 1 μA，锗管约为几微安到几十微安。

b．集电极-发射极穿透电流 I_{CEO}。I_{CEO} 指基极开路时集电极与发射极之间的穿透电流，它与 I_{CBO} 的关系为

$$I_{CEO} = (1+\beta)I_{CBO} \tag{1.13}$$

I_{CBO} 和 I_{CEO} 是衡量三极管热稳定性的重要参数，实际应用中应该选择 I_{CBO} 和 I_{CEO} 小的三极管，级间反向电流值越小，表明三极管的质量越高。

③ 极限参数。极限参数是指三极管工作时不得超过极限值，以保证三极管安全工作或工作性能正常。

a．集电极最大允许电流 I_{CM}。当集电极电流过大时，三极管的 β 值会下降，一般规定在 β 值下降到正常值的 2/3 时所对应的集电极电流为集电极最大允许电流 I_{CM}。为保证三极管正常工作，必须满足 $i_C < I_{CM}$。

b．集电极最大允许耗散功率 P_{CM}。P_{CM} 指三极管工作时最大允许耗散的功率。三极管工作时 u_{CE} 大部分降在集电结上，因此集电极功率损耗（简称功耗）$P_C = u_{CE}i_C$，近似为集电结功耗。功耗超过 P_{CM} 会使三极管因温度过高而导致性能变差或烧毁。为保证三极管正常工作，要求 $P_C < P_{CM}$。

c．反向击穿电压 $U_{(BR)CEO}$。$U_{(BR)CEO}$ 指基极开路时，集电极与发射极间的反向击穿电压。为安全工作，必须满足 $u_{CE} < U_{(BR)CEO}$。

根据三个极限参数 I_{CM}、P_{CM}、$U_{(BR)CEO}$，可以确定三极管的安全工作区，如图 1.20 所示斜线内。三极管工作时必须工作在此区域内，并留有一定的余量。

④ 频率参数。三极管频率特性的好坏，通常用频率参数来衡量。三极管的放大系数 α 和 β 的数值，在一定信号频率范围内基本保持不变，当频率增大到一定程度，α 和 β 都将随频率的增加而下降。

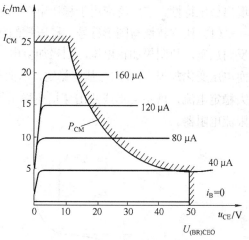

图 1.20　三极管的安全工作区

a．共基截止频率 f_{α}。f_{α} 是指当 α 值下降到低频值 α_0 的 $\dfrac{1}{\sqrt{2}}$ 时所对应的频率，称为三极管的共基截止频率，如图 1.21（a）所示。

b．共射截止频率 f_{β}。f_{β} 是指当 β 值下降到低频值 β_0 的 $\dfrac{1}{\sqrt{2}}$ 时所对应的频率，称为三极

管的共射截止频率，如图 1.21（b）所示。

　　c．特征频率 f_T。 f_T 是指当 β 值下降到 1 时所对应的频率，称为三极管的特征频率，如图 1.21（b）所示。

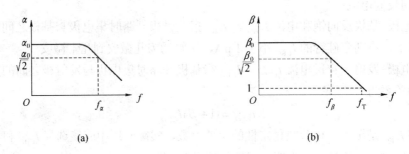

(a)　　　　　　　　　　　　　　　(b)

图 1.21　三极管的频率参数

三、模拟电路的其他基本器件

　　模拟电路基本器件除了以上介绍的二极管和三极管，还有很多利用半导体的性能制作的器件，以下简单介绍一些。

1．特殊二极管

　　1）稳压二极管

　　稳压二极管（简称稳压管）是一种硅材料制成的面接触型晶体二极管，工作在反向击穿状态。它有陡峭的反向击穿特性，反向击穿时在一定功率损耗范围内端电压几乎不变，即表现出稳压特性。它广泛应用于稳压电源和限幅电路中。

　　（1）伏安特性与图形符号。稳压管的伏安特性和图形符号如图 1.22 所示。由于稳压管是反向加压，故阴极加正电压，阳极加负电压，当反向击穿时，电流变化很大（ $I_{Z\min} \sim I_{Z\max}$ ），而电压变化却很小，即 U_Z 基本稳定，从而利用这一特性实现稳压。只要反向电流不超过其最大稳定电流，就不会形成热击穿损坏稳压管。因此，电路中应与稳压管串联一个适当阻值的限流电阻器。

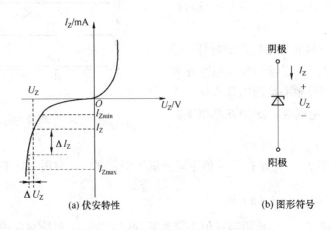

(a) 伏安特性　　　　　　(b) 图形符号

图 1.22　稳压管的伏安特性和图形符号

（2）主要参数：

① 稳定电压 U_z。U_z 是指在规定电流下稳压管的反向击穿电压，它是挑选稳压管的主要依据之一。不同型号的稳压管，其稳定电压的值不同。由于制造工艺的分散性，对于同一型号的稳压管的 U_z 也有差别。例如 2CW14 的 $U_z=6\sim7.5$ V。但对某一只稳压管而言其 U_z 是确定的。

② 稳定电流 I_z。I_z 是指稳压管正常工作时的参考电流值，通常为工作电压等于 U_z 时所对应的电流值。当稳压管稳定电流小于最小稳定电流 I_{Zmin} 时，无稳压作用；大于最大稳定电流 I_{Zmax} 时，稳压管将因过流而损坏。

综上所述，当稳压二极管反向击穿时，它有稳压作用；当加正向电压和反向压降低于击穿电压时其特性与普通二极管一样。

2）发光二极管

发光二极管（英文缩写 LED），与普通二极管伏安特性相似具有单向导电性，但它正向导通（导通电压大于 1 V）时能发光，即它是一种能将电能转换为光能的半导体器件，图形符号如图 1.23 所示。当加正向电压时，P 区和 N 区的多数载流子扩散至对方产生复合时，一部分能量以光子的形式放出使二极管发光，采用的材料不同，可发出的光也不同。通常可发出的光波可以是红外线及红、绿、黄、橙等单色光。LED 工作电流为几毫安至几十毫安，典型工作电流为 10 mA 左右。

普通发光二极管常用作显示器件，如指示灯、七段数码管、矩阵式器件及手机背景灯等。红外线发光二极管可用在各种红外线遥控发射器及各种传感器中。激光二极管常用于 CD 机及激光打印机等电子设备中。

发光二极管的检测方法与普通二极管相同，正向电阻值一般为几十千欧，反向电阻值为无穷大。

3）光电二极管

光电二极管是将光能转换为电能的半导体器件，其结构与普通二极管类似，只是在管壳上留有一个玻璃窗口，以便接受光照。使用时光电二极管加反向偏置电压，在受光照射时，反向电流（即光电流）随光照强度的大小而变化，此外还与入射光的波长有关。其图形符号如图 1.24 所示。

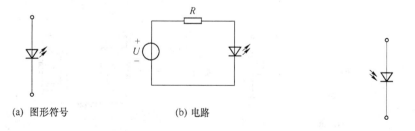

(a) 图形符号　　　　　(b) 电路

图 1.23　发光二极管图形符号及电路　　　　图 1.24　光电二极管图形符号

光电二极管广泛用于遥控接收器、激光头中，还可用作新能源器件（光电池）使用。光电二极管的检测方法与普通二极管相同，一般正向电阻值为几千欧，无光照射时，反向电阻值很大，此时的电流称为暗电流，一般为几毫安，甚至更小。受光照射时，正向电阻值不变，反向电阻值变化很大。

4）光耦合器

光耦合器是将发光二极管与光敏元器件（光敏电阻器、光电二极管、光电池等）组装在一起而形成的双口器件，图形符号如图1.25所示。

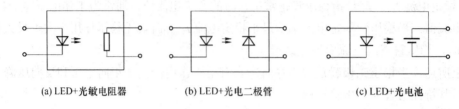

(a) LED+光敏电阻器　　　　(b) LED+光电二极管　　　　(c) LED+光电池

图1.25　光耦合器图形符号

光耦合器是以光作为媒介，将输入端的电信号传输到输出端，实现了电-光-电的传递和转换。因为发光二极管和光敏元器件分别接到输入、输出的回路中，相互隔离，所以常用在电路间需要电隔离的场合。

2．场效应三极管

前面介绍的半导体三极管是利用输入电流控制输出电流的器件，是电流控制型器件。场效应三极管（场效应晶体管，简称FET、场效应管）是利用电场效应（即改变输入电压）来控制输出电压的半导体器件，是一种电压控制型器件。由于场效应管是一种载流子参与导电，故又称单极型三极管。与半导体三极管比较，它具有输入电阻高（$10^7 \sim 10^{12}\,\Omega$）、噪声低、功率小、热稳定性好、抗辐射能力强、制造工艺简单、易集成等优点，因而广泛应用于各种电子电路之中。

场效应管按结构可分为两大类：结型场效应管（JFET）和绝缘栅型场效应管（MOSFET，金属-氧化物-半导体场效应管）。

1）结型场效应管

（1）结构与图形符号。结型场效应管有N沟道和P沟道两种类型，它们的图形符号如图1.26（a）所示。现以N沟道结型场效应管为例介绍场效应管的结构和工作原理。

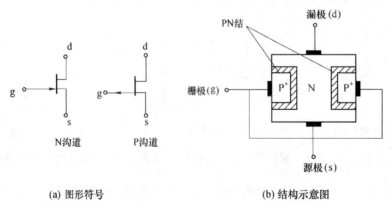

(a) 图形符号　　　　　　　　　(b) 结构示意图

图1.26　结型场效应管图形符号及结构示意图

图 1.26（b）为 N 沟道结型场效应管的结构示意图，利用半导体制作工艺在一块 N 型硅半导体两侧做成掺杂浓度比较高的 P 型区域（用 P^+ 表示），这样在 P 型区和 N 型区的交界面处形成一个 PN 结，将两侧 P 区连接在一起引出一个电极，称为栅极，用字母 g 表示。在 N 型半导体两端分别引出两个电极，一个称为漏极 d，一个称为源极 s。夹在两个 PN 结中间的 N 型区存在多数载流子自由电子，可以形成源极与漏极间的非耗尽层区域，称为 N 型导电沟道，这种结构称为 N 沟道结型场效应管。

同理，在一块 P 型硅半导体两侧各做成一个掺杂浓度高的 N 型区，形成两个 PN 结，中间的 P 区称为 P 型导电沟道，这种结构称为 P 沟道结型场效应管。

（2）工作原理。结型场效应管正常工作时，要求 PN 结反向偏置，即对 N 沟道管栅源间电压 $u_{GS} \leqslant 0$，对 P 沟道管 $u_{GS} \geqslant 0$；N 沟道管漏源间电压 $u_{DS} > 0$，P 沟道管漏源间电压 $u_{DS} < 0$，这时沟道中的多子在 u_{DS} 的作用下作漂移运动形成漏极电流 i_D，如图 1.27 所示。

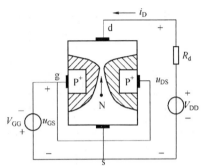

图 1.27　N 沟道结型场效应管接线图

栅源之间加负电压 u_{GS}，两个 PN 结均处于反偏，使导电沟道变窄，沟道电阻增大，随着 u_{GS} 负值的增大，导电沟道更窄，沟道阻值更大，加上适当的 u_{DS}，则形成漏极电流 i_D，当 u_{DS} 一定时，i_D 的大小就由沟道电阻决定，而沟道电阻又受栅源电压 u_{GS} 控制，可见 u_{GS} 可以控制漏极电流 i_D，场效应管是一种电压控制型器件。当不断增大 u_{GS} 时，两侧 PN 结顶部会完全相接，使导电沟道被夹断，$i_D = 0$，此时的 u_{GS} 称为夹断电压，用 $U_{GS(off)}$ 表示。i_D 与 u_{GS} 的关系可近似表示为

$$i_D = I_{DSS}\left(1 - \frac{u_{GS}}{U_{GS(off)}}\right)^2 \qquad (U_{GS(off)} \leqslant u_{GS} \leqslant 0) \qquad (1.14)$$

式中，I_{DSS} 为 $u_{GS} = 0$ 时的饱和漏极电流，式（1.14）要求 u_{DS} 为某一常数，其曲线称为转移特性曲线。

在栅源电压为某一常数时，漏极电流与漏极电压的关系称为输出特性，即

$$i_D = f(u_{DS})\big|_{u_{GS}=常数} \qquad (1.15)$$

P 沟道结型场效应管的结构与 N 沟道相似，但导电沟道是 P 区，栅极由两个 N 区引出。N 沟道和 P 沟道结型场效应管的转移特性曲线和输出特性曲线如表 1.1 所示。

2）绝缘栅型场效应管

在栅极和沟道间用一绝缘层隔开，以避免温度升高输入电阻下降，因而制成了绝缘栅型场效应管，其输入电阻可达 $10^9\Omega$。绝缘栅型场效应管简称 MOS 场效应管，其具有制造工艺简单、占用芯片面积小、器件特性便于控制以及成品率高、成本低、功耗小等优点，故广泛应用于大规模和超大规模集成电路中。

表 1.1　各种类型场效应管的图形符号、工作电压极性和特性曲线

类型		图形符号	工作电压极性要求	转移特性	输出特性
NMOS 管	增强型	d, g, s, b, i_D	$u_{GS}>0$ $u_{DS}>0$	i_D, O, $U_{GS(th)}$, u_{GS}	i_D, $u_{GS}>U_{GS(th)}$, $u_{GS}=U_{GS(th)}$, O, u_{DS}
	耗尽型	d, g, s, B, i_D	$u_{DS}>0$	i_D, I_{DSS}, $U_{GS(off)}$, O, u_{GS}	i_D, $u_{GS}>0\ V$, $u_{GS}=0\ V$, $u_{GS}<0\ V$, $u_{GS}=U_{GS(off)}$, O, u_{DS}
PMOS 管	增强型	d, g, s, B, i_D	$u_{GS}<0$ $u_{DS}<0$	i_D, $U_{GS(th)}$, O, u_{GS}	$-i_D$, $u_{GS}<U_{GS(th)}$, $u_{GS}=U_{GS(th)}$, O, u_{DS}
	耗尽型	d, g, s, B, i_D	$u_{DS}<0$	i_D, O, $U_{GS(off)}$, u_{GS}, I_{DSS}	$-i_D$, $u_{GS}>0\ V$, $u_{GS}=0\ V$, $u_{GS}>0\ V$, $u_{GS}=U_{GS(off)}$, O, $-u_{DS}$
结型	N 沟道	d, g, s, i_D	$u_{GS}\leqslant0$ $u_{DS}>0$	i_D, I_{DSS}, $U_{GS(off)}$, O, u_{GS}	i_D, $u_{GS}=0\ V$, $U_{GS(off)}<u_{GS}<0\ V$, $u_{GS}=U_{GS(off)}$, O, u_{DS}
	P 沟道	d, g, s, i_D	$u_{DS}\geqslant0$ $u_{DS}<0$	i_D, O, $U_{GS(off)}$, u_{GS}, I_{DSS}	$-i_D$, $u_{GS}=0\ V$, $U_{GS(off)}>u_{GS}>0\ V$, $u_{GS}=U_{GS(off)}$, O, $-u_{DS}$

目前最常用的 MOS 管是以二氧化硅为绝缘层，按其导电沟道分为 N 沟道和 P 沟道两类，即 NMOS 场效应管和 PMOS 场效应管，而每类 MOS 管按结构又可分为增强型和耗尽型。下面以 NMOS 场效应管为例介绍其结构、工作原理和特性曲线。

（1）增强型 MOS 管：

① 结构与图形符号。图 1.28（a）为增强型 MOS 管 N 沟道和 P 沟道的图形符号。N 沟道的 MOS 管结构图如图 1.28（b）所示。它在一块低掺杂浓度的 P 型硅衬底上，扩散两个高掺杂浓度的 N 型区（用 N^+ 表示），并引出两个电极，分别为源极 s 和漏极 d，半导体之上制作一层很薄的二氧化硅（SiO_2）绝缘层，再在 SiO_2 之上制作一层金属铝，引出电极作为栅极 g，栅极与硅半导体是绝缘的，故称绝缘栅型场效应管。衬底也引出一个电极 B，通常将它与源极在场效应管内部连接在一起。衬底 B 的箭头方向是 PN 结加正偏时的电流方向。

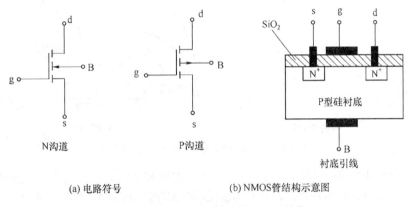

(a) 电路符号　　　　　　　　(b) NMOS 管结构示意图

图 1.28　增强型 MOS 管结构及图形符号

② 工作原理。下面以 N 沟道增强型 MOS 管为例讲解工作原理。如图 1.29 所示，在栅源间加正向电压 u_{GS}，当 $u_{GS} = 0$ 时，因为两个 N^+ 区之间是 P 型衬底，漏源之间相当于两个背靠背的 PN 结，不存在导电沟道，故无论漏源间加何种极性的电压，总是不导通，漏极电流 $i_D = 0$。当 $u_{GS} > 0$ 时，电压 u_{GS} 在 SiO_2 的绝缘层中产生一个垂直于 P 型的衬底，由栅极指向 P 型衬底的电场。此电场将 P 型衬底中的自由电子吸引到绝缘层附近，当 $u_{GS} \geq U_{GS(th)}$ 时，形成一个 N 型薄层，称为反型层，如图 1.29 所示。这个反型层就构成了漏-源之间的导电沟道。$U_{GS(th)}$ 为形成导电沟道时所需要的最小栅源电压，称为开启电压。此时在漏源极之间加上正向电压 u_{DS}，就会产生漏极电流 i_D，改变 u_{GS} 可改变导电沟道的宽窄，u_{GS} 越大，反型层越厚，导电沟道电阻愈小，漏极电流愈大，反之亦然。可见，u_{GS} 控制漏极电流 i_D。

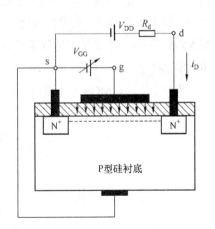

图 1.29　$u_{GS} > U_{GS(th)}$ 时导电沟道的形成

③ 特性曲线与电流方程：

a. 转移特性曲线。如图 1.30（a）所示，当 $u_{GS} < U_{GS(th)}$ 时，导电沟道未形成，i_D 基本为

零。$u_{GS} \geqslant U_{GS(th)}$ 时，导电沟道形成，产生漏极电流 i_D，并随着 u_{GS} 的增大，i_D 随之增大。

b．输出特性曲线。如图 1.30（b）所示，输出特性可分为四个区：可变电阻区、恒流区、击穿区和截止区。

c．电流方程。与结型场效应管相类似，i_D 与 u_{GS} 的关系可近似表示为

$$i_D = I_{DO} \left(\frac{u_{GS}}{U_{GS(th)}} - 1 \right)^2 \quad (u_{GS} \gg U_{GS(th)}) \tag{1.16}$$

式中，I_{DO} 是 $u_{GS} = 2U_{GS(th)}$ 时的 i_D。

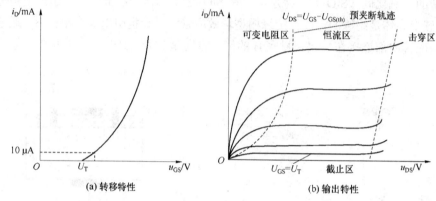

图 1.30　增强型 NMOS 场效应管特性曲线

（2）耗尽型 MOS 管。耗尽型 MOS 管也分 N 沟道和 P 沟道，其结构与增强型 MOS 管基本相同，不同的是在制造过程中，对于 N 沟道耗尽型 MOS 管在 SiO_2 绝缘层中掺入大量的正离子，即使 $u_{GS} = 0$，在正离子作用下 P 型衬底表面也存在反型层，从而形成漏源之间的导电沟道，其图形符号和结构示意图如图 1.31 所示。在漏源间加正电压 u_{DS} 时就会产生漏极电流 i_D。通常将 $u_{GS} = 0$ 时的漏极电流 I_{DSS} 称为饱和漏极电流。当栅源电压 $u_{GS} > 0$ 时，随 u_{GS} 增大，导电沟道变宽，漏极电流 i_D 增加；当 $u_{GS} < 0$ 时，导电沟道变窄，漏极电流 i_D 减小。当栅源反向电压增大到一定值时，导电沟道消失（即反型层消失），漏极电流 $i_D = 0$，此时的 u_{GS} 称为夹断电压，用 $U_{GS(off)}$ 表示。耗尽型 MOS 管在 u_{GS} 不论是正是负或零都可产生漏极电流 i_D，即栅极电压控制漏极电流，这使其使用更具灵活性。

为便于比较，MOS 管电路符号和特性曲线均列于表 1.1 中。

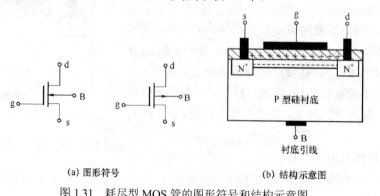

（a）图形符号　　　　　　　　（b）结构示意图

图 1.31　耗尽型 MOS 管的图形符号和结构示意图

3）场效应管与晶体管的比较

场效应管的栅极 g、源极 s、漏极 d 对应于晶体管的基极 b、发射极 e、集电极 c，它们的作用相类似。

（1）场效应管用栅-源电压 u_{GS} 控制漏极电流 i_D，栅极基本不取电流，晶体管工作时总要索取一定的电流。因此，要求输入电阻高的电路应选用场效应管；若信号源可以提供一定电流的电路可选用晶体管。

（2）场效应管几乎只有多子参与导电。晶体管则既有多子又有少子参与导电，而少子数目受温度、辐射等因素影响较大，因而场效应管比晶体管的温度稳定性好、抗辐射能力强。所以环境变化大的情况下应选用场效应管。

（3）场效应管的噪声系数很小，所以低噪声放大器的输入级及要求信噪比较高电路应选用场效应管。

（4）场效应管的漏极与源极可以互换使用，互换后特性变化不大。晶体管的发射极与集电极不能互换，特性差异较大。

（5）场效应管比晶体管种类多，特别是耗尽型 MOS 管，栅-源电压 u_{GS} 在正、负或零电压时均可控制漏极电流。因而在组成电路时比晶体管有更大的灵活性。

（6）由于场效应管集成工艺简单、省电、工作电源电压范围宽等优点，因而较晶体管更广泛地应用于大规模和超大规模集成电路中。

3．模拟集成电路

现在还有很多利用半导体技术制作的通用模拟集成电路和专用模拟集成电路。模拟集成电路主要是指由电容器、电阻器、晶体管等组成的模拟电路集成在一起用来处理模拟信号的集成电路。模拟集成电路有运算放大器、宽频带放大器、功率放大器、模拟乘法器、模拟锁相环、模-数和数-模转换器、电源管理芯片等。模拟集成电路的主要构成电路有：放大器、滤波器、反馈电路、基准源电路、开关电容电路等。

四、常用测量仪器

1．示波器简介

示波器能够简便地显示各种电信号的波形，一切可以转化为电压的电学量和非电学量及它们随时间作周期性变化的过程都可以用示波器来观测，示波器是一种用途十分广泛的测量仪器。

1）示波器的基本结构

示波器的主要部分有示波管、带衰减器的 Y 轴放大器、带衰减器的 X 轴放大器、扫描发生器（锯齿波发生器）、触发同步模块和电源等，为了适应各种测量的要求，示波器的电路组成是多样而复杂的，这里仅就主要部分加以介绍。

（1）示波管。示波管主要包括电子枪、偏转系统和荧光屏三部分，全都密封在玻璃外壳内，里面抽成高真空。

（2）信号放大器和衰减器。示波管本身相当于一个多量程电压表，这一作用是靠信号放大器和衰减器实现的。由于示波管本身的 X 轴及 Y 轴偏转板的灵敏度不高（约 $0.1 \sim 1$ mm/V），当加在偏转板的信号过小时，要预先将小的信号电压加以放大后再加到偏转板上。为此设置 X 轴及 Y 轴电压放大器。衰减器的作用是使过大的输入信号电压变小以适应放大器的要求，否则放大器不能正常工作，使输入信号发生畸变，甚至使仪器受损。对一般示波器来说，X 轴和 Y 轴都设置有衰减器，以满足各种测量的需要。

（3）扫描系统。扫描系统又称时基电路，用来产生一个随时间作线性变化的扫描电压，这种扫描电压随时间变化的关系如同锯齿，故称为锯齿波电压，这个电压经 X 轴放大器放大后加到示波管的水平偏转板上，使电子束产生水平扫描。这样，屏上的水平坐标变成时间坐标，Y 轴输入的被测信号波形就可以在时间轴上展开。扫描系统是示波器显示被测电压波形必需的重要组成部分。

2）示波器的使用

VP-5220D 型示波器（见图 1.32）各旋钮的用途及使用方法：

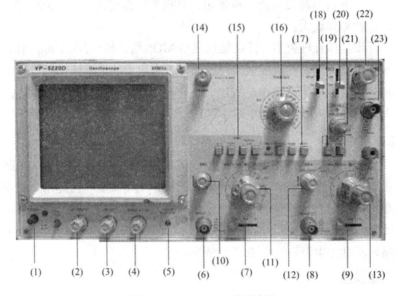

图 1.32　VP-5220D 型示波器

（1）电源开关：用于接通和关断仪器。按入为接通，弹出为关断。

（2）亮度：控制荧光屏上光迹的明暗程度，顺时针方向旋转为增亮，光点停留在荧光屏上不动时，宜将亮度减弱或熄灭，以延长示波器使用寿命。

（3）聚焦：调节聚焦可使光点圆而小，使波形清晰。

（4）标尺亮度：控制坐标片标尺的亮度，顺时针方向旋转为增亮。

（5）光迹旋转：调节光迹与水平线平行。

（6）通道 1 输入插座：双功能端口。在常规使用时，此端口作为垂直通道 1 的口，当仪器工作在 X-Y 方式时，此端口作为 Y 轴信号输入口。

（7）AC、GND、DC 开关：垂直通道 1 的耦合方式选择。可使输入端成为交流耦合、接地、直流耦合。

（8）通道 2 输入插座：双功能端口。在常规使用时，此端口作为垂直通道 2 的口，当仪

器工作在 X-Y 方式时，此端口作为 Y 轴信号输入口。

（9）AC、GND、DC 开关：垂直通道 2 的耦合方式选择。可使输入端成为交流耦合、接地、直流耦合。

（10）垂直位移：控制通道 1 显示迹线在荧光屏上 Y 轴方向的位置，顺时针方向迹线向上，逆时针方向迹线向下。

（11）通道 1 灵敏度开关：改变输入偏转因数 5 mV/DIV～5 V/DIV，按 1-2-5 进制共分 10 个挡级。

● PULL×5：改变 Y 轴放大器的发射极电阻，使偏转灵敏度提高 5 倍。

● 微调：调节显示波形的幅度，顺时针方向增大，顺时针方向旋足并接通开关为"标准"位置。

● PULL×10：改变水平放大器的反馈电阻使水平放大器放大量提高 10 倍，相应地也使扫描速度及水平偏转灵敏度提高 10 倍。

（12）垂直位移：控制通道 2 显示迹线在荧光屏上 Y 轴方向的位置，顺时针方向迹线向上，逆时针方向迹线向下。

（13）通道 2 灵敏度开关：改变输入偏转因数 5 mV/DIV～5 V/DIV，按 1-2-5 进制共分 10 个挡级。

（14）X 位移：控制光迹在荧光屏 X 方向的位置，在 X-Y 方式用作水平位移。顺时针方向光迹右移，逆时针方向光迹左移。

（15）垂直方式开关：四位按钮开关，用来选择垂直放大系统的工作方式。

● CH_1：显示通道 CH_1 输入信号。

● ALTL：交替显示 CH_1、CH_2 输入信号，交替过程出现于扫描结束后回扫的一段时间里，该方式在扫描速度从 0.2 μs/DIV～0.5 ms/DIV 范围内同时观察两个输入信号。

● CHOP：在扫描过程中，显示过程在 CH_1 和 CII_2 之间转换，转换频率约 500 kHz。该方式在扫描速度从 1 ms/DIV～0.2 s/DIV 范围内同时观察两个输入信号。

● CH_2：显示通道 CH_2 输入信号。

（16）t/DIV 开关：为扫描时间因数挡级开关，从 0.2 μs/DIV～0.2 s/DIV 按 1-2-5 进制，共19 挡，当开关顺时针旋足是 X-Y 或外 X 状态。

（17）触发方式开关：AUTO——扫描电路处于自激状态；NORM——扫描电路处于触发状态。

（18）AC/DC：外触发信号的耦合方式，当选择外触发源，且信号频率很低时，应将开关置 DC 位置。

（19）内触发选择开关：选择扫描内触发信号源。

● CH_1：加到 CH_1 输入连接器的信号是触发信号源。

● CH_2：加到 CH_2 输入连接器的信号是触发信号源。

● VERT：垂直方式内触发源取自垂直方式开关所选择的信号。

（20）触发源开关：选择扫描触发信号的来源，内为内触发，触发信号来自 Y 放大器；外为外触发，信号来自外触发输入；电源为电源触发，信号来自电源波形，当垂直输入信号和电源频率成倍数关系时这种触发源是有用的。

（21）微调：用以连续改变扫描速率的细调装置。顺时针方向旋足并接通开关为"校准"

位置。

（22）电平：用以调节被测信号在变化至某一电平时触发扫描。

（23）外触发输入插座：当选择外触发方式时，触发信号由此端口输入。

2. 信号发生器简介

信号发生器是指产生所需参数的电测试信号的仪器，信号发生器又称信号源或振荡器，在生产实践和科技领域中有着广泛的应用。各种波形曲线均可以用三角函数方程式来表示。能够产生多种波形，如三角波、锯齿波、矩形波（含方波）、正弦波的电路称为函数信号发生器。凡是产生测试信号的仪器，统称为信号源。

在测试、研究或调整电子电路及设备时，为测定电路的一些电参量，如测量频率响应、噪声系数、为电压表定度等，都要求提供符合所定技术条件的电信号，以模拟在实际工作中使用的待测设备的激励信号。当要求进行系统的稳态特性测量时，需使用振幅、频率已知的正弦信号源。当测试系统的瞬态特性时，又需使用上升沿时间、脉冲宽度和重复周期已知的矩形脉冲源。并且要求信号源输出信号的参数，如频率、波形、输出电压或功率等，能在一定范围内进行精确调整，有很好的稳定性，有输出指示。信号源可以根据输出波形的不同，划分为正弦波信号发生器、矩形脉冲信号发生器、函数信号发生器和随机信号发生器等。正弦信号是使用最广泛的测试信号。这是因为产生正弦信号的方法比较简单，而且用正弦信号测量比较方便。

正弦信号主要用于测量电路和系统的频率特性、非线性失真、增益及灵敏度等。按频率覆盖范围分为低频信号发生器、高频信号发生器和微波信号发生器；按输出电平可调节范围和稳定度分为简易信号发生器（即信号源）、标准信号发生器（输出功率能准确地衰减到-100 dB/mW 以下）和功率信号发生器（输出功率达数十毫瓦以上）；按频率改变的方式分为调谐式信号发生器、扫频式信号发生器、程控式信号发生器和频率合成式信号发生器等。

低频信号发生器：包括音频（200～20 000 Hz）和视频（1 Hz～10 MHz）范围的正弦波发生器。主振级一般用 *RC* 式振荡器，也可用差频振荡器。为便于测试系统的频率特性，要求输出幅频特性平和波形失真小。

高频信号发生器：频率为 100 kHz～30 MHz 的高频、30～300 MHz 的甚高频信号发生器。一般采用 *LC* 调谐式振荡器，频率可由调谐电容器的度盘刻度读出。主要用途是测量各种接收机的技术指标。输出信号可用内部或外加的低频正弦信号调幅或调频，使输出载频电压能够衰减到 1 μV 以下。此外，仪器还有防止信号泄露的良好屏蔽。

下面以 SFG1013 数字函数信号发生器（见图 1.33）为例来介绍面板按钮名称及作用：

（1）电源开关（POWER）：按入开。

（2）功能开关（FUNCTION）：波形选择。

● ：方波。

● ：正弦波。

● ：三角波。

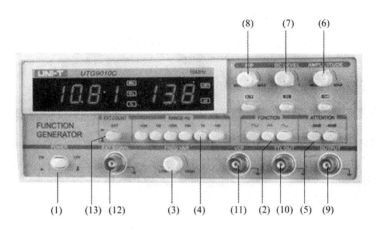

图 1.33　SFG1013 数字函数信号发生器

（3）频率微调（FREQ VAR）：与分挡开关配合连续选择工作频率。

（4）分挡开关（RANGE Hz）：2 Hz～2 MHz、5 Hz～5MHz、1 MHz～10 MHz 分六挡选择。

（5）衰减器（ATT）：可选择 0 dB、20 dB、40 dB、60 dB 衰减。

（6）幅度（AMPLITUDE）：幅度可调。

（7）直流偏移调节（DC LEVEL）：当开关按入时，直流电平为-10～+10 V 连续可调；当开关按出时，直流电平为零。

（8）占空比调节（R/P）旋钮：当开关按出时，占空比为 50%；当开关按入时，占空比为 10%～90%内连续可调。

（9）信号输出（OUTPUT）端口：波形输出端。

（10）TTL 电平（TTL OUT）：只有 TTL 电平输出端。幅度（p-p 值）3.5 V。

（11）VCF：控制电压输入端。

（12）EXT SIGNAL：外测频输入。

（13）EXT：测频方式（内/外）。

五、电路仿真软件简介

随着计算机的飞速发展，以计算机辅助设计（CAD）为基础的电子设计自动化（EDA）技术已成为电子学领域的重要学科。EDA 工具使电子电路和电子系统的设计产生了革命性的变化，它摒弃了靠硬件调试来达到设计目标的烦琐过程，实现了硬件设计软件化。本书的仿真实验将利用 Multisim 电路仿真系统软件对各课题的有关电路进行仿真实验及性能分析。

Multisim 是加拿大图像交互技术公司（Interactive Image Technologies，IIT)推出的以 Windows 为基础的仿真工具，适用于板级的模拟/数字电路板的设计工作。它包含了电路原理图的图形输入、电路硬件描述语言输入方式，具有丰富的仿真分析能力。

工程师可以使用 Multisim 交互式地搭建电路原理图，并对电路行为进行仿真。Multisim 提炼了 SPICE 仿真的复杂内容，这样工程师无须懂得深入的 SPICE 技术就可以很快地进行捕获、仿真和分析新的设计，这也使其更适合电子学教育。通过 Multisim 和虚拟仪器技术，PCB 设计工程师和电子学教育工作者可以完成从理论到原理图捕获与仿真再到原型设计和测试这样一个完整的综合设计流程。

电子仿真软件 Multisim 的基本界面如图 1.34 所示。

电路1 - Multisim - [电路1 *]
文件(F) 编辑(E) 视图(V) 放置(P) MCU 仿真(S) 转换(A) 工具(T) 报表(R) 选项(O) 窗口(W) 帮助(H)
--使用的元件--

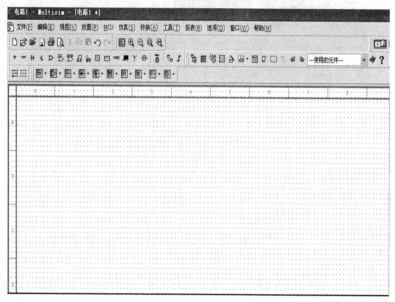

图 1.34　电子仿真软件 Multisim 的基本界面

1. 元件操作

（1）元件的选用。单击元件库栏目中的图标即可打开该元件库，如图1.35所示，在屏幕上出现的元件库对话框中选择需要的元件。单击OK按钮后，元件随鼠标移动，单击可以将该元件放到工作区的合适位置上。

元件
MISC

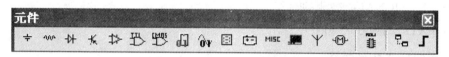

图 1.35　元件库工具栏

（2）元件的旋转、反转、复制和删除。单击元件符号，选定元件，用相应的菜单、工具栏，如图 1.36 所示，或右击，在弹出的快捷菜单中选定需要的操作。

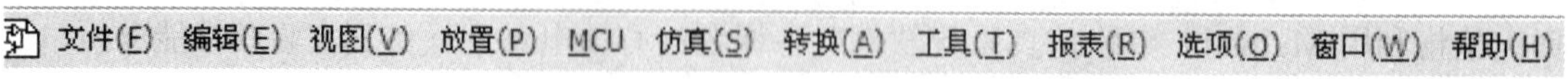

文件(F) 编辑(E) 视图(V) 放置(P) MCU 仿真(S) 转换(A) 工具(T) 报表(R) 选项(O) 窗口(W) 帮助(H)

图 1.36　主菜单栏

（3）元件参数设置。元件被选中后，双击该元件或单击 Edit 菜单选择 Properties 命令，即可打开该元器件的特性参数设置对话框，如图 1.37 所示，可以设置或编辑该元器件的各种特性参数。

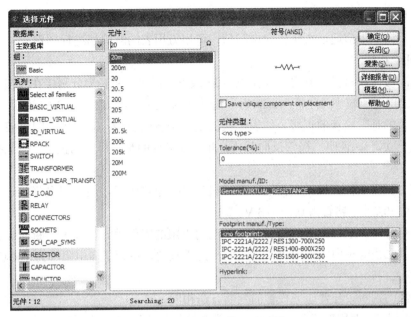

图 1.37 "选择元件"对话框

2．导线的操作

（1）连接。元器件的模型上有端子和电路的其他部分连接，当鼠标指针放到元器件的某个端子上时会出现黑色小圆点，按住鼠标左键并移动鼠标，会出现一根导线，将鼠标移动到另一个元器件的端子上使其出现小圆点，释放鼠标，则两个元器件之间的连接完成，出现一根带序号的导线。导线会自动选择合适的走向，不会与其他元器件出现交叉。

（2）删除。单击准备修改的导线，被选中后的导线上会出现一些蓝色的实心小方块，直接按下【Delete】键导线即被删除。

（3）修改。单击准备修改的导线，被选中后的导线上会出现一些蓝色的实心小方块，用鼠标指针指向导线时会出现双箭头，此时按住鼠标左键拖动，可以修改导线。

3．仪器仪表的操作

Multisim 仪器库（Instruments）中的仪器可用于各种模拟和数字电路的测量，如图 1.38 所示。使用时只须单击仪表工具栏中该仪器的图标，拖动放置在相应位置即可。对图标双击则得到该仪器的控制面板，根据实验电路的需要对其进行相应的设置。仪器的移动和删除的方法与元器件的移动、删除方法相同。

图 1.38 仪器工具栏

六、二极管和三极管的测量

1．二极管的测量

二极管的外壳上印有型号和标记。标记有箭头、色环和色点，箭头所指方向或靠近色环的一端为二极管的负极，有色点的一端为正极。当标记和型号脱落时，可根据二极管的单向导电性，即反向电阻值远远大于正向电阻值，可用万用表的欧姆挡进行判别。

1）普通二极管

（1）判断极性和材料。万用表选在 R×100 或 R×1k 挡，两表笔分别接在二极管的两个电极上，若测出电阻值较小（硅管几百欧姆～几千欧姆，锗管 100 Ω～1 kΩ），说明二极管导通，此时黑表笔接的是二极管的正极，红表笔接的是二极管的负极；若测出电阻值较大（几十千欧姆～几百千欧姆），说明二极管反向截止，此时红笔接的是二极管的正极，黑笔接的是二极管的负极。

若不知二极管是什么材料制作的，在二极管接入电路中时，用万用表测其导通压降，硅管一般在 0.6～0.7 V，锗管为 0.1～0.3 V。

（2）检查好坏。通过测量二极管的正、反向电阻的阻值差异很大来判断二极管的好坏。一般小功率硅二极管正向电阻值为几百欧姆～几千欧姆，锗管正向电阻约为 100 Ω～1 kΩ。

2）稳压二极管

（1）极性的判断。与普通二极管的判断方法相同。

（2）检查好坏。万用表置于 R×10 k 挡，黑表笔接稳压管的负极，红表笔接稳压管的正极，若此时的反向电阻很小（与使用 R×1 k 时的测试值相比较），说明稳压管正常。因为万用表 R×10 k 挡的内部电压都在 9 V 以上，即被测稳压管已被击穿，使其阻值大大减小。

3）发光二极管

万用表 R×10 k 挡测试。一般正向应小于 30 kΩ，反向电阻应大于 1 MΩ；若正、反向电阻均为零，说明发光二极管内部击穿。反之，若均为无穷大，说明发光二极管内部已开路。

4）光电二极管

用黑纸将光电二极管盖住，将万用表置于 R×1 k 挡，两表笔分别接两个引脚，若读数为几千欧姆左右，则黑表笔为正极，这是正向电阻，是不随光照而变化的。将两笔对调测反向电阻，一般读数应为几百千欧姆到无穷大（测量时窗口要避开光）。然后用手电光照光电二极管的顶部窗口，这时表头指针明显偏转，光线越强，反向电阻应越小（仅几百欧姆）。关掉手电，指针恢复到原来的阻值，这样的光电二极管才是好的。

2．三极管的测量

三极管按材料与工艺可分为硅平面管和锗合金管；按结构可分为 NPN 型和 PNP 型；按工作频率可分为低频管和高频管；按用途可分为电压放大管、功率三极管和开关管等。

1）基极（b）和管型的判断

黑表笔任接一极，红表笔分别依次接另外两极。若两次测量中表针均偏转很大（说明三极管的 PN 结已通，电阻较小），则黑表笔接的是三极管基极，同时该管为 NPN 型；反之，将表笔对调（红笔任接一极），重复以上操作，则也可确定三极管的基极，其管型为 PNP 型。

2）判别集电极（c）和发射极（e）

在基极与假定集电极之间接一个 100 kΩ 的电阻（也可用人体电阻代替，用两手分别捏住b、c 两电极，但不使 b、c 接触），分别用红、黑表笔对调测得两个大小电阻值，测得小阻值时，对于 NPN 型管黑表笔接的是集电极，红表笔接的发射极；PNP 型管则反之。

3）三极管好坏的判断

若在以上操作中无一电极满足上述现象，则说明三极管已坏也可用万用表的 h_{FE} 挡测量，当管型确定后，将三极管引脚插入 NPN 或 PNP 插孔，将万用表置于 h_{FE} 挡，若 h_{FE}（β）值不正常（如为零或为大于 300），则说明三极管已坏。

小　　结

1. 信号是指随时间变化的物理量。电子电路中常将信号分为模拟信号和数字信号。

2. 电路是电流所流经的路径。它由电源、负载和中间环节三大部分组成。电路的作用通常分为两大功能：电能的传输、分配与转换控制及信号的传递与处理。

3. 导电能力介于导体和绝缘体之间的物质称为半导体。半导体器件是构成电子电路的基本器件，半导体器件的材料主要有硅（Si）和锗（Ge）。半导体中有两种载流子：自由电子和空穴。纯净的半导体称为本征半导体。为了提高半导体的导电能力，在本征半导体中掺入微量的杂质元素，这种掺杂后的半导体称为杂质半导体。在纯净的硅（或锗）中掺入少量的五价元素形成 N 型半导体，掺入少量的三价元素形成 P 型半导体。

4. 将 N 型半导体和 P 型半导体制作在同一块硅片上，由于载流子的浓度差，在交界处形成 PN 结，PN 结具有单向导电性，是二极管的核心及特有性能。

5. 半导体二极管通常可用作检波、整流、稳压、混频、调谐、光电转换和开关控制等。理想二极管其伏安特性用两条直线表示，可等效为一开关，正向偏置开关闭合，端电压为零，反向偏置开关打开，电流为零。

6. 半导体三极管通常用作放大、混频和光电转换等，它是各类放大电路中的核心元件。在同一硅片上制造出三个掺杂区域，并形成两个 PN 结，就构成了三极管。按 P 区和 N 区的不同组合方式分为 NPN 型或 PNP 型三极管。三极管有三个工作区：放大区、饱和区、截止区。放大区三极管具有基极电流控制集电极电流的特性，饱和区和截止区具有开关特性。

7. 模拟电路的基本器件有普通二极管、三极管、稳压二极管、光电二极管和场效应三极管等。场效应三极管是一种电压控制型器件，它是利用栅极电压改变导电沟道的宽窄来控制漏极电流的。场效应三极管分为结型和绝缘栅型（MOS）两大类。

习　　题

1. 在本征半导体中加入_____元素可形成 N 型半导体，加入_____元素可形成 P 型半导体。

　　A. 五价　　　　　　　B. 四价　　　　　　　C. 三价　　　　　　　D. 二价

2. N 型半导体_____，P 型半导体_____。

　　A. 带正电　　　　　　B. 带负电　　　　　　C. 呈中性　　　　　　D. 不能确定

3. 当温度升高时，二极管的反向饱和电流将_____。

　　A. 增大　　　　　　　B. 不变　　　　　　　C. 减小　　　　　　　D. 不能确定

4. 二极管的正反向电阻都很小时，说明二极管_____。

A. 正常　　　　　　　B. 击穿短路　　　　　　C. 内部断路　　　　D. 不能确定

5. 工作在放大区的某三极管，如果当 I_B 从 12μA 增大到 22μA 时，I_C 从 1mA 变为 2mA，那么它的 β 约为_____。

A. 83　　　　　　　B. 91　　　　　　　C. 100　　　　　　D. 95

6. 若使 NPN 型三极管工作在放大状态，下面正确的是_____。

A. $U_C > U_B$　　　B. $U_B > U_C$　　　C. $U_E > U_B$　　　D. $U_C > U_B > U_E$

7. 电路如图所示，已知 $u_i = 10\sin\omega t(\text{V})$，试画出 u_i 与 u_o 的波形。设二极管正向导通电压可忽略不计。

8. 电路如图所示，试画出输入电压 $u_i = 5\sin\omega t$ 时，输出电压 u_o 的波形。

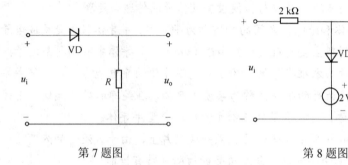

第 7 题图　　　　　　　　　　　　　　　　第 8 题图

9. 稳压二极管稳压原理如图所示，$U_Z = 8.5\text{ V}$，$I_{Z\min} = 5\text{ mA}$，$P_{ZM} = 250\text{ mW}$，输入电压 $U_I = 20\text{ V}$。求 U_O、I_Z；若 U_I 增加 10%，R_L 开路，分析稳压二极管是否安全；若 U_I 减小 10%，$R_L = 1\text{k}\Omega$，分析稳压二极管是否工作在稳压状态。

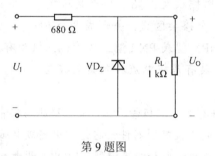

第 9 题图

10. 电路如图所示，稳压管 VD_Z 的稳定电压 $U_Z = 3\text{ V}$，R 的取值合适，u_1 的波形如题 10 图（c）所示。试分别画出 u_{O1} 和 u_{O2} 的波形。

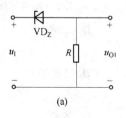
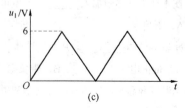

(a)　　　　　　　　　　(b)　　　　　　　　　　(c)

第 10 题图

11. 判断图所示电路中二极管工作在导通状态，还是截止状态，并确定输出电压 U_o。（设 VD 正向导通压降为 0.7 V）。

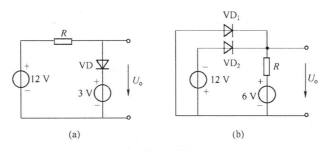

(a)   (b)

第 11 题图

12. 在图所示电路中，发光二极管导通电压 $U_D = 1.5$ V，正向电流在 5～15 mA 时才能正常工作。试问：

（1）开关 S 在什么位置时发光二极管才能发光？

（2）R 的取值范围是多少？

13. 已知两只三极管的电流放大系数 β 分别为 50 和 100，现测得放大电路中这两只三极管两个电极的电流如图所示。分别求另一电极的电流，标出其实际方向，并在圆圈中画出三极管。

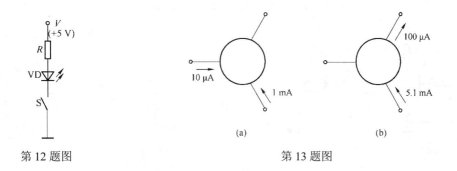

(a)   (b)

第 12 题图   第 13 题图

14. 测得放大电路中六只三极管的直流电位如图所示。在圆圈中画出三极管，并分别说明它们是硅管还是锗管。

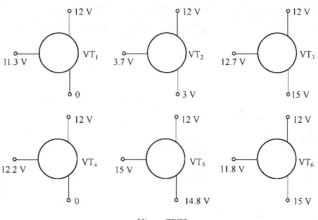

第 14 题图

15. 图中各三极管均为硅管，试判断其工作状态。

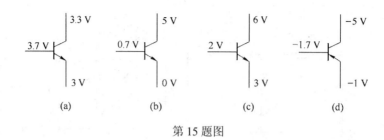

(a)   (b)   (c)   (d)

第 15 题图

16. 一直处于放大状态的三极管，测得它的三个电极对地电位分别如下表所示。试判断该三极管的类型与各电极的名称，填入下表中。

电极	编号	1	2	3
	对地电位/V	2	6	2.7
	名称			
三极管管型				
三极管类别				

17. 分别判断图所示各电路中晶体管是否有可能工作在放大状态。

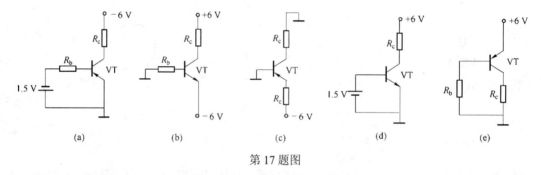

(a)   (b)   (c)   (d)   (e)

第 17 题图

18. 有两只三极管，一只的 $\beta = 200$ ，$I_{CEO} = 200\,\mu A$ ；另一只的 $\beta = 100$ ，$I_{CEO} = 10\,\mu A$ ，其他参数大致相同。你认为应选用哪只三极管？为什么？

19. 硅三极管电路如图所示，已知三极管的 $\beta = 100$ ，$R_b = 100\,k\Omega$ ，求 I_B 、I_C 及 U_{CE} 。

20. 三极管电路如图所示，已知三极管的 $\beta = 100$ ，$U_{BE(on)} = 0.7\,V$ ，求 I_C 和 U_{CE} 。

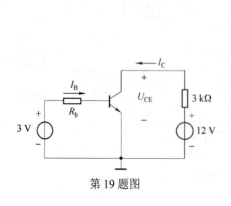

第 19 题图

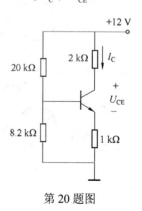

第 20 题图

单元 ② 电源电路

在各种电子电路和电子设备中，通常都需要稳定的直流电源供电。本单元介绍的电源电路是将频率为 50 Hz、有效值为 220 V 的单相电网交流电压转换为各种不同值的直流电源电路，这种小功率直流稳压电源常用于各种电子设备、充电器和交直流转换器。

直流稳压电路的种类很多，有三相稳压电路、单相稳压电路；有固定稳压电路、可调稳压电路；还有线性集成稳压电路、开关集成稳压电路。直流电源通常是由 50 Hz 的交流电经过整流、滤波和稳压转换而得。这里主要介绍单相、功率较小的直流稳压电路。

课题 1　固定直流稳压电源电路

课题描述

固定直流稳压电源大多由电源变压器、整流电路、滤波电路和稳压电路构成。电源变压器将 220 V 交流电降压至较小的交流电；整流电路由具有单向导电性的二极管构成，通常有半波整流、全波整流和桥式整流，本课题采用四个二极管组成的桥式整流电路；滤波电路是将整流后脉动大的直流电处理成脉动小的直流电，通常由 R、C 构成的低通滤波器组成，整流滤波后的直流电已比较平滑，但电网电压和负载均会变化，导致电源电路不稳定，稳压电路则能调节变化，最后得到基本不受外界影响的稳定电压，本课题稳压采用线性集成稳压器。

一、电路组成

图 2.1 为直流稳压电源的组成框图。

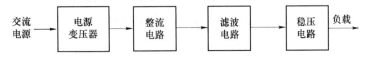

图 2.1　直流稳压电源的组成框图

二、各环节功能

（1）电源变压器。将电网输入的交流电压变换成幅值符合整流需要的交流电压值。

（2）整流电路。将幅值合适的交流电压转换为单向脉动的直流电压。

（3）滤波电路。滤除脉动直流电压中的交流成分，得到较为平滑的直流电压。

（4）稳压电路。当电网电压波动、负载或温度变化时，维持输出直流电压稳定。

三、课题电路原理图

固定直流稳压电源电路如图 2.2 所示。图中各元器件的作用分别为：变压器——变压；四个二极管——整流；电容器——滤波；7812——稳压。

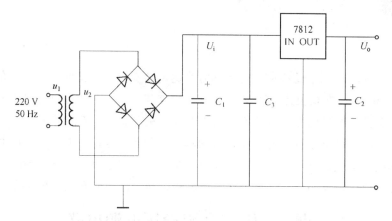

图 2.2　固定直流稳压电源电路

四、课题电路实物图

课题电路实物图，如图 2.3 所示。

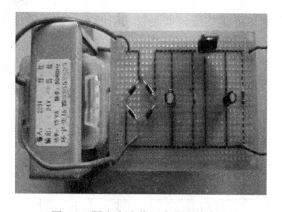

图 2.3　固定直流稳压电源实物电路

 电路知识

一、整流电路

整流电路将交流电压变成单向脉动直流电压，利用半导体二极管的单向导电性可以组成各种整流电路。这里主要介绍小功率直流电源中的单相半波整流电路和桥式整流电路。

1. 单相半波整流电路

1）工作原理

单相半波整流电路如图 2.4 所示，由变压器 T、整流二极管 VD 和负载 R_L 组成。

设变压器二次电压 $u_2 = \sqrt{2}U_2\sin\omega t$。由于二极管的单向导电性，在 u_2 的正半周，二极管 VD 导通，电流经二极管流向负载 R_L，在 R_L 上就得到一个上正下负的电压，忽略二极管分压，此时输出电压 $u_o = u_2$，负载电流 $i_o = u_o / R_L$；在 u_2 的负半周，二极管 VD 因承受反向电压而截止，电流近似为 0，因而 R_L 上电压为 0。

单相半波整流电路的波形如图 2.5 所示。输出电压的波形是单方向的，因其大小随时间变化，因此称为脉动直流电。

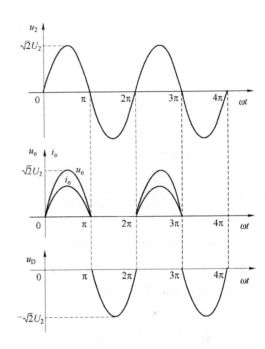

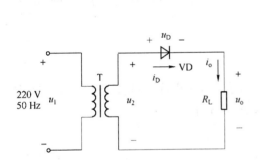

图 2.4　单相半波整流电路

图 2.5　半波整流电路波形

2）输出电压和输出电流的平均值

直流量的大小一般用平均值来衡量，半波整流输出直流脉动电压 u_o 在一周的平均值为

$$U_{O(AV)} = \frac{1}{2\pi}\int_0^{2\pi} u_o \mathrm{d}(\omega t) = \frac{1}{2\pi}\int_0^{\pi}\sqrt{2}U_2\sin\omega t \mathrm{d}(\omega t) = \frac{\sqrt{2}}{\pi}U_2 \approx 0.45U_2 \tag{2.1}$$

输出平均电流即负载上的电流为

$$I_{O(AV)} = \frac{U_{O(AV)}}{R_L} = 0.45\frac{U_2}{R_L} \tag{2.2}$$

3）整流二极管的选择

在整流电路中，应根据极限参数最大整流平均电流 I_F 和最高反向工作电压 U_R 选择二极管。

从图 2.5 中可知流过二极管的平均电流为

$$I_{\mathrm{D(AV)}} = I_{\mathrm{O(AV)}} = \frac{U_{\mathrm{O(AV)}}}{R_{\mathrm{L}}} = 0.45\frac{U_2}{R_{\mathrm{L}}} \tag{2.3}$$

从图 2.5 中可知二极管承受的最大反向电压是变压器二次电压的峰值,即

$$U_{\mathrm{RM}} = \sqrt{2}U_2 \tag{2.4}$$

若考虑电网电压的波动范围为±10%,根据式(2.3)和式(2.4),应选择二极管的极限参数为

$$I_{\mathrm{F}} > 0.45\frac{1.1U_2}{R_{\mathrm{L}}} \tag{2.5}$$

$$U_{\mathrm{R}} > 1.1\sqrt{2}U_2 \tag{2.6}$$

根据以上分析可知,半波整流电路简单,使用元器件少,输出电压平均值低且脉动大,变压器利用率和整流效率低。故只适用于小电流且对电源要求不高的场合。

2.桥式整流电路

为了提高变压器的利用率,减小输出电压的脉动,在小功率电源中,应用最多的是单相桥式整流电路,本课题整流电路属此类电路。

1)工作原理

桥式整流电路如图 2.6(a)所示。

四只二极管接成电桥形式,图 2.6(b)为简化画法。设二极管为理想二极管,正向导通电压为 0,反向电流为 0,设变压器二次电压 $u_2 = \sqrt{2}U_2 \sin\omega t$。

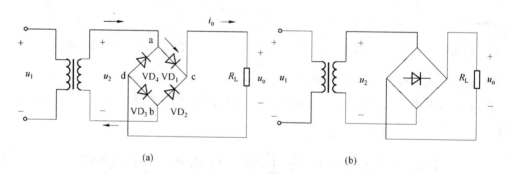

图 2.6 桥式整流电路

在 u_2 的正半周,a 点为正,b 点为负,$\mathrm{VD_1}$、$\mathrm{VD_3}$ 导通,$\mathrm{VD_2}$、$\mathrm{VD_4}$ 截止,电流通路为 $\mathrm{a} \rightarrow \mathrm{VD_1} \rightarrow \mathrm{c} \rightarrow R_{\mathrm{L}} \rightarrow \mathrm{d} \rightarrow \mathrm{VD_3} \rightarrow \mathrm{b}$,电流如图 2.6(a)中实线箭头所示。

当 u_2 为负半周,a 点为负,b 点为正,$\mathrm{VD_2}$、$\mathrm{VD_4}$ 导通,$\mathrm{VD_1}$、$\mathrm{VD_3}$ 截止,电流通路为 $\mathrm{b} \rightarrow \mathrm{VD_2} \rightarrow \mathrm{c} \rightarrow R_{\mathrm{L}} \rightarrow \mathrm{d} \rightarrow \mathrm{VD_4} \rightarrow \mathrm{a}$。

这样,在 u_2 的整个周期内,四个二极管交替导通,忽略二极管导通压降,u_2 正半周时,$u_{\mathrm{O}} \approx u_2$;$u_2$ 负半周时,$u_{\mathrm{O}} \approx -u_2$,在负载 R_{L} 上得到的是全波整流电压。各电压电流波形如图 2.7 所示。

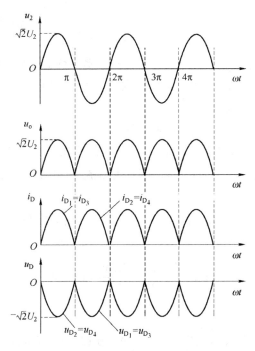

图 2.7 桥式整流电路电压、电流波形

2）输出电压和输出电流的平均值

桥式整流电路输出电压为半波整流电路输出电压的两倍，故其电压平均值和电流平均值为

$$U_{\mathrm{O(AV)}} = \frac{2\sqrt{2}}{\pi}U_2 \approx 0.9U_2 \tag{2.7}$$

$$I_{\mathrm{O(AV)}} = \frac{U_{\mathrm{O(AV)}}}{R_{\mathrm{L}}} \approx 0.9\frac{U_2}{R_{\mathrm{L}}} \tag{2.8}$$

3）整流二极管的选择

由于桥式整流电路的每只二极管只在半个周期导通，故流过每只二极管的平均电流仅为输出电流的一半，即

$$I_{\mathrm{D(AV)}} = \frac{I_{\mathrm{O(AV)}}}{2} = \frac{U_{\mathrm{O(AV)}}}{2R_{\mathrm{L}}} \approx 0.45\frac{U_2}{R_{\mathrm{L}}} \tag{2.9}$$

在 u_2 的整个周期内，桥式电路中导通的二极管可视作短路，则截止的二极管相并联，两并联的二极管承受的最大反向电压是变压器二次电压的峰值，即

$$U_{\mathrm{RM}} = \sqrt{2}U_2 \tag{2.10}$$

若考虑电网电压的波动范围为±10%，根据式（2.9）和式（2.10），应选择二极管的极限参数为

$$I_{\mathrm{F}} > 0.45\frac{1.1U_2}{R_{\mathrm{L}}} \tag{2.11}$$

$$U_{\mathrm{R}} > 1.1\sqrt{2}U_2 \tag{2.12}$$

将二极管集成在一起，可构成常用的半桥堆和全桥堆，全桥是将连接好的桥式整流电路的四个二极管封装在一起。半桥是将连接好的两个二极管封装在一起。半桥也可以组成变压器带中心抽头的全波整流电路，目前市场桥堆产品品种繁多，特别是全桥堆，已得到广泛应用。

例2.1 已知电网电压为 220 V 时，某电子设备要求 12 V 直流电压，负载电阻 $R_L = 100\,\Omega$。若选用单相桥式整流电路，试问：

（1）电源变压器二次电压有效值 U_2 应为多少？

（2）整流二极管正向平均电流 $I_{D(AV)}$ 和最大反向电压 U_{RM} 各为多少？

（3）若电网电压的波动范围为±10%，则最大整流平均电流 I_F 和最高反向工作电压 U_R 分别至少选取多少？

（4）若图 2.6（a）中 VD_1 因故开路，则输出电压平均值将变为多少？

解：（1）由式（2.7）可得

$$U_2 \approx \frac{U_{O(AV)}}{0.9} = \frac{12\text{ V}}{0.9} \approx 13.3\text{ V}$$

输出平均电流为

$$I_{O(AV)} = \frac{U_{O(AV)}}{R_L} = \frac{12}{100}\text{ A} = 0.12\text{ A} = 120\text{ mA}$$

（2）根据式（2.9）和式（2.10）可得

$$I_{D(AV)} = I_{O(AV)}/2 = (0.12/2)\text{ A} = 0.06\text{ A} = 60\text{ mA}$$

$$U_{RM} = \sqrt{2}U_2 \approx \sqrt{2} \times 13.3\text{ V} \approx 18.8\text{ V}$$

（3）根据式（2.11）和式（2.12）及上面求解结果可得

$$I_{F\min} = 1.1I_{D(AV)} = 66\text{ mA}$$

$$U_{R\min} = 1.1U_{RM} \approx 20.7\text{ V}$$

（4）若图 2.6（a）中 VD_1 因故开路，则在 u_2 的正半周另外三只二极管均截止，而负半周 VD_2、VD_4 仍导通，VD_3 截止，即负载电阻上仅获得半周电压，电路成为半波整流电路。因此，输出电压仅为正常时的一半，即 6 V。

二、滤波电路

整流电路的输出电压是脉动的直流电压，含有较大的谐波成分，不能直接用做电子电路的直流电源。利用电容器和电感器对直流分量和交流分量呈现不同的特点，将它们构成不同的低通滤波器，滤除输出电压中的交流成分，使脉动直流电压变为平滑的直流电压。

1. 电容滤波电路

1）工作原理

在整流电路的输出端即负载 R_L 两端并联一个大电容器 C，就构成电容滤波电路。图 2.8（a）所示为电容滤波电路，图 2.8（b）为电容滤波电路电压、电流波形。图中实线为电路进入稳态时的输出电压波形，虚线为未加滤波电路的输出电压波形。

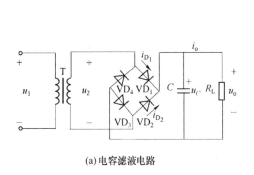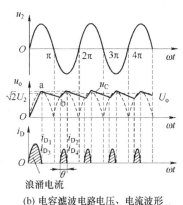

(a)电容滤波电路　　　　　　(b)电容滤波电路电压、电流波形

图 2.8　电容滤波电路及电压、电流波形

从图 2.8（a）中可知，只有当电容器上电压（即输出电压 u_o）小于变压器二次电压时，才有一对二极管导通，给电容器充电。

当 u_2 为正半周，且电容器电压 u_C 起始为零时，VD$_1$、VD$_3$ 导通，u_2 从零上升一路给负载提供电流，另一路给电容器充电，由于二极管导通电阻很小，所以充电时间常数很小，电容器电压上升很快，输出电压几乎与 u_2 同步，见图 2.8（b）中 Oa 段所示。当 u_2 从 a 点开始下降，$u_C > u_2$ 时，VD$_1$、VD$_3$ 截止，电容器 C 开始放电，因为负载电阻较大，故放电时间常数 R_LC 很大，放电缓慢，u_C 下降速率比 u_2 慢，使输出电压 u_o 高于 u_2，四个整流管都反向截止，见图 2.8（b）中 ab 段。u_2 继续变化，当再一次 $u_C < u_2$ 时，电路进入第二个允、放电过程。

由输出电压波形图 2.8（b）可以看出，经滤波后的输出电压变得比较平滑，而且使得电压的平均值增大。另外，在未加滤波电容时，每只整流二极管的导通角为 180°，二极管导通角指在一个周期内，二极管导通时间所对应的角度。在加了滤波电容器后，整流二极管的导通角变小很多，而且电容越大，充电时间越短，二极管导通角越小。由于电容器上电压不能突变，二极管导通时间较短，为补足放掉的电荷，则形成很大的脉冲电流，即浪涌电流。因此在选择整流二极管时，最大整流平均电流 I_F 应为 I_D 的 2～3 倍。

2）参数的选择

（1）滤波电容器的容量。

C 越大放电越慢，输出电压越平滑，平均值也高，但 C 大，体积也大，浪涌电流也大。因此对于全波整流电路，通常滤波电容器的容量满足

$$R_LC \geqslant (3 \sim 5)\frac{T}{2} \tag{2.13}$$

式中 T 为电网交流电压的周期。一般选择几十～几千微法的电解电容器。

（2）输出电压平均值。满足上述电容器的选择，则：

$$U_{O(AV)} \approx 1.2 U_2 \tag{2.14}$$

（3）电容器的耐压值。考虑到电网电压的波动及加在电容器上的最大电压为 $\sqrt{2}U_2$，通常选择其耐压值为

$$\text{电容器的耐压值} = (1.5 \sim 2)\sqrt{2}U_2 \tag{2.15}$$

例 2.2 单相桥式整流电容滤波电路的输出电压 $U_O = 30$ V，负载电流为 250 mA，试选择整流二极管的型号和滤波电容器 C 的大小，并计算变压器二次电流、二次电压。

解：（1）选择整流二极管。

流过二极管的电流为 $\quad I_D = \dfrac{1}{2}I_O = \dfrac{1}{2} \times 250\,\text{mA} = 125\,\text{mA}$

二极管承受最大电压为 $\quad\quad U_{RM} = \sqrt{2}U_2$

因 $U_O = 1.2U_2$ 所以 $\quad\quad U_2 = \dfrac{U_O}{1.2} = \left(\dfrac{30}{1.2}\right)\text{V} = 25\,\text{V}$

则 $\quad\quad U_{RM} = \sqrt{2}U_2 = (\sqrt{2} \times 25)\,\text{V} \approx 35\,\text{V}$

查手册选 2CP21A（其 $I_F = 3\,000$ mA, $U_R = 50$ V）。

（2）选择滤波电容器。

根据式（2.13），$R_L C \geqslant (3 \sim 5)\dfrac{T}{2}$，取 $C = \dfrac{5T}{2R_L}$。

$$R_L = \dfrac{U_O}{I_O} = \left(\dfrac{30}{250}\right)\text{k}\Omega = 0.12\,\text{k}\Omega \quad\quad T = 0.02\,\text{s}$$

$$C = \dfrac{5T}{2R_L} = \dfrac{5 \times 0.02}{2 \times 120}\,\text{F} \approx 417\,\mu\text{F}$$

根据电容器的耐压值要求式（2.15），则选择 470 μF/100 V 的电解电容器。

（3）计算变压器二次电流、电压值。

前面已计算 $U_2 = \dfrac{U_O}{1.2} = \left(\dfrac{30}{1.2}\right)\text{V} = 25\,\text{V}$；电流在充放电中已不是正弦电流，一般取 $I_2 = (1.1 \sim 3)I_O$，所以取 $I_2 = 1.5I_O = 1.5 \times 250\,\text{mA} = 375\,\text{mA}$。

2．其他滤波电路

1）电感滤波电路

电感器对于直流分量的电抗近似为 0，交流分量的电抗 ωL 可以很大。因此将电感器加在整流电路与负载之间，构成电感滤波电路如图 2.9 所示，根据电感的频率特性可知，频率越高，电感的感抗值越大，对整流电路输出电压中的高频成分压降就越大，而全部直流分量和少量低频成分降在负载电阻上，从而起到滤波作用，在负载上可得到比较平滑的直流电压。

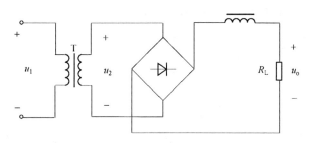

图 2.9　电感滤波电路

2）复式滤波电路

若电容滤波、电感滤波电路不能满足要求，还可以采用多个元件组成的复式滤波电路，图 2.10（a）所示电路为 *LC* 滤波电路；图 2.10（b）所示电路为 Π 型 *LC* 滤波电路，由于电容器对交流的阻抗很小，电感器对交流的阻抗很大，因此负载上的谐波电压很小；图 2.10（c）为 Π 型 *RC* 滤波电路。负载电流较小时可用此电路，但电阻器 *R* 要消耗功率，效率较低。本课题滤波电路近似此电路。

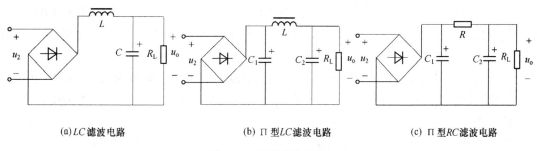

(a) *LC* 滤波电路　　　　　　　(b) Π 型 *LC* 滤波电路　　　　　　　(c) Π 型 *RC* 滤波电路

图 2.10　复式滤波电路

三、稳压电路

滤波后的直流电压仍然会随着输入电网电压的波动、温度的变化和负载的变化而变化，为了稳定输出电压，一般还需在滤波电路和负载之间加接稳压环节。稳压电路通常有稳压管稳压电路、串联型稳压电路、线性集成稳压电路和开关集成稳压电路。

1．稳压管稳压电路

一个稳压管 VD_Z 和一个限流电阻器 *R* 就可构成最简单的稳压电路，如图 2.11（a）虚线框内所示。稳压管工作在反向击穿区（见图 2.11（b）），其输入电压为桥式整流电容滤波电路的输出，稳压管的端电压为输出电压 U_O，负载电阻 R_L 与稳压管并联。

设流过稳压管的电流为 I_Z，电压为 U_Z；流过 *R* 上的电流为 I_R，电压为 U_R；R_L 上的电流为 I_O，根据基尔霍夫电流定律有

$$I_R = I_Z + I_O \tag{2.16}$$

且
$$U_I = U_R + U_O \tag{2.17}$$

$$U_O = U_Z \tag{2.18}$$

说明只要稳压管端电压稳定，负载电阻上的电压就稳定。

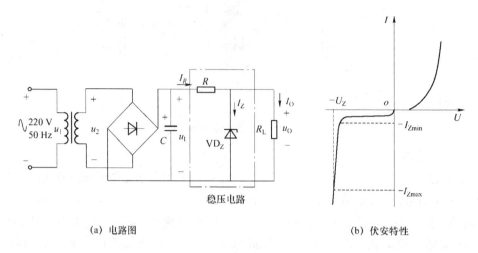

(a) 电路图   (b) 伏安特性

图 2.11   稳压管稳压电路

当电网电压升高而使 U_I 上升时，输出电压 U_O 应随之升高。但稳压管两端反向电压的微小增量，会引起 I_Z 急剧增加，从而使 I_R 加大，则在 R 上的压降也增大，因此抵消了 U_O 的升高，使输出电压基本保持不变。

当因负载电阻减小而使 I_O 增大时， I_R 应随之加大，在 R 上压降应变大，所以 U_O 也应下降，但稳压管的反向电压略微下降，会引起 I_Z 的急剧减少，从而使 I_R 基本不变。所以它具有稳压的功能。

稳压管稳压电路结构简单，设计制作方便，但其输出电压不可调节，同时也不适用于电网电压和负载电流变化较大的场合。为了克服此缺点可采用串联型稳压电路和线性集成稳压电路。

2. 串联型稳压电路

串联型稳压电路如图 2.12 所示。它主要由基准电压源、比较放大器、调整电路和采样电路四部分组成。

由图 2.12 可知， R 和 VD_Z 组成稳压管稳定电路，提供基准电压 U_Z。集成运放 A 是比较放大器， R_1、 R_W 和 R_2 为采样电路， U_F 为输出电压 U_O 的一部分，输入到集成运放反相端与基准电压比较放大，送到三极管 VT 的基极。三极管 VT 接成射极跟随器，起到调节输出电压作用，它与负载串联故此电路称为串联型稳压电路。

当电网电压波动或负载电阻的变化，使输出电压 U_O 升高（或降低）时，采样电路将这一变化趋势（ U_F ）送到集成运放 A 的反相输入端，与同相输入电压即基准电压 U_Z 进行比较放大，集成运放 A 输出电压即调整管基极电位降低（或升高），因为电路采用射极输出形式，所以输出电压 U_O 必然降低（或升高），从而使 U_O 得到稳定。 U_O 的稳定过程可简述如下：

$$U_O \uparrow \rightarrow U_F \uparrow \rightarrow U_B \downarrow \rightarrow U_O \downarrow$$

或
$$U_O \downarrow \rightarrow U_F \downarrow \rightarrow U_B \uparrow \rightarrow U_O \uparrow$$

输出电压的可调范围可从图2.12（b）中求出，由图2.12（b）可得

$$U_F = \frac{R_2 + R'_W}{R_1 + R_2 + R_W} U_O \tag{2.19}$$

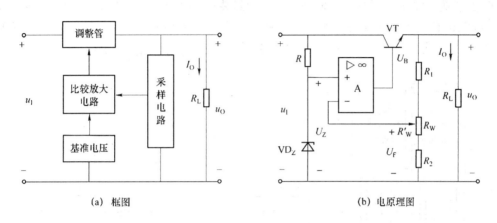

(a) 框图　　　　　　　　　　　　(b) 电原理图

图 2.12　串联型稳压电路

由于 $U_Z \approx U_F$，稳压电路输出电压 U_O 等于

$$U_O = \frac{R_1 + R_2 + R_W}{R_2 + R'_W} U_Z \tag{2.20}$$

当改变电位器 R_W 的滑动端，则可调节输出电压 U_O 的大小，当电位器调至 R_W 上端，$R'_W = R_W$，此时输出电压最小，为

$$U_{Omin} = \frac{R_1 + R_2 + R_W}{R_2 + R_W} U_Z \tag{2.21}$$

当电位器调至 R_W 下端，$R'_W = 0$，此时输出电压最大，为

$$U_{Omax} = \frac{R_1 + R_2 + R_W}{R_2} U_Z \tag{2.22}$$

3. 线性集成稳压器

随着半导体集成技术的发展，目前已生产出各种类型的集成稳压器。它具有体积小、可靠性高、使用灵活、价格低廉及温度特性好等优点，故得以广泛应用。集成稳压器按输出电压情况可分为固定输出和可调输出两大类。简单的集成稳压电路只有三个端，故简称三端集成稳压器。本课题所用稳压电路为三端固定输出稳压器。

1）三端固定输出稳压器的种类和外形

三端固定输出稳压器分为 CW7800 和 CW7900 两大系列。CW7800 系列输出为正电压；

CW7900 系列输出为负电压。

三端固定输出稳压器的输出电压值由型号中后两位数字表示，输出电压分别为 ：±5 V、±6 V、±9 V、±12 V、±15 V、±18 V、±24 V；其额定输出电流以 78 或 79 后面所加字母来区分。L 表示 0.1 A，M 表示 0.5 A，无字母表示 1.5 A，T 表示 3 A，H 表示 5 A。如 CW78L05 表示输出电压为+5 V，输出电流为 0.1 A，CW7909 表示输出电压为-9 V，输出电流为 1.5 A。

图 2.13 为 CW7800 系列与 CW7900 系列的封装和引脚图，根据集成稳压器的功耗不同，分为 TO-220 塑料封装和 TO-3 金属封装两种封装形式。图 2.13 中，U_I 为输入端，U_O 为输出端，GND 为公共端（地）。三者的电位大小关系为：$U_I > U_O > U_{GND}(0 \text{ V})$。

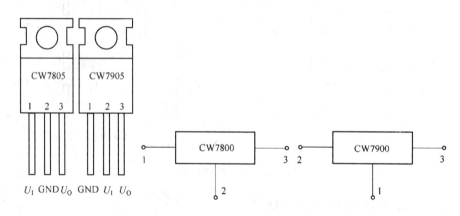

图 2.13 三端固定输出集成稳压器的封装和引脚排列

2）基本电路

本课题的稳压电路如图 2.14 所示。它是典型的三端固定输出集成稳压器，采用 78 系列输出电压为+12 V，输出电流为 1.5 A。一般三端集成稳压电路的输入电压 U_I 比输出电压 U_O 至少大 2.5 V，否则不能输出稳定的电压，通常使电压差保持在 4～5 V，即经变压器变压，二极管整流，电容器滤波后的电压应比稳压值高一些。三个电容器均为滤波电容器，目的为提高工作稳定性、减少输出电压的纹波和改善负载瞬变响应。

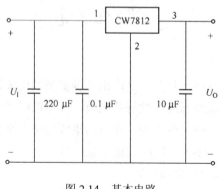

图 2.14 基本电路

 电路仿真

一、所用仪器以及电路元器件（见表 2.1）

表 2.1　所用仪器及电路元器件

序号	名　称	型号/规格	数　量
1	数字式万用表	UT58	1 块
2	交流毫伏表	SX2172	1 台
3	示波器	TDS 1002	1 台
4	三端集成稳压器	LM7812	1 块
5	变压器（调压器）	BP-30-1-220/24V	1 只
6	整流二极管	1 A，500 V	9 只
7	电容器	220 μF，100 μF，1 μF	各 1 只
8	电位器（备用）	1 kΩ	1 只

二、电路仿真

1．元器件选取及电路组成

仿真电路所有元器件及选取途径如下：

（1）信号电压源：Place Source→POWER_SOURCES→AC_POWER。

（2）接地：Place Sources→POWER_SOURCES→GROUND，选取电路中的接地。

（3）二极管整流桥：Place Diode→FWB→1B4B42。

（4）变压器：Place Basic→TRANSFORMER→TS_IDEAL。

（5）三端集成稳压器：Place Power→VOLTAGE_REGULATOR→LM7812CT。

（6）电位器：Place Basic →POTENTIOMETER，选取 $1\,k\Omega$ 。

（7）电解电容器：Place Basic →CAP_ELECTROLIT，选取 $100\,\mu F, 220\,\mu F$ 。

（8）电容器：Place Basic →CAPACITOR，选取 $1\,\mu F$ 。

2．选好元器件后，将所有元器件连接绘制成仿真电路（见图 2.15）

1）信号电压源参数设置

双击信号电压源图标，出现如图 2.16（a）所示面板图，改动面板上的相关设置，可改变输出电压信号的波形类型、大小、占空比或偏置电压等。在这里，选择正弦波、频率 50 Hz，信号电压 220 V。

2）电位器 R_P 参数设置

双击电位器，出现下图 2.16（b）所示对话框。

电位器 R_P 旁标注的文字"Key=A"表明按 A 键，电位器的阻值按 5% 的速率增加；按【Shift+A】快捷键，阻值将以 5% 的速率减少。电位器变动的数值大小直接以百分比的形式显示在一旁。

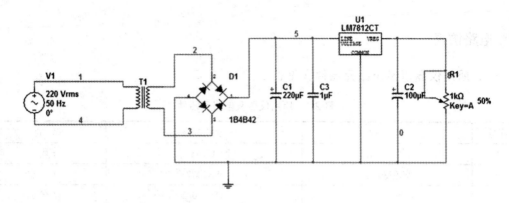

图 2.15　7812 固定正输出稳压电源电路

（a）函数信号发生器参数设置情况

（b）电位器 R_P 参数设置情况

图 2.16　元器件参数设置情况

3．仿真分析

1）桥式整流电路的仿真分析

按图接线，从图 2.17 中的仿真数据可以看出，符合理论分析的桥式整流电路输出电压 $U_{O(AV)} = \dfrac{2\sqrt{2}}{\pi} U_2 \approx 0.9 U_2$。通过波形，可以看出，输入电压是双极性，而通过整流以后的输出电压是单极性，且是全波波形。

2）滤波电路的仿真分析

全波整流电路的纹波系数较大，无法直接给负载供电，所以还需要进一步采用滤波电路来减小纹波。从图 2.18 中的仿真数据可以看出，也符合理论分析的滤波电路输出电压 $U_{O(AV)} \approx 1.2 U_2$。另外，通过与图 2.17 的仿真分析比对，可以看出，尽管输出纹波电压仍然存在，但滤波后的纹波要比滤波前小得多。

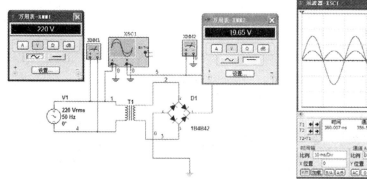
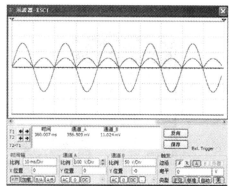

图 2.17　桥式整流电路仿真分析

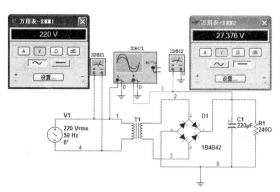
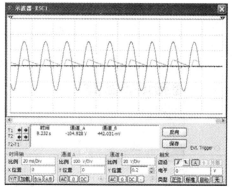

图 2.18　电容滤波电路波形仿真

3）稳压系数 S_V 的测量

按图 2.19 所示电路，调节 R_L=500 Ω 并保持不变，为了模拟电网电压的波动，调整交流电源电压分别为 198 V、220 V 和 242 V，如图 2.19、图 2.20 以及图 2.21 所示测量对应的输出电压 U_O，计算稳压系数。

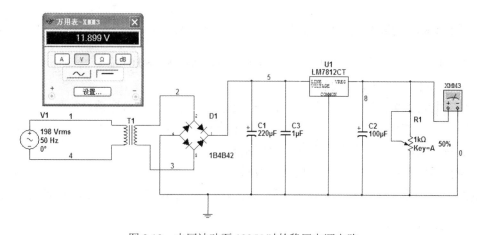

图 2.19　电网波动至 198 V 时的稳压电源电路

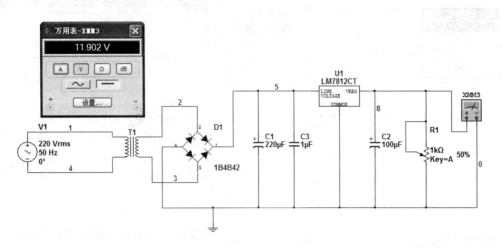

图 2.20 正常市电时的稳压电源电路

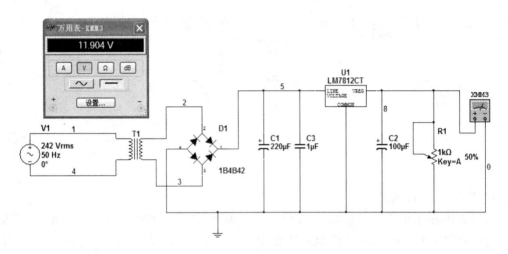

图 2.21 电网波动至 242 V 时的稳压电源电路

由以上图例中的数据可得稳压系数（电压调整率）$S_V = \dfrac{\Delta U_O}{\Delta U_I}$。在这里，有 S_{V1} 和 S_{V2}，在这其中取较大的一个作为稳压电源的电压调整率，所以 $S_V = 0.01\%$。

4）负载变化对输出电压的影响

取交流电源 220 V 并保持不变，首先断开负载 R_L，使稳压电源空载，如图 2.22 所示，测出此时的 U_O，然后再把 R_L 分别调至 500 Ω 和 1 kΩ，如图 2.23 和图 2.24 所示，测量对应的输出电压 U_O 和 I_O，并比较负载变化对输出电压的影响。

5）测量 $R_L = 500$ Ω 时的纹波电压及纹波系数 γ

纹波电压如图 2.25 所示，纹波电压波形图如图 2.26 所示，通过计算可得纹波系数

$$\gamma = \frac{\tilde{U}_O}{U_O} = = 0.002\,5\%$$

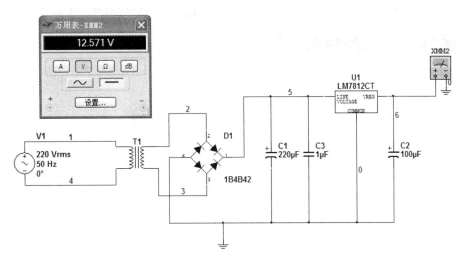

图 2.22　空载时的稳压电源电路

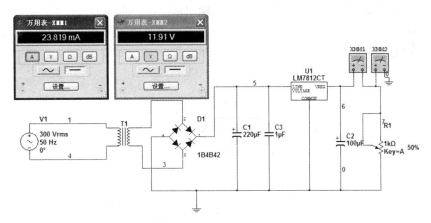

图 2.23　R_L=500 Ω 时的稳压电源电路

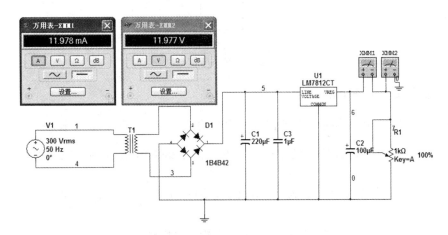

图 2.24　R_L=1 kΩ 时的稳压电源电路

由以上图例中的数据可得负载电阻的变化对输出电压的影响非常小。

图 2.25　用毫伏表测量的纹波电压读数

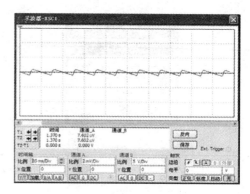

图 2.26　纹波电压波形图

 知识拓展

一、基本应用电路

为保护稳压器通常在三端集成稳压器输入输出端跨接一个保护二极管，如图 2.27 所示。它可以解决反向浪涌电流对稳压器的冲击，这在一些实验电源中特别推荐加接，防止输入短路以保护三端集成稳压器。

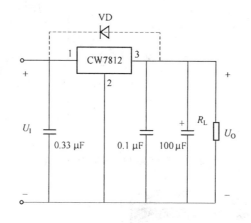

图 2.27　基本应用电路

二、提高输出电压电路

在实际应用中，还可外接一些元器件来提高输出电压，如图 2.28 所示。

由图 2.28(a)可得输出电压为 $U_O = U_{XX} + U_Z$；图 2.28(b)中 R_2 上流过电流为 $I_2 = I_Q + \dfrac{U_{XX}}{R_1}$

忽略稳压器的静态电流 I_Q（一般为 5～8 mA），通常要求 $\dfrac{U_{XX}}{R_1} \geqslant 5I_Q$，则稳压器输出电压为

$U_O \approx \left(1 + \dfrac{R_2}{R_1}\right)U_{XX}$，选择合适电阻值，输出电压均得以提高。

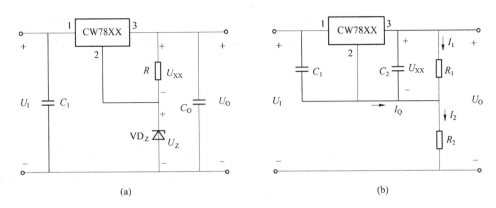

图 2.28　提高输出电压应用电路

课题 2　正、负双电压输出的稳压电源电路

课题描述

本课题的电路组成与课题 1 基本相似，有变压器、整流器、滤波器和稳压器组成，只是稳压电路由两个正、负稳压器构成，对地有正、负电压输出。

各环节功能这里不再重复，电原理图如图 2.29 所示。

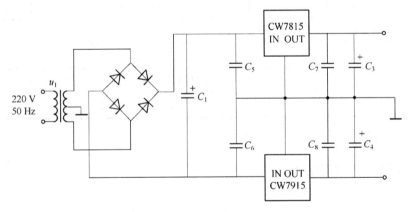

图 2.29　输出正、负电压的稳压电源电路

电路知识

在有些电路中往往需要正、负电压同时输出的电压源，利用 CW7800 系列和 CW7900 系列的集成稳压器，可以很方便地组成正、负电压同时输出的稳压电源，具体的电路如图 2.29 所示。该电路采用了 CW7815 和 CW7915 三端集成稳压器，能同时输出 ±15 V 直流稳定电压的电路，最大输出电流 1.5 A（需加散热器），电源变压器副边中心接地，整流管的输入和输出中心接地，输出电压对地对称，不同于单向输出（正电压或负电压输出）电路，整流输出有一端接地。这种电路由于共用一组整流电路，电路结构简单。但需要说明的是，它不适用于两路负载不平衡的电路，否则会造成输出电压误差加大，使稳定度降低。

从本电路中还可以看到，CW7815/CW7915 的输入输出端都接有电容器，而且是有大有小，大容量电容器作用是低频滤波，小容量电容器作用是高频滤波。另外在输出端还可加两个保护二极管，反向连接在正、负输出端，用以防止正或负输入电压有一路未接入时损坏集成稳压器。

电路仿真

电子设备中常使用输出电压固定的集成稳压器，由于它只有输入、输出和公共引出端，故称为三端式稳压器，在这个电路中，使用了正电压输出的 78 系列和负电压输出的 79 系列来作为固定的稳压器。

一、所用仪器以及电路元器件（见表 2.2）

表 2.2 所用仪器及电路元器件

序号	名　称	型号/规格	数　量
1	数字式万用表	UT58	1 块
2	交流毫伏表	SX2172	1 台
3	示波器	TDS 1002	1 台
4	三端集成稳压器	LM7815，LM7915	各 2 块
5	变压器（调器）	BP-30-1-220/36 V	1 只
6	整流二极管	1 A，500 V	4 只
7	电容器	2 200 μF，220 μF，3.3 μF，1 μF	各 1 只
8	电阻器	2 kΩ，2.5 kΩ，5 kΩ	各 1 只

二、电路仿真

1．元器件选取及电路组成

仿真电路所有元器件及选取途径如下：

（1）信号电压源： Place Source→POWER_SOURCES→AC_POWER。

（2）接地：Place Sources→POWER_SOURCES→GROUND，选取电路中的接地。

（3）二极管整流桥：Place Diode→FWB→1B4B42。

（4）变压器：Place Basic→TRANSFORMER→TS_MISC_25_TO_1。

（5）三端集成稳压器：Place Power→VOLTAGE_REGULATOR→LM7815CT，LM7915CT。

（6）电阻器：Place Basic →RESISTOR，选取 2 kΩ。

（7）电解电容器：Place Basic →CAP_ELECTROLIT，选取 220 μF,2 200 μF。

（8）电容器：Place Basic →CAPACITOR，选取 1 μF，3.3 μF。

2．选好元器件后，将所有元器件连接绘制成仿真电路（见图 2.30）

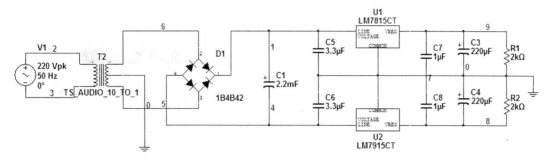

图 2.30　输出正负电压的稳压电源电路

3. 仿真分析

1）稳压系数 S_V 的测量

保持负载 $R_L = 2\ k\Omega$ 不变，为了模拟电网电压的波动，调整可调交流电源分别为 198 V（见图 2.31）、220 V（见图 2.32）和 242 V（见图 2.33），测量对应的输出电压 U_O，然后计算稳压系数。

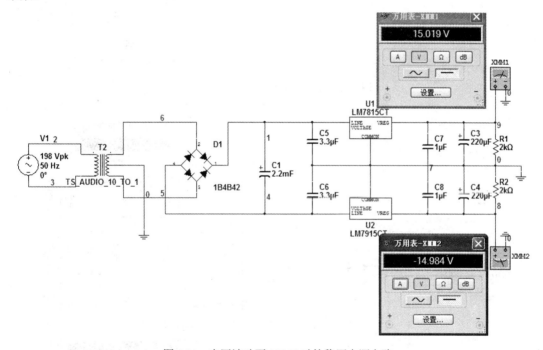

图 2.31　电网波动至 198 V 时的稳压电源电路

由图 2.31、图 2.32 和图 2.33 例中的数据可得稳压系数（电压调整率）$S_V = \dfrac{\Delta U_O}{\Delta U_I} = 0\%$。

2）测量负载变化对输出电压的影响

取交流电源 220 V 并保持不变，断开负载 R_L，使稳压电源空载，如图 2.34 所示，测出此时的 U_O，然后再把 R_L 分别调至 2.5 kΩ 和 5 kΩ，分别如图 2.35 和图 2.36 所示，测量对应的输出电压 U_O 和 I_O，观测负载变化对输出电压的影响。

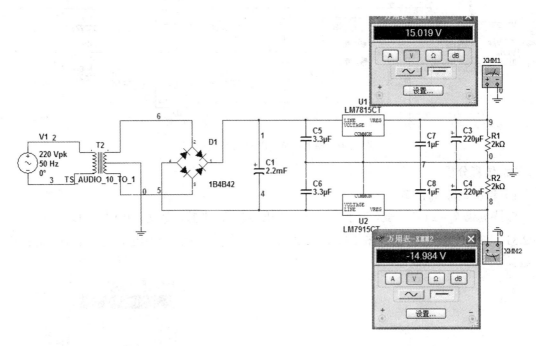

图 2.32　正常市电时的稳压电源电路

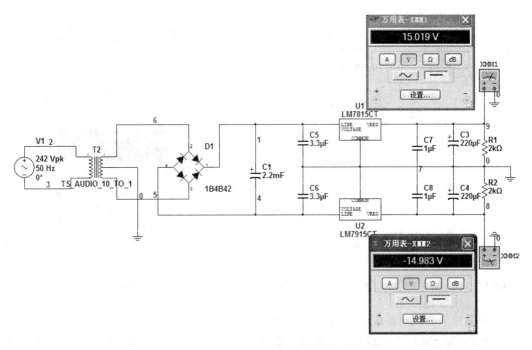

图 2.33　电网波动至 242 V 时的稳压电源电路

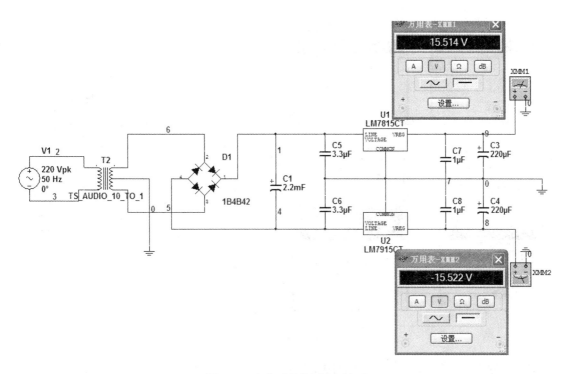

图 2.34 空载时的稳压电源电路

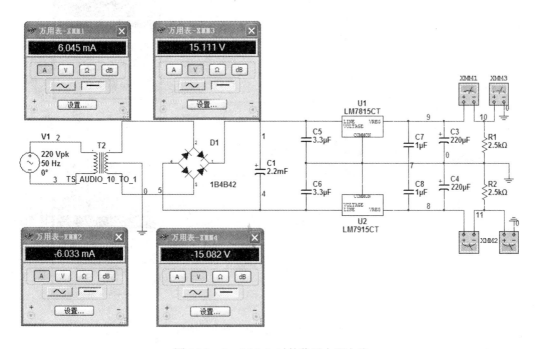

图 2.35 R_L=2.5 kΩ 时的稳压电源电路

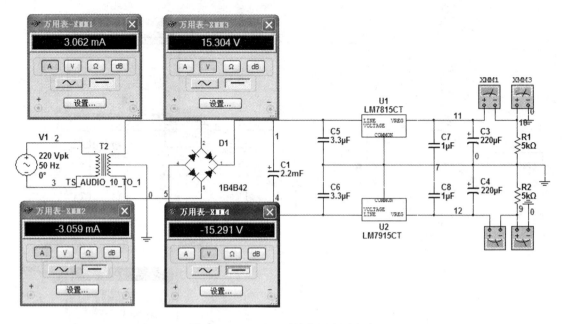

图 2.36　R_L=5 kΩ 时的稳压电源电路

3）测量 R_L=2 kΩ 时纹波电压（见图 2.37）

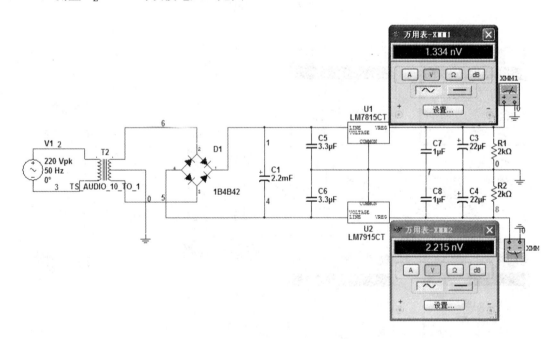

图 2.37　用毫伏表测量的纹波电压读数

知识拓展

在三端固定输出集成稳压器输出端串入合适阻值的电阻，还可构成恒流源输出电路。

如图 2.38 所示应用电路，图中电流 I_O 是集成稳压器的静态工作电流，通常会受输入电压波动及温度变化的影响，当选择 $U_{32}/R \gg I_Q$ 时，输出电流趋于稳定，输出电流为：

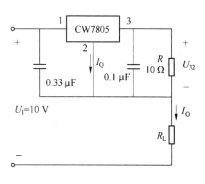

$$I_O = \frac{U_{32}}{R} + I_Q \qquad (2.23)$$

由图 2.38 中参数求得 $U_{32}/R = 0.5\,\text{A}$，而通常 $I_Q = 5\,\text{mA}$，故 $I_O \approx 0.5\,\text{A}$，可见输出电流 I_O 基本不受 I_Q 的影响，保持恒流输出。

图 2.38　恒流源应用电路

课题 3　可调正、负双电压输出稳压电源

课题描述

这里给出的是可调正、负输出稳压电源的稳压电路部分，如图 2.39 所示，变压、整流与滤波部分与课题 2 相同，$\pm U_I$ 接在滤波大电容器后。稳压电路由三端可调输出集成稳压器 CW117 和 CW137 与滤波电容器、采样电阻器和电位器组成，对地对称输出正、负电压。

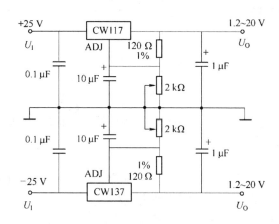

图 2.39　可调正、负输出稳压电源

电路知识

三端可调输出集成稳压器是在三端固定输出集成稳压器的基础上发展起来的，它的三个端子分别为输入端 U_I，输出端 U_O，调整端 ADJ。其特点是集成片的输入电流几乎全部流到输出端，流到调整端（ADJ）的电流非常小，用很少外接元件就能方便地组成精密可调的稳压电路和恒流源电路。三端可调集成稳压器也有正电压输出系列 CW117/CW217/CW317 系列，负电压输出系列 CW137/CW237/CW337 系列。同一系列的内部电路和工作原理基本相同，只是工作温度不同。如 CW117/CW217/CW317 的工作温度分别是 -55～150 ℃、-25～150 ℃、0～125 ℃。输出电压在 ±1.2～±37 V 范围内连续可调。输出电流的大小同样分为 L 型系列

（$I_O \leqslant 0.1\,\mathrm{A}$）、M 型系列（$I_O \leqslant 0.5\,\mathrm{A}$）。如果不标字母则 $I_O \leqslant 1.5\,\mathrm{A}$。CW117 及 CW137 系列塑料直插式封装引脚排列如图 2.40 所示。

CW117 系列的原理框图如图 2.41 所示。基准电路的引出端 ADJ 称为电压调整端。因为所有放大器和偏置电路的静态工作点电流都流到稳压器的输出端，所以没有单独引出接地端。一般输出端与输入端电压之差为 $3 \sim 40\,\mathrm{V}$，过低时不能保证调整管工作在放大区。输出端与调整端之间的电压等于基准电压 1.25 V。基准电路的工作电流 I_{REF} 很小，约为 50 μA，由一恒流源提供，其大小不受供电电压的影响，非常稳定。从图 2.42 中可以看出，如果将调整端接地，在电路正常工作时，输出电压就等于基准电压 1.25 V。CW117 系列与 CW7800 系列相比，在同样的条件下，静态工作电流 I_Q 从几毫安下降到 50 μA。

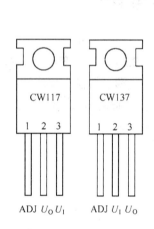

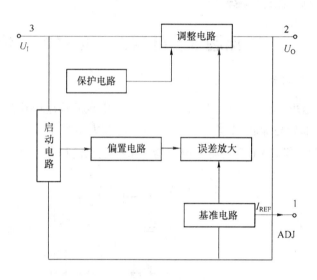

图 2.40　三端可调输出集成
稳压器外形及引脚排列

图 2.41　CW117 系列集成稳压器内部电路组成框图

图 2.42 所示为三端可调输出集成稳压器的基本应用电路，$\mathrm{VD_1}$ 是防止输入短路时 C_3 上存储的电荷产生很大的电流反向流入稳压器使之损坏。$\mathrm{VD_2}$ 是防止输出短路时 C_2 上的电荷通过调整端放电而损坏稳压器。C_2 用于旁路 R_P 上的纹波电压，改善稳压器输出的纹波抑制特性。R_1、R_P 电阻器构成输出采样电路，实质上电路构成串联型稳压电路，调节 R_P 可改变采样比，即可调节输出电压 U_O 的大小。从图中得知输出电压 U_O 等于

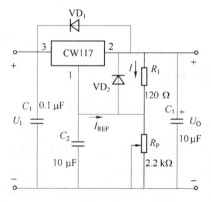

$$U_O = \frac{U_{\mathrm{REF}}}{R_1}(R_1 + R_P) + I_{\mathrm{REF}} R_P \qquad (2.24)$$

上式中第二项 I_{REF} 非常小（仅为 50 μA），可以忽略，将 $U_{\mathrm{REF}} = 1.25\,\mathrm{V}$ 代入得

图 2.42　三端可调输出集成
稳压器基本应用电路

$$U_O \approx 1.25 \times \left(1 + \frac{R_P}{R_1}\right) \tag{2.25}$$

调节 R_P 可得到不同的输出电压，根据图中参数得出输出电压的调节范围在 $1.25 \sim 24$ V 之间。

将 CW137 与 CW117 结合构成本课题正、负可调输出稳压电源如图 2.39 所示，交流 220 V 电压经变压、整流与滤波接在 CW137 与 CW117 的输入端，图中输入为 ± 25 V，输出为 $\pm 1.2 \sim \pm 20$ V。另外对于不同的三端可调集成稳压器，其产品种类很多，型号规格和参数见表 2.3。

表 2.3　三端可调集成稳压器型号及相关参数

特点	国产型号	最大输出电流/A	输出电压/V	对应国外型号
正压输出	CW117L/217L/317L	0.1	$1.2 \sim 37$	LM117L/217L/317L
	CW117M/217M/317M	0.5	$1.2 \sim 37$	LM117M/217M/317M
	CW117/217/317	1.5	$1.2 \sim 37$	LM117/217/317
	CW117HV/217HV/317HV	1.5	$1.2 \sim 57$	LM117HV/217HV/317HV
	W150/250/350	3	$1.2 \sim 33$	LM150/250/350
	W138/2138/338	5	$1.2 \sim 32$	LM138/2138/338
	W196/296/396	10	$1.25 \sim 15$	LM196/296/396
负压输出	CW137L/237L/337L	0.1	$-1.2 \sim -137$	LM137L/237L/337L
	CW137M/237M/337M	0.5	$-11.2 \sim -137$	LM137M/237M/337M
	CW137/237/337	1.5	$-11.2 \sim -137$	LM137/237/337

电路仿真

前面叙述的 78 和 79 系列为输出电压固定的三端集成稳压器，但有些场合要求扩大输出电压的调节范围，故使用很不方便，这个课题介绍了一种很少元件就能工作的三端可调式集成稳压器。

一、所用仪器以及电路元器件（见表 2.4）

表 2.4　所用仪器及电路元器件

序号	名　称	型号/规格	数　量
1	数字式万用表	UT58	1 块
2	交流毫伏表	SX2172	1 台
3	示波器	TDS 1002	1 台
4	三端集成稳压器	LM117，LM137	各 1 块
5	变压器（调压器）	BP-30-1-220/12V	1 只

续表

序号	名　称	型号/规格	数　量
6	整流二极管	1 A，500 V	4 只
7	电容器	2 200 μF，220 μF，10 μF，0.1 μF	各 1 只
8	电阻器	120 Ω，1 kΩ，2.5 kΩ，5 kΩ，	各 1 只
9	电位器	2 kΩ	2 只

二、电路仿真

1．元器件选取及电路组成

仿真电路所有元器件及选取途径如下：

（1）信号电压源：Place Source→POWER_SOURCES→AC_POWER。

（2）接地：Place Sources→POWER_SOURCES→GROUND，选取电路中的接地。

（3）二极管整流桥：Place Diode→FWB→1B4B42。

（4）变压器：Place Basic→TRANSFORMER→TS_MISC_25_TO_1。

（5）三端集成稳压器：Place Power→VOLTAGE_REGULATOR→LM117HVH，LM137HVH。

（6）电阻器：Place Basic →RESISTOR，选取 1 kΩ， 2.5 kΩ， 120 Ω 。

（7）电位器：Place Basic →POTENTIOMETER，选取 2 kΩ 。

（8）电解电容器：Place Basic →CAP_ELECTROLIT，选取 10 μF，220 μF，2 200 μF 。

（9）电容器：Place Basic →CAPACITOR，选取 0.1 μF 。

2．绘制仿真电路

选好元器件后，将所有元器件连接绘制成仿真电路，如图 2.43 所示。

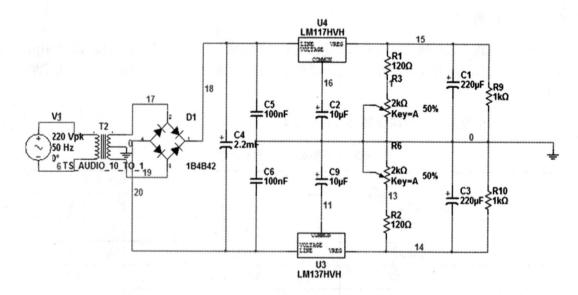

图 2.43　可调正、负输出稳压电源电路

3．仿真分析

1）电压调节范围的测量

调节电位器，分别测量 $U_{O\min}$ （见图 2.44）和 $U_{O\max}$ （见图 2.45）的值，验证 $U_O \approx 1.25 \times \left(1 + \dfrac{R_P}{R_1}\right)$。

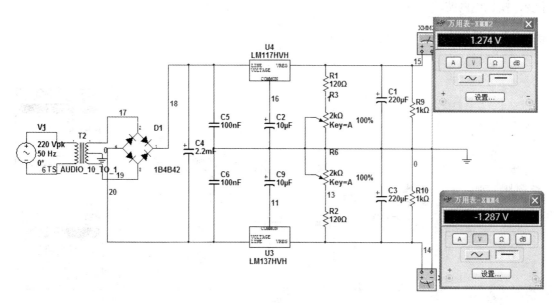

图 2.44　输出 $U_{O\min}$ 时的稳压电路仿真图

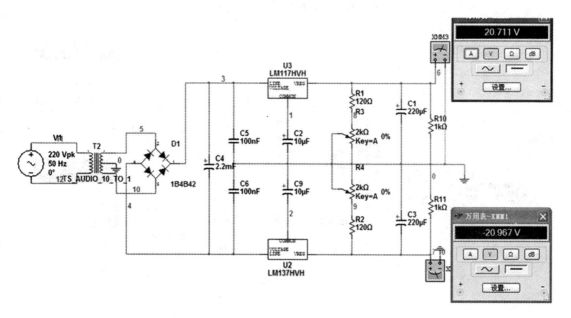

图 2.45　输出 $U_{O\max}$ 时的稳压电路仿真图

由以上仿真电路图，可以看出调节 R_P 可得到不同的输出电压，根据图 2.44 和图 2.45 中参数得出正输出电压的调节范围在 1.274～20.711 V 之间，负输出电压的调节范围在-1.287～-20.967 V 之间，符合理论上的分析值。

2）稳压系数 S_V 的测量（输出电压为 5 V）

按图 2.46 所示电路，改变 R_P，使输出电压为 5 V，保持输入电压 220 V 不变、$R_L=1\,k\Omega$ 不变，模拟电网波动，分别改变电源电压下降（见图 2.47）和上升（见图 2.48）10%，测量稳压电源的输出电压 U_O，计算稳压系数 $S_V = \dfrac{\Delta U_O}{\Delta U_I}$。

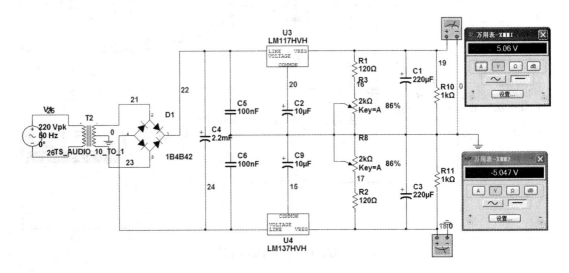

图 2.46　正常市电时的稳压电源电路

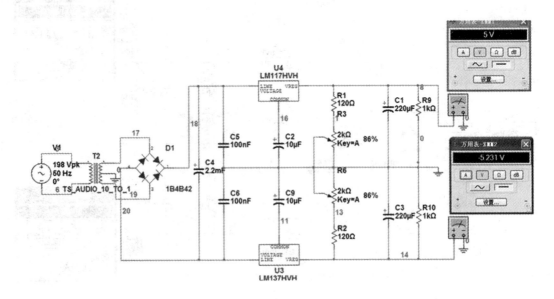

图 2.47　电网波动至 198 V 时的稳压电源电路

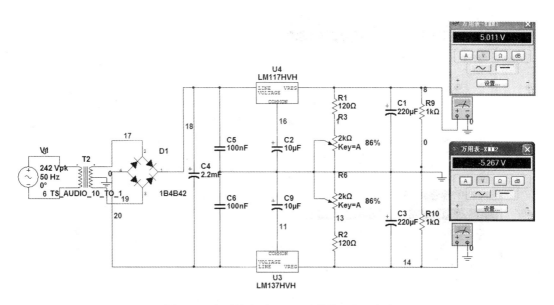

图 2.48　电网波动至 242 V 时的稳压电源电路

由图 2.47 和图 2.48 中的数据可得稳压系数（电压调整率）$S_{V_{正输出}} = \dfrac{\Delta U_O}{\Delta U_I} = 0.02\%$，

$S_{V_{负输出}} = \dfrac{\Delta U_O}{\Delta U_I} = 1\%$

3）测量负载变化对输出电压的影响

取交流电源 220 V 并保持不变，断开负载 R_L，使稳压电源空载，如图 2.49 所示。测出此时的 U_O，然后再把 R_L 调至 2.5 kΩ，如图 2.50 所示，测量对应的输出电压 U_O 和 I_O，观察负载变化对输出电压的影响。

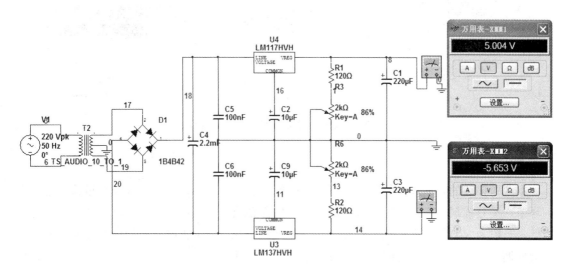

图 2.49　空载时的稳压电源电路

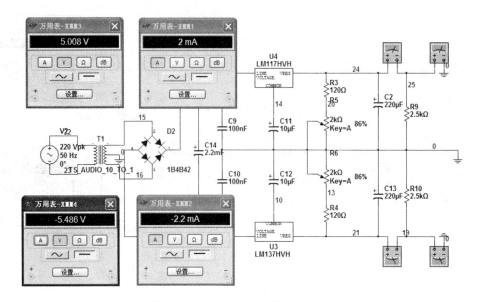

图 2.50　$R_L = 2.5 \text{ k}\Omega$ 时的稳压电源电路

由以上图例中的数据可得负载电阻的变化对输出电压的影响不大。

4）测量 $R_L = 500 \Omega$ 时的纹波电压 U_o（见图 2.51）

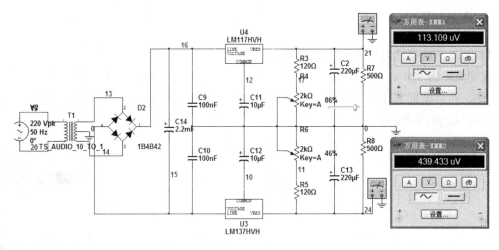

图 2.51　用毫伏表测量的纹波电压读数

 知识拓展

　　本课题描述的集成线性稳压器具有结构简单、输出电压稳定可调，并设有过流、过热保护环节，是目前最为广泛使用的稳压器。但调整管必须工作在线性放大区，管耗大、电源效率低，一般为 40%～60%。而且在输入电压升高、负载电流很大时，不但电源效率很低，同时会使调整管的工作可靠性降低。假设调整管工作在开关状态，截止时电流几乎为零，则管耗很小；饱和时管压降很小管耗也很小，这样稳压电源的效率可大大提高。开关型稳压电源的稳压管工作在开关状态，其效率可达 70%～90%。开关稳压电源的优点是效率高并不受输入电压大小的影响，体积小、质量小、有很宽的稳压范围。开关稳压电源的缺点是输出电压中含有较大的纹波，但由于其优点显著，故应用越来越广，特别是用于大功率且负载固定，输出电压调节范围大的场合。

开关稳压电源的种类很多，按调整管与负载的连接方式分为串联型和并联型；按稳压控制方式可分为脉冲宽度调制型（PWM）、脉冲频率调制型（PFM）和混合调制型，脉宽调制型应用较多。

一、开关稳压电源的基本工作原理

图 2.52 所示为串联型脉宽调制式开关稳压电路的组成框图。VT 为开关调整管，与负载 R_L 串联；VD 为续流二极管，L、C 构成滤波器；R_1 和 R_2 组成采样电路，A 为误差放大器、C 为电压比较器，它们与基准电压源和三角波发生器组成调整管的控制电路。误差放大器对采样电压 u_F 与基准电压 U_{REF} 的差值放大，其输出 u_A 送至比较器与三角波输出 u_T 进行比较。当 $u_A > u_T$ 时，电压比较器 C 输出电压 u_B 为高电平，当 $u_A < u_T$ 时，u_B 为低电平，可见 u_B 控制开关调整管 VT 的饱和、导通和截止，而三角波决定了电源的开关频率。u_A、u_T、u_B 的波形如图 2.53 所示。

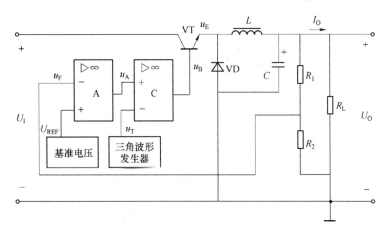

图 2.52　串联型开关稳压电路组成框图

当 u_B 为高电平时，调整管 VT 饱和导通，忽略饱和管压降则 $u_E \approx U_I$，二极管 VD 承受反压而截止，u_E 通过 L 向负载 R_L 提供电流，由于电感器的自感电动势，电感器 L 中的电流 i_L 随时间线性增长，电感器 L 同时存储能量，图中 I_O、U_O 为稳压电路输出电流、电压平均值，当 $i_L > I_O$ 后继续上升，电容器 C 开始被充电，输出电压 u_O 略有增加。当 u_B 为低电平时，调整管 VT 截止，$u_E \approx 0$，由于电感器上产生相反的自感电动势，使二极管 VD 导通，电感器中存储的能量通过 VD 向负载 R_L 释放，电感器电流不能突变，负载电流得以连续，故 VD 称为续流二极管，此时 i_L 随时间线性下降，当 $i_L < I_O$ 后，C 开始放电，输出电压 u_O 略有下降。由此可见，虽然调整管工作在开关状态，但由于二极管 VD 的续流作用和 L、C 的滤波作用，仍可得到较平稳的直流电压输出。开关型稳压电源的输出电压脉动成分比线性稳压电源的要大一些，通常采用将滤波 L、C 的值选得大些来改善性能。

图 2.53 中 t_{on}、t_{off} 分别为调整管的导通时间和截止时间，故开关转换时间为 $T = t_{on} + t_{off}$，它决定于三角波电压 u_T 的频率。当忽略滤波器电感的直流压降、调整管的饱和管压降以及二极管的导通压降，输出电压的平均值为

$$U_O \approx \frac{U_I}{T} t_{on} = DU_I \qquad\qquad (2.26)$$

式中 $D = \dfrac{t_{on}}{T}$，称为脉冲波形占空比。由式（2.26）可见，U_O 正比于占空比 D，调节 D 则可改变输出电压的大小，故图 2.52 电路称为脉宽调制（PWM）式开关稳压电路。

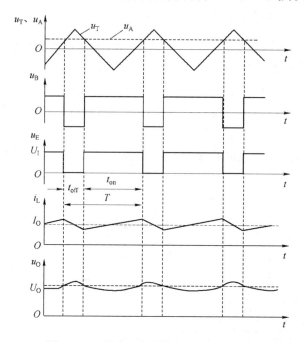

图 2.53　开关稳压电路的电压、电流波形

根据以上分析，电路在闭环下的稳压过程可用以下流程描述

$$U_O \uparrow \rightarrow u_F \uparrow \rightarrow u_A \downarrow \rightarrow t_{on} \downarrow \rightarrow D \downarrow$$

$$U_O \downarrow \longleftarrow $$

反之亦然，从而实现稳压目的。应当指出，当 $u_F = U_{REF}$ 时，$u_A = 0$，占空比 $D=50\%$，此时稳压电路的输出电压 U_O 等于预定的标称值。所以，采样电路的分压比可根据 $u_F = U_{REF}$ 求得。

二、集成开关稳压器简介

1. CW1524/2524/3525

CW1524 系列是采用双极型工艺制作的模拟、数字混合集成电路，它是典型的性能优良的开关电源控制器，其内部电路有：基准电压源、误差放大器、振荡器、脉宽调制器、触发器、可交替输出的两只开关管及过流过热保护电路等，输出开关管可两只推挽或单只使用，功耗 1W。CW1524/2524/3525 的区别在于工作结温不同（CW1524 工作结温为-55~+150 ℃，

CW2524/3525 工作结温为 0～+125 ℃），其最大输入电压为 40 V，最高工作频率为 100 kHz，内部基准电压为 5 V，能承受的负载电流为 50 mA。

CW1524 系列采用直列式 16 引脚封装，引脚排列如图 2.54 所示。各引脚功能为：

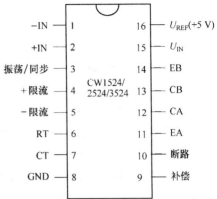

图 2.54　CW1524 系列引脚排列

1、2 引脚分别为误差放大器的反相和同相输入端，即 1 引脚接采样电压，2 引脚接基准电压。

3 引脚为振荡器输出端，可输出方波电压，6、7 引脚分别为振荡器外接定时电阻器 R_T 端和定时电容器 C_T 端。振荡频率 $f_0 = 1.15/R_T C_T$，一般取 $R_T = 1.8 \sim 100 \ \text{k}\Omega$，$C_T = 0.01 \sim 0.1 \ \mu\text{F}$。

4、5 引脚为外接限流采样端，8 引脚为接地端，9 引脚为补偿端，10 引脚为关闭控制端，控制 10 引脚电位可以控制脉宽调制器的输出，直至使输出电压为零。

11、12 引脚分别为输出管 A 的发射极和集电极，13、14 引脚分别为输出管 B 的集电极和发射极。输出管 A 和 B 内均设限流保护电路，峰值电流限制在约 100 mA。

15 引脚是输入电压端。16 引脚是基准电压端，可提供电流 50 mA，电压 5 V 的稳压基准电压源，该电源具有短路电流保护。

2．CW4960/4962

CW4960/4962 已将开关功率三极管集成在芯片内部的单片集成开关稳压器，所以构成电路时，只需少量外围元件。最大输入电压 50 V，输出电压范围 5.1～40 V 连续可调，变换效率为 90%。脉冲占空比也可以在 0～100% 内调整。具有慢启动、过流、过热保护功能。工作频率 100 kHz。CW4960 与 CW4962 的封装不同，CW4960 采用单列 7 引脚封装，额定输出电流为 2.5 A，过流保护电流 3～4.5 A，用很小的散热片，如图 2.55（a）所示；CW4962 采用 16 引脚封装，额定输出电流 1.5 A，过流保护电流 2.5～3.5 A，不用散热片，如图 2.55（b）所示。

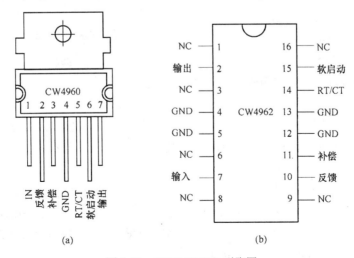

(a)　　　　　　　　　　　　(b)

图 2.55　CW4960/4962 引脚图

CW4960/4962 内部电流完全相同，主要由基准电压源、误差放大器、脉宽调制器、功率开关管以及软启动电路、输出过流限制电路、芯片过热保护电路等组成。

小　结

1. 直流电源由电源变压器、整流电路、滤波电路和稳压电路四部分组成，根据不同的要求，直流稳压电源有不同的类型，其输出电压不受电网、负载和温度变化影响。为各种精密电子仪表和家用电器正常工作提供所需能量。

2. 整流电路是将交流电压变换为单向脉动的直流电压，有单相整流和三相整流，单相整流又分半波整流、全波整流和桥式整流。

3. 滤波电路是滤除直流中的脉动成分，有电容滤波、电感滤波、LC 滤波和 Π 型滤波电路。

4. 稳压电路是当电网电压波动、负载或温度变化时，维持输出直流稳定，有稳压管稳压电路、串联型稳压电路、三端集成稳压电路和开关型稳压电路。

习　题

1. 整流的目的是_____。

    A. 将交流变为直流   B. 将高频变为低频

    C. 将正弦波变为方波   D. 将直流变为交流

2. 在单相桥式整流电路中，若有一只整流管接反，则_____。

    A. 输出电压约为 $2U_D$ B. 变为半波直流

    C. 整流管将因电流过大而烧坏   D. 无影响

3. 直流稳压电源中滤波电路的目的是_____。

    A. 将交流变为直流   B. 将高频变为低频

    C. 将交、直流混合量中的交流成分滤掉   D. 将交、直流混合量中的直流成分滤掉

4. 滤波电路应选用_____。

    A. 高通滤波电路   B. 低通滤波电路

    C. 带通滤波电路   D. 带阻滤波器

5. 串联型稳压电路中的放大环节所放大的对象是_____。

    A. 基准电压   B. 采样电压

    C. 基准电压与采样电压之差   D. 基准电压与采样电压之和

6. 在脉宽调制式串联型开关稳压电路中，为使输出电压增大，对调整管基极控制信号的要求是_____。

    A. 周期不变，占空比增大   B. 频率增大，占空比不变

    C. 在一个周期内，高电平时间不变，周期增大   D. 周期不变，占空比减小

7. 在图所示电路中，已知输出电压平均值 $U_O = 15\,\text{V}$，负载电流平均值 $I_L = 100\,\text{mA}$。

（1）变压器二次电压有效值 $U_2 \approx$?

（2）设电网电压波动范围为 ±10%。在选择二极管的参数时，其最大整流平均电流 I_F 和最高反向电压 U_R 的下限值约为多少？

8．电路如图所示，变压器二次电压有效值为 $2U_2$。

（1）画出 u_O 的波形；

（2）求出输出电压平均值 $U_{O(AV)}$ 和输出电流平均值 $I_{O(AV)}$ 的表达式；

（3）二极管的平均电流 I_D 和所承受的最大反向电压 $U_{R\,max}$ 的表达式。

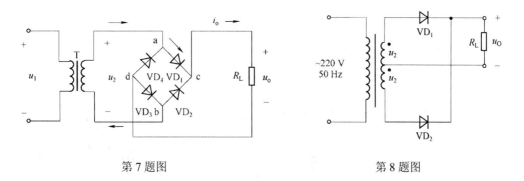

第 7 题图　　　　　　　　　　第 8 题图

9．电路如图所示。

（1）分别标出 u_{O1} 和 u_{O2} 对地的极性；

（2）u_{O1}、u_{O2} 分别是半波整流还是全波整流？

（3）当 $U_{21} = U_{22} = 20$ V 时，U_{O1} 和 U_{O2} 各为多少？

（4）当 $U_{21} = 18$ V，$U_{22} = 22$ V 时，画出 u_{O1}、u_{O2} 的波形；并求出 U_{O1} 和 U_{O2} 各为多少？

10．图所示桥式整流电容滤波电路中，已知 $R_L = 50\ \Omega$，$C = 2\,200\ \mu F$，用交流电压表量得 $u_2 = 20$ V。如果用交流电压表测得输出电压 u_O 有下列几种情况：(1)28 V；(2)24 V；(3)18 V；(4) 9 V。试分析电路工作是否正常并说明出现故障的原因。

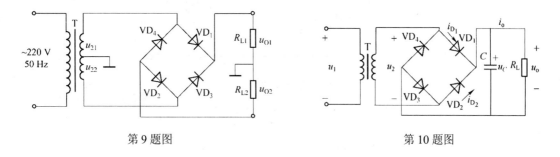

第 9 题图　　　　　　　　　　第 10 题图

11．电路如图所示，已知稳压管的稳定电压为 6 V，最小稳定电流为 5 mA，允许耗散功率为 240 mA；输入电压为 20～24 V，$R_1 = 360\ \Omega$。试问：

（1）为保证空载时稳压管能够安全工作，R_2 应选多大？

（2）当 R_2 按上面原则选定后，负载电阻允许的变化范围是多少？

12．桥式整流电路、电容滤波电路和稳压管稳压电路如图，电路参数如图所示。试求：

（1）变压器二次电压有效值 U_2。

（2）输出电压 U_o。

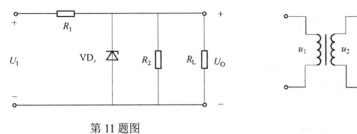

第 11 题图　　　　　　　　　　第 12 题图

13. 电路如图所示，已知电流 $I_Q = 5\ \text{mA}$，试求输出电压 U_o。

14. 直流稳压电路如图所示，试求输出电压 U_o 的大小。

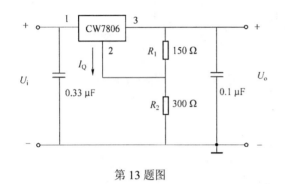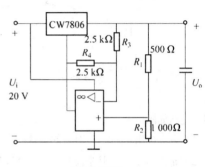

第 13 题图　　　　　　　　　　第 14 题图

15. 电路如图所示，试求输出电压调节范围。

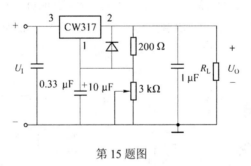

第 15 题图

单元 3 基本放大电路

在电子设备中，经常需要使用放大电路把微弱的电信号增强到所需要的值，例如常见的扩音机就是把微弱的声音变大的放大器。对电信号进行放大是电子电路的基本功能之一，对电信号进行放大的电路称为放大电路，它是较广泛使用的电子电路之一，也是构成其他电路的基本单元电路。"放大"是指在输入信号的作用下，利用有源器件的控制作用将直流电源提供的能量转换为与输入信号成比例的输出信号。因而放大电路是一个受输入信号控制的能量转换器。

本单元将首先从单级放大电路入手，重点讨论放大电路的基本工作原理和分析方法，在此基础上进一步讨论多级放大电路以及差分放大电路。

课题 1　单级放大电路

课题描述

本课题所指的单级放大电路是指由一个三极管组成的放大电路。这里所谓的放大是指在输入信号作用下，利用三极管的控制作用，将直流电源的能量转换成负载所获得的能量，使负载可以从直流电源获得的能量大于信号源所提供的能量。

放大电路通常由放大器件、信号源、直流电源和负载构成。

一、电路组成

图 3.1 为放大电路的组成框图。

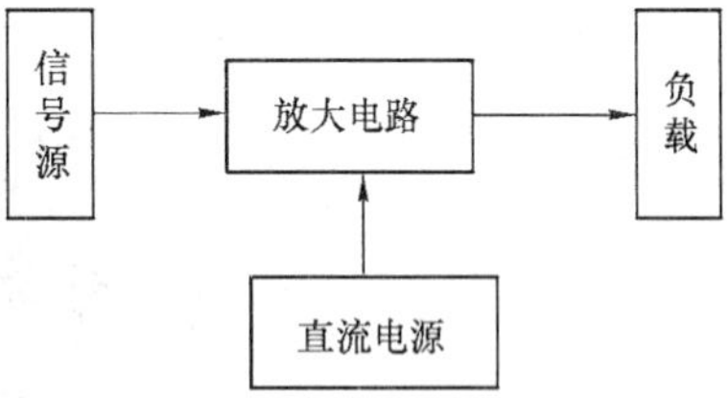

二、各环节功能

1. 信号源

提供所需放大的电信号，它可由将非电信号变换为电信号的换能器提供，也可是前级电路的输出信号，可以是电压源也可是电流源。

图 3.1　放大电路组成框图

2. 放大电路

将信号源提供的信号进行放大，实质为在输入信号控制下将直流能量转换为交流能量。通常由三极管、偏置电阻及耦合电容器等构成，根据放大要求可以是单级，也可是多级。

3. 负载

接受放大电路输出信号的器件，可由将电信号变为非电信号的输出换能器构成，也可是下一级电路的输入电阻。一般情况下为计算方便可等效为一纯电阻 R_L。

4．直流电源

给晶体管提供合适的偏置电压，使放大器始终工作在放大状态，并提供负载所需信号的能量。

三、课题电路原理图

基本单级放大应用电路如图 3.2 所示。u_s、R_s 构成信号源；V_{CC} 为直流电源；R、R_{b2}、R_c 和 R_e 为偏置电阻；C_1、C_2 为耦合电容器；C_e 为旁路电容器；三极管为放大器件；R_W 为调节基极电流大小使之处于放大状态；R_L 为负载。

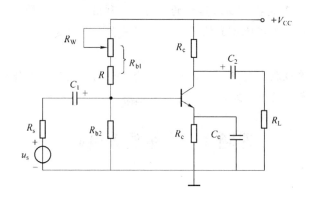

图 3.2　单级放大应用电路

四、课题电路实物图

课题电路实物图，如图 3.3 所示。

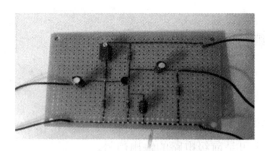

图 3.3　单级放大应用电路实物图

电路知识

放大电路根据三极管的连接方式不同可构成共发射极、共集电极和共基极三种基本组态放大电路，由于共发射极的应用较多，故下面以共射极放大电路为主来介绍放大电路的工作原理、分析计算及电路参数。

一、共发射极放大电路原理

放大电路是一个四端网络（即输入输出双口网络），组成放大电路的器件三极管只有三个电极，故构成放大电路必有一个电极作为输入输出的公共端。根据公共端所选择的三极管电极的不同，则构成共发射极、共基极和共集电极三种组态。由 NPN 型三极管组成的基本共发射极放大电路如图 3.4 所示。

1. 放大电路的组成及元器件的作用

电路由信号源（u_s 与 R_s）、放大器件（VT）、偏置电阻（R_b、R_c）、耦合电容器（C_1、C_2）、负载（R_L）及直流电源（V_{CC}）组成。为保证放大电路不失真地放大交流信号，放大电路的组成原则一是要保证晶体管工作在放大状态，二是要保证信号有效地传输。

图 3.4 中三极管 VT 为放大信号的核心器件，利用它的电流放大能力来实现电压放大。

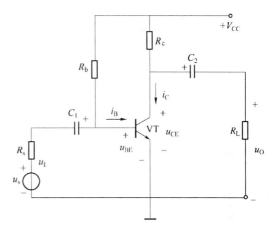

图 3.4　基本共射放大电路

此时三极管必须工作在放大区（即发射结正偏，集电结反偏），这由直流电源和偏置电阻保证。V_{CC} 通过 R_b 给三极管的发射结提供正向偏置电压，故 R_b 决定基极偏置电流的大小，R_b 称为基极偏置电阻；V_{CC} 再通过 R_c 给集电结提供反向偏置电压，此时三极管始终处于放大状态，同时 R_c 可将集电极电流的变化转换为电压的变化提供给负载。耦合电容器 C_1 和 C_2 起"隔直通交"的作用。一方面隔离信号源、放大电路和负载之间的直流通路；另一方面使交流信号在信号源、放大电路、负载之间能顺利地传送。

通过对放大电路的介绍，认识到放大电路中的各种电压、电流信号往往交直流并存。为了便于弄清概念及公式的讨论，对于放大电路中电压、电流的符号作了如下规定：

直流分量：用大写字母和大写下标表示，如 I_B。

交流分量：用小写字母和小写下标表示，如 i_b。

交、直流合成分量：用小写字母和大写下标表示，如 $i_B = I_B + i_b$。

交流有效值：用大写字母和小写下标表示，如 I_b。

2. 放大电路的放大原理

通过单元 1 的介绍，已经知道半导体三极管具有电流放大作用，即基极电流的微小变化可引起集电极电流的较大变化。给放大电路加入了输入信号电压后，三极管基极电流发生变化，三极管集电极将基极电流放大了 β 倍，实现了电流放大的目的，放大电路把集电极电流的变化通过 R_c 转换成电压的变化。这样输出电压的幅值就远大于输入电压的幅值，从而实现了电压放大的目的。基本共发射极放大电路的电压、电流波形如图 3.5 所示。

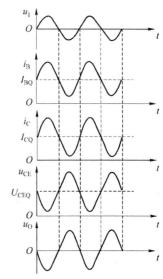

图 3.5　基本共发射极放大电路的电流、电压波形

二、共发射极放大电路的基本分析方法

放大电路的分析可分为静态和动态两种情况。静态是指放大电路没有交流信号而只有直流信号时的工作状态，动态是指有交流信号时的工作状态。

1．放大电路的静态分析

1）静态工作点的估算

由于静态时没有交流信号，放大电路中只有直流分量 I_B、U_{BE}、I_C 和 U_{CE}，因此可以直接从电路的直流通路求得静态工作点 I_{BQ}、U_{BEQ}、I_{CQ} 和 U_{CEQ}。

为了方便分析，给出图 3.4 所示基本共发射极放大电路的直流通路，如图 3.6 所示。此时交流输入信号 $u_i = 0$，交流输出信号 $u_o = 0$，由于电容器不允许直流信号通过，故 C_1、C_2 和 C_e 在直流通路中视为开路，只有直流电源起作用。

根据图 3.6 所示直流通路的基极回路可列出以下方程

$$I_{BQ}R_b + U_{BEQ} = V_{CC}$$

因此

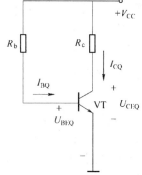

图 3.6　基本共发射极放大电路的直流通路

$$I_{BQ} = \frac{V_{CC} - U_{BEQ}}{R_b} \approx \frac{V_{CC}}{R_b} \tag{3.1}$$

式中，U_{BEQ} 是三极管的基极与发射极之间的电压，由于发射结正向偏置，故 U_{BEQ} 很低（硅管约为 0.7 V；锗管约为 0.2 V），U_{BEQ} 比 V_{CC} 小得多，估算时可忽略不计。

根据三极管集电极电流 I_{CQ} 与基极电流 I_{BQ} 之间的关系，可求得静态工作点处集电极电流

$$I_{CQ} = \beta I_{BQ} \tag{3.2}$$

再由图 3.6 所示直流通路的集电极回路方程，得到静态工作点处集电极与发射极之间的电压

$$U_{CEQ} = V_{CC} - I_{CQ}R_c \tag{3.3}$$

2）静态工作点与非线性失真

通常对放大电路有一个基本要求是：输出信号尽可能不失真。所谓失真，是指输出信号的波形与输入信号的波形各点不成比例。而引起失真最主要的原因是静态工作点位置选择不当，使放大电路的工作范围超出了三极管特性曲线上的线性范围，这种失真又称为非线性失真。下面利用图形来说明静态工作点设置对放大电路波形失真的影响。

图 3.7（a）给出了三极管输出特性曲线，图中直线 AB 称为放大电路直流负载线，它与三极管的输出特性的交点 Q 即静态工作点。图 3.7（a）中 Q 点对应的静态值分别为 $I_{BQ} = 40\ \mu A$，$I_{CQ} = 1.5\ mA$，$U_{CEQ} = 6\ V$。

当工作点设置太高（如图 3.7（a）中 Q_1）时，在交流信号的正半周，随着输入信号的增大，集电极电流 i_C 因受最大值 I_{CM} 的限制而不能相应增大，i_B 失去对 i_C 的控制，三极管将进入饱和区，使输出电压波形的负半周被削去一部分，如图 3.7（b）所示。这种因三极管进入饱和区而产生的失真称为饱和失真。

当工作点设置太低（如图 3.7（a）中 Q_2）时，在交流信号的负半周，三极管因发射结反偏而进入截止状态，没有放大作用，使输出电压波形正半周被削去一部分，如图 3.7（c）所示。这种因三极管进入截止区而产生的失真称为截止失真。

由此可见，如果静态工作点设置恰当（如图 3.7（a）中 Q 点），随着输入信号的变化，输出信号正负半周都能达到最大值而不出现失真，如图 3.7（d）所示。显然，此时的 Q 点为放大电路的最佳工作点，电路可以得到不失真的最大输出。

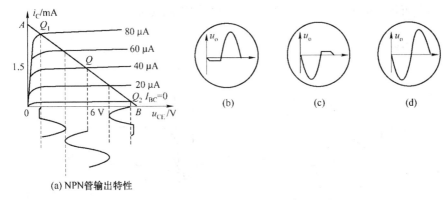

图 3.7　静态工作点对输出波形失真的影响

2. 放大电路的动态分析

放大电路有交流输入信号输入时的工作状态称为动态。此时考虑的只是电流和电压的交流分量。

由于三极管是一个非线性器件，将给动态分析带来困难。微变等效电路法则是解决放大电路非线性的一种简便、有效的方法。所谓微变等效电路法是在信号变化范围较小（即微变）的前提下，将三极管特性曲线近似看作为一直线。这样就可以用一个线性等效电路来代替非线性的三极管，从而用线性电路的计算方法来分析放大电路。因此对于放大电路进行动态分析时，最常用的方法是微变等效电路法。

1）三极管简化的微变等效电路

从三极管的输入特性上看，如果外加输入电压较小时，在静态工作点 Q 附近的曲线可以认为是直线，如图 3.8（a）所示。这表明在微小的动态范围内基极电流的变化量 Δi_B 与发射结电压的变化量 Δu_{BE} 成正比，为线性关系。因而可将三极管基极和发射极之间用一个等效电阻 r_{be} 来代替，即

$$r_{be} = \frac{\Delta u_{BE}}{\Delta i_B}\bigg|_{u_{CE}=\text{常数}} = \frac{u_{be}}{i_b}\bigg|_{u_{CE}=\text{常数}}$$

r_{be} 通常用下式估算：

$$r_{be} = r_{bb'} + (1 + \beta)\frac{26(\text{mV})}{I_{EQ}} \tag{3.4}$$

式中，$r_{bb'}$ 是三极管基区的体电阻，低频小功率三极管为几百欧姆（通常取 300 Ω 为估算值）；I_{EQ} 是静态时发射极电流。

由图 3.8（b）可知，在放大区，三极管的输出特性可近似看成一组与横轴平行、间隔均匀的直线，当 U_{CE} 为常数时，集电极输出电流 i_C 的变化量 Δi_C（即交流量 i_C）与输入基极电流 i_B 的变化量 Δi_B（即交流量 i_b）之比为常数，即

$$\beta = \frac{\Delta i_C}{\Delta i_B}\bigg|_{u_{CE}=\text{常数}} = \frac{i_c}{i_b}\bigg|_{u_{CE}=\text{常数}} \tag{3.5}$$

所以三极管的集电极与发射极之间要用一个受控制源代替。

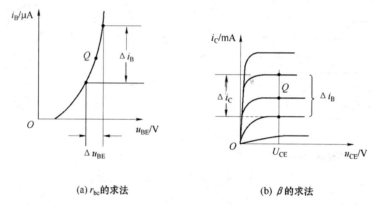

(a) r_{be} 的求法 (b) β 的求法

图 3.8 由三极管特性曲线求 r_{be}、β

如上所述，在小信号作用下三极管可等效为一个由输入电阻和受控源组成的微变等效电路。如图 3.9 所示。

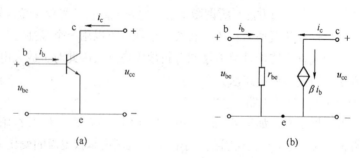

(a) (b)

图 3.9 三极管微变等效电路

2）放大电路的微变等效电路

在动态分析中，交流分量所经过的路径称为交流通路。图 3.10（a）所示是基本共发射极放大电路的交流通路。画交流通路时要注意两点：一是电容器 C_1、C_2 对交流相当于短路；二是直流电源内阻忽略不计，对交流来说直流电源也可认为是与地短路。由三极管的微变等效

电路和放大电路的交流通路可得出放大电路的微变等效电路，如图 3.10（b）所示。

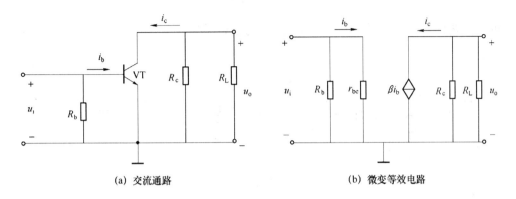

(a) 交流通路　　　　　　　　　　　　(b) 微变等效电路

图 3.10　共射放大电路

3）放大电路动态指标的估算

由微变等效电路，可以很方便地求出放大电路的性能参数：电压放大倍数 A_u、输入电阻 R_i 和输出电阻 R_o。

（1）电压放大倍数。电压放大倍数定义为放大器输出电压 u_o 与输入电压 u_i 之比，它是衡量放大电路电压放大能力的参数，即

$$A_u = \frac{u_o}{u_i} \tag{3.6}$$

对于图 3.10（b）的微变等效电路有

$$A_u = \frac{u_o}{u_i} = \frac{-\beta i_b (R_c /\!/ R_L)}{i_b r_{be}} = -\frac{\beta (R_c /\!/ R_L)}{r_{be}} = -\frac{\beta R'_L}{r_{be}} \tag{3.7}$$

式中，R'_L 为集电极电阻与负载电阻并联的等效电阻，即 $R'_L = R_c /\!/ R_L = \dfrac{R_c R_L}{R_c + R_L}$。

若放大电路开路（未接 R_L），则放大倍数

$$A_u = -\beta \frac{R_c}{r_{be}} \tag{3.8}$$

由此可见，电压放大倍数与三极管的 β、r_{be}，集电极电阻 R_c 和负载电阻 R_L 有关，有负载时放大倍数 A_u 将下降。

（2）输入电阻。放大电路对信号源来说是一个负载，这个负载电阻也就是放大器的输入电阻 R_i，即

$$R_i = \frac{u_i}{i_i} \tag{3.9}$$

由式（3.9）可见 R_i 越大输入回路所取用的信号电流 i_i 越小。对于电压信号源来说，R_i 是与信号源内阻 R_s 串联的，如图 3.11（a）所示。由该图可得

$$u_i = u_s \frac{R_i}{R_s + R_i} \qquad\qquad (3.10)$$

可见，R_i 的大小反映了放大电路对信号源的影响程度。

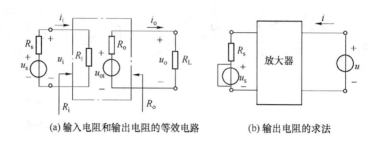

(a) 输入电阻和输出电阻的等效电路   (b) 输出电阻的求法

图 3.11 放大电路的输入电阻和输出电阻

对于图 3.10（a）所示的放大电路，观察其微变等效电路图 3.10（b），不难看出放大电路的输入电阻为

$$R_i = R_b \,/\!/\, r_{be} \qquad\qquad (3.11)$$

由于 R_i 的大小表征放大电路向信号源取用信号量的多少，一般来说，希望 R_i 尽可能大一些，以使放大电路向信号源取用的电流尽可能小。由于三极管的输入电阻 r_{be} 约为 $1\,k\Omega$，所以共射放大电路的输入电阻较低。

（3）输出电阻。放大电路带上负载后，要向负载（后级）提供能量，所以可将放大电路看作一个具有一定内阻的信号源，这个信号源的内阻就是放大电路的输出电阻。放大电路的输出电阻就是从放大电路输出端看进去的交流等效电阻，用 R_o 表示，如图 3.11（a）所示。

$$R_o = \frac{u_o}{i_o} \qquad\qquad (3.12)$$

对于图 3.11（b）所示电路，在信号源短路和负载开路的条件下，可以得出

$$R_o = R_c \qquad\qquad (3.13)$$

输出电阻是衡量放大电路带负载能力的性能指标。放大电路作为负载的信号源，其内阻 R_o 的数值应尽量小些，这样当负载增减时，输出电压能保持平稳，从而提高带负载能力。

必须注意，输入电阻与输出电阻的概念是对静态工作点上的交流信号而言的，因此它们属于交流电阻，不能用它来计算放大电路的静态工作点。

综上所述，对于放大电路的分析应遵循"先静态，后动态"的原则，分析静态时应利用直流通路，分析动态时应利用交流通路或微变等效电路。分析放大电路的一般步骤是：

① 画出放大电路的直流通路；

② 利用估算法求解静态工作点；

③ 画出放大电路的微变等效电路，并求出 r_{be}；

④ 根据要求求解动态参数。

三、课题电路的分析

前面介绍的基本共发射极放大电路虽然结构简单、电压和电流放大作用都比较大，但是静态工作点不稳定，电路本身没有自动稳定静态工作点的能力。因此在实际应用时，往往是采用本课题所给出的分压式偏置放大电路，如图 3.12 所示。

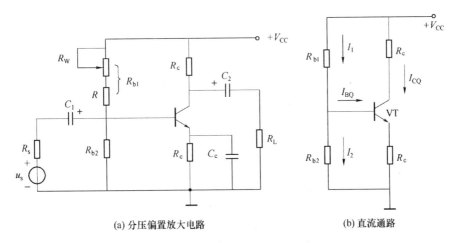

(a) 分压偏置放大电路   (b) 直流通路

图 3.12 分压式共射放大电路及其直流通路

本电路的特点是：

（1）利用电阻 R_{b1} 和 R_{b2} 分压来稳定基极电位。设流过电阻 R_{b1} 和 R_{b2} 的电流分别为 I_1 和 I_2，且 $I_1 = I_2 + I_{BQ}$，一般 I_{BQ} 很小，则 $I_1 \gg I_{BQ}$，可以近似认为 $I_1 \approx I_2$，因此基极电位为

$$U_{BQ} \approx \frac{R_{b2}}{R_{b1} + R_{b2}} V_{CC} \tag{3.14}$$

基极电位 U_{BQ} 由电压 V_{CC} 经 R_{b1} 和 R_{b2} 分压所决定，随温度变化很小。

（2）利用发射极电阻 R_e 来获得反映电流 I_{EQ} 变化的信号，反馈到输入端，达到稳定工作点的目的。

放大电路不稳定的因素很多，温度变化是引起放大电路不稳定的因素之一。分压式偏置电路稳定静态工作点的过程可表示为：

$T \uparrow \rightarrow I_{CQ} \uparrow \rightarrow I_{EQ} \uparrow \rightarrow U_{EQ} \uparrow \rightarrow U_{BQ}$ 不变 $\rightarrow U_{BEQ}$（$U_{BEQ}=U_{BQ}-U_{EQ}$）$\downarrow \rightarrow I_{BQ} \downarrow \rightarrow I_{CQ} \downarrow$

通常 $U_{BQ} \gg U_{BEQ}$，所以发射极电流

$$I_{EQ} = \frac{U_{EQ}}{R_e} = \frac{U_{BQ} - U_{BEQ}}{R_e} \approx \frac{U_{BQ}}{R_e} \tag{3.15}$$

可见，稳定 Q 点的关键在于利用发射极电阻 R_e 两端的电压来反映集电极电流的变化情况，并控制 I_{CQ} 的变化，最后达到稳定静态工作点的目的，实质上是利用发射极电流的负反馈作用使 Q 点保持稳定，所以图 3.12 中的放大电路又称电流负反馈式工作点稳定电路。关于反馈的概念将在单元 4 中进行讨论。

例 3.1 如图 3.13 所示分压式偏置放大电路中，已知：$R_{b1} = 15\,kΩ$，$R_{b2} = 5\,kΩ$，$R_e = 2.3\,kΩ$，$R_c = 5\,kΩ$，$R_L = 5\,kΩ$，$V_{CC} = 12\,V$，三极管的 $β = 50$。

（1）估算静态工作点 Q；

（2）估算出电压放大倍数、输入电阻和输出电阻；

（3）如果信号源内阻 $R_s = 1\,kΩ$，试求 A_{us}。

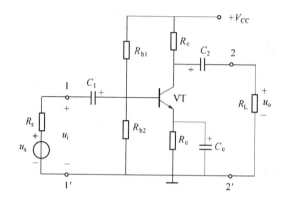

图 3.13 例 3.1 图

解：（1）求解 Q 点。

$$U_{BQ} ≈ \frac{R_{b2}}{R_{b1} + R_{b2}} V_{CC} = \frac{5}{5+15} × 12\,V = 3\,V$$

$$I_{EQ} = \frac{U_{BQ} - U_{BEQ}}{R_e} = \frac{3 - 0.7}{2.3}\,mA = 1\,mA$$

$$I_{BQ} = \frac{I_{EQ}}{1 + β} ≈ \frac{1}{50}\,mA = 20\,μA$$

$$U_{CEQ} = V_{CC} - I_{EQ}(R_c + R_e) = [12 - 1 × (5 + 2.3)]\,V = 4.7\,V$$

（2）画出图 3.13 所示电路的交流通路以及微变等效电路，如图 3.14 所示。

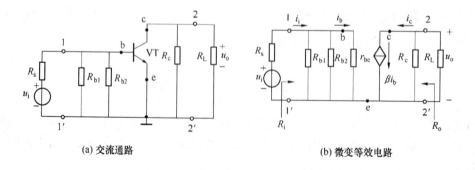

(a) 交流通路　　　　　　　　　　(b) 微变等效电路

图 3.14 例 3.1 共射放大电路图

$$r_{be} = 300 + (1+\beta)\frac{26\text{ mV}}{I_{EQ}} = \left(300 + \frac{51 \times 26}{1}\right)\Omega \approx 1.63\text{ k}\Omega$$

$$A_u = -\frac{\beta R_L'}{r_{be}} = -\frac{50 \times \dfrac{5 \times 5}{5+5}}{1.63} = -76.7$$

$$R_i = R_{b1} // R_{b2} // r_{be} = \frac{1}{\dfrac{1}{5} + \dfrac{1}{5} + \dfrac{1}{1.63}} \approx 1\text{ k}\Omega$$

$$R_o = R_c = 5\text{ k}\Omega$$

（3）求解 A_{us}。

$$A_{us} = \frac{R_i}{R_s + R_i}A_u \approx \frac{1}{1+1} \times (-76.7) = -43.7$$

四、共集电极放大电路——射极输出器

因为共发射极放大电路的输入电阻不够大，所以它从信号源索取的电流比较大；又因为其输出电阻不够小，所以它带负载能力比较差，即当负载电阻变化时，输出电压变化较大。然而，实际应用中，常需要高输入电阻、低输出电阻的放大电路，共集电极放大电路就具备上述两大特点，正好弥补共发射极电路的不足。

图 3.15（a）所示为一个共集电极组态的单管放大电路。由于 V_{CC} 点为交流地电位，所以可以看成它是由基极和集电极输入信号，从发射极和集电极输出信号，它的交流通路如图 3.15（b）所示，由此图可以看出，集电极是输入回路与输出回路的公共端，故称为共集电极放大电路。又由于是从发射极输出，故又称射极输出器。

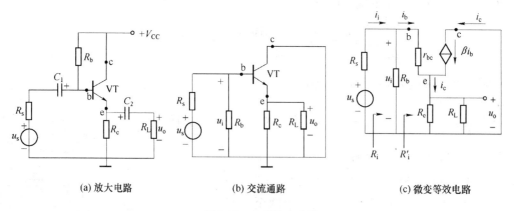

(a) 放大电路　　　　　　　　(b) 交流通路　　　　　　　　(c) 微变等效电路

图 3.15　共集放大电路

1. 静态工作点的估算

由图 3.15（a）的直流通路可列出：

$$V_{CC} = I_{BQ}R_b + U_{BEQ} + I_{EQ}R_e = I_{BQ}R_b + U_{BEQ} + (1+\beta)I_{BQ}R_e$$

于是得

$$I_{BQ} = \frac{V_{CC} - U_{BEQ}}{R_b + (1 + \beta)R_e}$$

$$I_{CQ} = \beta I_{BQ} \approx I_{EQ}$$

$$U_{CEQ} = V_{CC} - I_{EQ}R_e$$

由于有射极电阻 R_e，该电路具有稳定静态工作点的作用。

2．动态性能指标的估算

1）电压放大倍数 A_u

由微变等效电路图 3.15（c）可得

$$u_o = i_e(R_e /\!/ R_L) = (1 + \beta)i_b R'_L$$

式中，$R'_L = R_e /\!/ R_L$

$$u_i = i_b r_{be} + i_e(R_e /\!/ R_L) = i_b r_{be} + (1 + \beta)i_b R'_L$$

故

$$A_u = \frac{u_o}{u_i} = \frac{(1 + \beta)R'_L}{r_{be} + (1 + \beta)R'_L} < 1 \qquad (3.16)$$

式中，一般有 $r_{be} \ll (1 + \beta)R'_L$，故 A_u 略小于 1（接近于 1），放大电路没有电压放大作用，但因 $i_e = (1 + \beta)i_b$，故具有电流放大作用。正因为输出电压接近输入电压，两者相位又相同，故此电路称为射极跟随器。

2）输入电阻 R_i

从三极管基极看进去的输入电阻为

$$R'_i = \frac{u_i}{i_b} = \frac{i_b r_{be} + (1 + \beta)i_b R'_L}{i_b} = r_{be} + (1 + \beta)R'_L$$

因此共集电极放大电路的输入电阻为

$$R_i = \frac{u_i}{i_i} = R_b /\!/ R'_i = R_b /\!/ \left[r_{be} + (1 + \beta)R'_L \right] \qquad (3.17)$$

通常 R_b 阻值较大（几十千欧至几百千欧），同时 $r_{be} + (1 + \beta)R'_L$ 也比较大，因此，共集放大电路的输入电阻高，可达几十千欧至几百千欧。

3）输出电阻 R_o

求放大电路输出电阻 R_o 的等效电路如图 3.16 所示，先将信号源短路和负载开路，在断开负载 R_L 的输出端加入一交流电源 u，由它产生的电流为

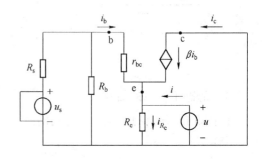

图 3.16　求共集电极放大电路输出电阻的等效电路

$$i = i_{R_e} - i_b - \beta i_b = \frac{u}{R_e} + (1+\beta)\frac{u}{r_{be} + R_s'}$$

式中，$R_s' = R_s /\!/ R_b$。由此可得共集电极放大电路的输出电阻为

$$R_o = \frac{u}{i} = \frac{1}{\dfrac{1}{R_e} + \dfrac{1}{(r_{be} + R_s')/(1+\beta)}} = R_e /\!/ \frac{r_{be} + R_s'}{1+\beta} \qquad (3.18)$$

在大多数情况下，有

$$R_e \gg \frac{r_{be} + R_s'}{1+\beta}$$

所以

$$R_o \approx \frac{r_{be} + R_s'}{1+\beta} \qquad (3.19)$$

可见射极输出器具有很小的输出电阻，一般由几欧~几百欧。

3．两种基本放大电路动态参数的比较

前面分别介绍了基本共发射极放大电路、分压式偏置放大电路和共集电极放大电路，它们的动态参数表达式一一列在表 3.1 中，以便读者学习和比较。

表 3.1   基本放大电路动态参数的比较

名 称	基本共发射极放大电路	分压式偏置放大电路	共集电极放大电路
微变等效电路	见图 3.10（b）	见图 3.14（b）	见图 3.15（c）
A_u	大（十几~一百以上） $A_u = -\dfrac{\beta(R_c /\!/ R_L)}{r_{be}}$	大（十几~一百以上） $A_u = -\dfrac{\beta(R_c /\!/ R_L)}{r_{be}}$	小（小于1，近似于1） $A_u = \dfrac{(1+\beta)(R_e /\!/ R_L)}{r_{be} + (1+\beta)(R_e /\!/ R_L)}$
R_i	中（几百~几千）欧姆 $R_b /\!/ r_{be}$	比基本共射电路小 $R_{b1} /\!/ R_{b2} /\!/ r_{be}$	大（几十~一百以上）千欧姆 $R_b /\!/ [r_{be} + (1+\beta)(R_e /\!/ R_L)]$
R_o	较大（几百~几千）欧姆 R_c	较大（几百~几千）欧姆 R_c	小（十几~几十）欧姆 $R_e /\!/ \dfrac{r_{be} + (R_s /\!/ R_b)}{1+\beta}$
频率特性	差，频带窄	差，频带窄	较好，频带较宽

注：表中所给出的数值范围只是大概数，在具体电路中，计算数值可能超出这个范围。

电路仿真

单管共射放大电路是放大电路的基础，也是模拟电子技术的基础，放大电路要求实现不

失真放大，必须设置合适的静态工作点；放大电路的适用范围是低频小信号，因此，即便静态工作点稳定，如果输入信号幅值太大，也会造成输出信号失真。另外，电压放大倍数、输入电阻和输出电阻也都是分析放大电路的核心指标。

一、所用仪器以及电路元器件（见表 3.2）

表 3.2　所用仪器及电路元器件

序号	名　　称	型号/规格	数　量
1	数字式万用表	UT58	1 只
2	交流毫伏表	SX2172	1 台
3	示波器	TDS 1002	1 台
4	三极管	2N222A	1 只
5	电容器	10 μF，47 μF	各 1 只
6	电阻器	20 kΩ，2.4 kΩ，1 kΩ，5.1 kΩ	20 kΩ 2 只其他各 1 只
7	电位器（备用）	100 kΩ	1 只

二、电路仿真

1. 元器件选取及电路组成

仿真电路所有元器件及选取途径如下：

（1）电源：Place Sources→POWER_SOURCES→VCC，电源电压默认值为 5 V。双击打开对话框，将电压值设置为 12 V。

（2）接地：Place Sources→POWER_SOURCES→GROUND，选取电路中的接地。

（3）电阻器：Place Basic→RESISTOR，选取 1 kΩ，2.4 kΩ，4.7 kΩ，20 kΩ。

（4）电位器：Place Basic →POTENTIOMETER，选取 100 kΩ。

（5）电解电容器：Place Basic →CAP_ELECTROLIT，选取 10 μF 和 47 μF。

（6）三极管：Place Transistor→BJT_NPN→2N2222A。

（7）虚拟仪器：从虚拟仪器栏中调取信号发生器（XFG1）、双通道示波器（XSC2）。

2. 选好元器件后，将所有元器件连接绘制成仿真电路（见图 3.17）

1）函数信号发生器参数设置

双击函数信号发生器图标，出现如图 3.18 所示面板，改动面板上的相关设置，可改变输出电压信号的波形类型、大小、占空比或偏置电压等。在这里，选择正弦波、频率 1 kHz，信号电压 5 mV。

2）电位器 R_P 参数设置

双击电位器，出现如图 3.19 所示对话框。

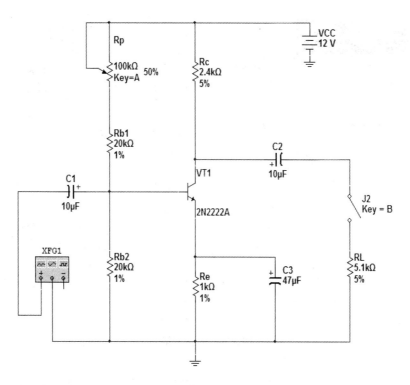

图 3.17   单管分压式偏置放大电路

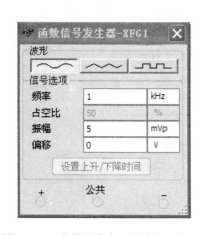

图 3.18   函数信号发生器参数设置情况

图 3.19   电位器 R_p 参数设置情况

3．仿真分析

1）静态工作点的分析

方法一：电压表、电流表测量方法判断共发射极放大电路静态工作点，如图 3.20、图 3.21 所示。

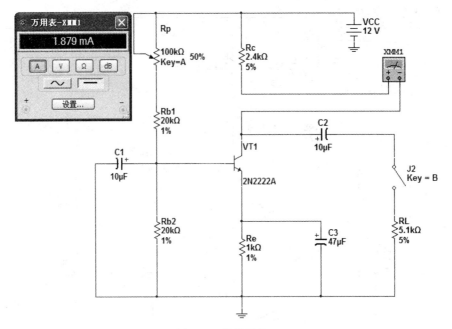

图 3.20　直接测量 I_C

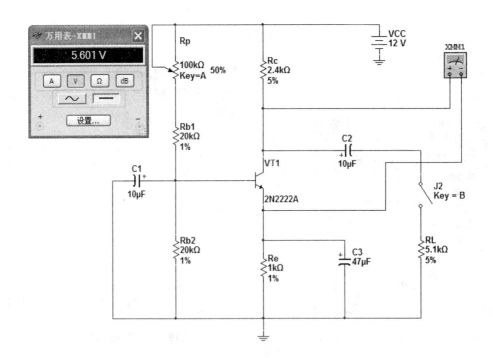

图 3.21　直接测量 U_{CE}

方法二：用测量探针测量的方法判断共发的极放大电路静态工作点。

在仿真前将多个测试笔放置在测试位置上，仿真时，会自动显示该节点的电信号特性（电压、电流和频率），测试结果如图 3.22 所示。

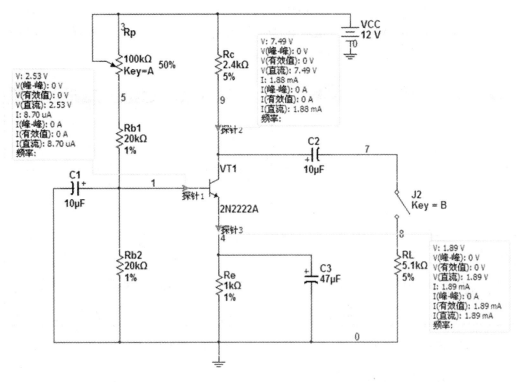

图 3.22　测量探针测量判断放大电路静态工作点

2）放大电路的动态指标测试

（1）电压放大倍数测量。当信号源电压幅值为 5 mV 时，对电路进行仿真测试，测得的输入、输出电压波形如图 3.23 所示。从测量结果看，输入信号幅值为-5.154 mV，输出信号幅值为 396.608 mV。输出电压没有失真，输出和输入反向。

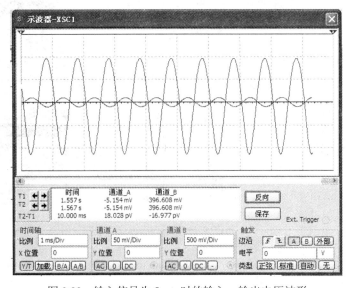

图 3.23　输入信号为 5 mv 时的输入、输出电压波形

（2）电压放大失真分析。当信号幅值达到 50 mV 时，输出信号将出现较明显的非线性失真；当信号幅值达到 100 mV 以上时，从输出波形看，出现明显的底部失真，当再增加到 200 mV 时，将同时出现顶部和底部失真，如图 3.24 和图 3.25 所示。

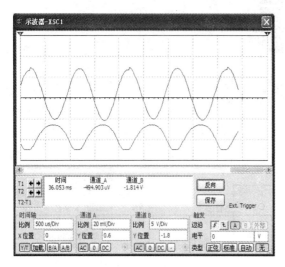

图 3.24　输出电压波形底部失真

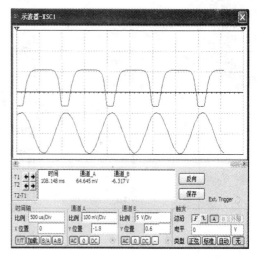

图 3.25　输出电压波形同时顶部和底部失真

（3）输入、输出电阻测量：

① 输入电阻。在放大电路的输入回路接电流表和电压表（设置为交流），如图 3.26 所示，测得的电压为 3.536 mV，电流为 1.342 μA，则输入电阻是 $R_i = U_i/I_i = 2.63$ kΩ。

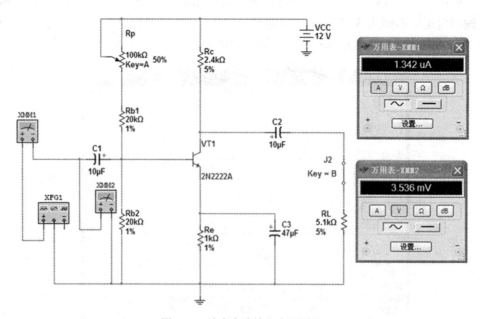

图 3.26　放大电路输入电阻测量

② 输出电阻：

方法一：替代法测量输出电阻。

如图 3.27 所示，在负载 R_L 接上后进行仿真，得到 U_L 的值为 376.443 mV，断开 R_L 后进行仿真，得到 U_O 的值为 561.393 mV，则输出电阻为 2.5 kΩ。

R_L 断开与接上的电压值分别如图 3.28、图 3.29 所示。

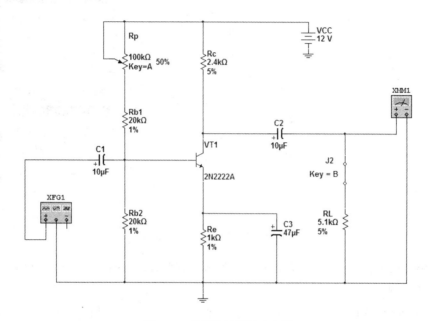

图 3.27　替代法计算输出电阻

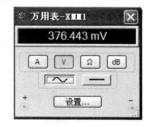

图 3.28　R_L 断开时，测得的电压值　　　　图 3.29　R_L 接上时，测得的电压值

方法二：外加激励法测量输出电阻。

将电路中的信号源置 0（短路），负载开路，在输出端接电压源、电压表，测量电压、电流，电路如图 3.30 所示。测量结果是电压为 707.106 mV，电流为 306.182 μA，输出电阻为 $R_O=U_O/I_O$=2.3 kΩ。

（4）放大电路幅频特性测量。放大电路的幅频特性是指放大电路的电压放大倍数与输入信号频率之间的关系曲线。一般规定，电压放大倍数随频率变化下降到中频放大倍数的 0.707 时所对应的频率称为下限频率 f_L 和上限频率 f_H，则通频带 BW=f_H-f_L。

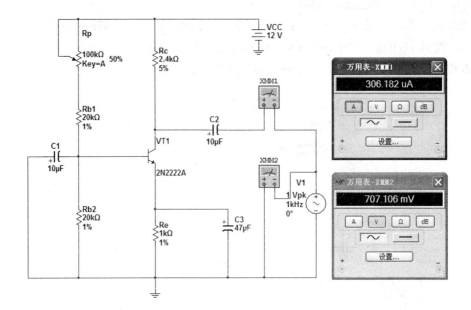

图 3.30　放大电路输出电阻测量

在 Multisim 10 中测量放大电路幅频特性的方法有两种：扫描分析法和直接测量法。在本例中介绍扫描分析法。

单击 Simulate→Analysis→AC Analysis，将弹出"交流小信号分析"对话框，进入交流分析状态。首先单击其中 Output variables，进行节点 7 的仿真，然后切换到"频率参数"选项卡如图 3.31 所示。

图 3.31　频率参数设置选项卡

设置分析的起始频率为 1 Hz，扫描终点频率为 100 GHz，选择节点 7，按下 Simulate 键，即可在显示图上获得被分析节点的频率特性波形。交流分析的结果，可以显示幅频特性和相频特性两个图，仿真结果如图 3.32 所示：

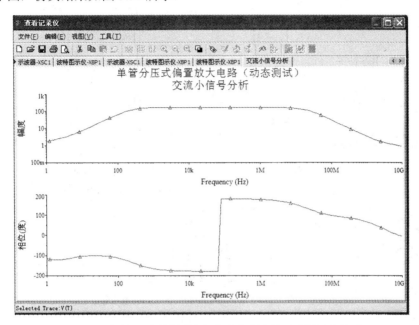

图 3.32　单管分压式偏置放大电路交流小信号分析仿真结果

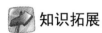 **知识拓展**

对于双极型三极管组成的放大电路而言，根据其输入信号与输出信号公共端的不同，可以有三种不同的接法，或称三种不同的组态，这就是共射组态、共集组态和共基组态。不同组态的放大电路在性能指标方面具有不同的特点，因而也适合应用于各个不同的场合。前面已经对共射组态、共集组态进行了比较详尽的讨论和分析，下面来讨论一下共基组态。

共基极放大电路如图 3.33（a）所示。它是由发射级输入信号，从集电极输出信号，基极是交流通路的公共端。

1．静态工作点的估算

首先根据共基极放大电路图画出其直流通路，如图 3.33（b）所示，不难发现该图与前面的稳定静态工作点的分压式偏置放大电路的直流通路是一样的，所以在此不再赘述。

2．动态性能指标的估算

图 3.33（a）的交流通路如图 3.33（c）所示，其微变等效电路图如图 3.33（d）所示，由图可知：

$$A_u = \frac{u_o}{u_i} = \frac{-i_c(R_c /\!/ R_L)}{-i_b r_{be}} = \frac{\beta(R_c /\!/ R_L)}{r_{be}} \tag{3.20}$$

可见，共基极放大电路的放大倍数与共发射极放大电路放大倍数大小相同，符号相反，即 u_i 与 u_o 有相同的相位。

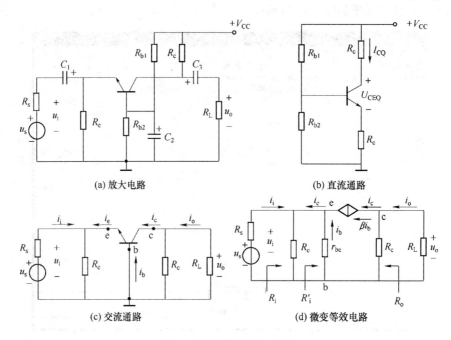

图 3.33　共基极放大电路

由三极管发射极看进去的等效电阻 R_i 为

$$R_i' = \frac{u_i}{-i_e} = \frac{-i_b r_{be}}{-i_e} = \frac{r_{be}}{1+\beta}$$

因此共基极放大电路的输入电阻为

$$R_i = \frac{u_i}{i_i} = R_e // \frac{r_{be}}{1+\beta} \tag{3.21}$$

在图 3.33（d）中，令交流信号源 $u_s = 0$，则 $i_b = 0$，受控电流源 $\beta i_b = 0$，可视为开路，断开负载 R_L，接入一个交流信号源 u，可得 $i = u/R_c$，因此，可求得共基极放大电路的输出电阻为

$$R_o = R_c \tag{3.22}$$

综上所述，共基极放大电路的特点是：输入电阻低；输出电阻同共发射极放大电路一样；输出电压与输入电压同相，电压放大倍数与共发射极放大电路绝对值一样。

课题 2　多级放大电路

课题描述

由一个三极管组成的单管放大电路具有结构简单的优点，但是单管放大电路的电压放大倍数一般只能达到几十倍，其他技术指标也难以满足实用的要求，因此，各种电子设备或仪器中所用的放大电路，几乎都是各种各样的多级放大电路。本课题所指的多级放大电路就是将若干个单管放大电路连接起来而成的，其中每一个基本放大电路称为一级，而级与级之间的连接称为级间耦合。如图 3.34 所示的电路是由一级共集电极放大电路和一级共发射极放大电路构成的两级放大电路，电容器 C_2 为级间耦合电容器。

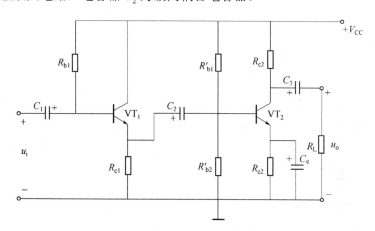

图 3.34　两级放大电路

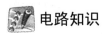 **电路知识**

一、多级放大电路的耦合方式

在多级放大电路中，每两个单级放大电路之间的连接方式称为耦合。常用的级间耦合有阻容耦合、直接耦合和变压器耦合三种方式。

1. 阻容耦合方式

将前级的输出端通过电容器接到后级的输入端的耦合方式称为阻容耦合方式，如图 3.34 所示。由于电容器 C_2 有"隔直通交"的作用，因此前一级的输出信号可以通过耦合电容器传送到后级的输入端，而各级的直流工作状态相互之间无影响，各级放大电路的静态工作点可以单独考虑，因此便于分析、设计和调试。基于这些原因，在分立元件电路中阻容耦合放大电路得到广泛的应用。

但是，阻容耦合电路不适用于放大变化缓慢的信号。因为耦合电容器对这类信号呈现的容抗很大，信号衰减太多，甚至全部衰减，无法放大。另外，在集成电路中，制造容量大的电容器是很困难的，有时是不可能的。因此，这种耦合方式不便于集成化。

2. 直接耦合方式

将前级的输出端直接（或通过电阻器）接到后级的输入端的耦合方式称为直接耦合方式，如图 3.35 所示。直接耦合克服了阻容耦合的缺点，它不仅能放大交流信号，也能放大直流信号或缓慢变化的信号。但是，直接耦合使各级的直流通路互相沟通，因而各级的静态工作点互相影响，所以给分析、设计及调试都带来困难。而且直接耦合电路最突出的一个问题是会产生零点漂移现象（关于零点漂移的产生及克服将在课题 3 中讨论），零点漂移是直接耦合电路的主要缺点。直接耦合电路是集成电路内部电路常用的耦合方式。

3. 变压器耦合方式

将前级的输出信号通过变压器接到后级的输入端或负载电阻的耦合方式称为变压器耦合方式，如图 3.36 所示。变压器 T_1 将第一级的输出信号电压变换成第二级的输入信号电压，变压器 T_2 将第二级的输出信号电压变换成负载 R_L 所要求的电压。

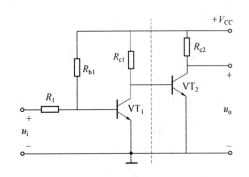

图 3.35　直接耦合方式

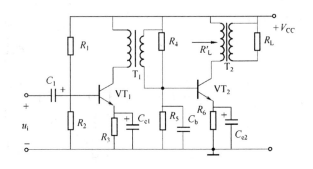

图 3.36　变压器耦合方式

变压器耦合的最大优点是能够进行阻抗、电压和电流的变换，这在功率放大器中常常用到。由于变压器对直流电无变换作用，因此具有很好的隔直作用。变压器耦合的缺点是体积和质量都较大、高频性能差、价格高，不能传送变化缓慢的信号或直流信号。

二、多级放大电路的动态分析

多级放大电路的组成框图如图 3.37 所示。在多级放大电路中，中间任何一级都既是前一级的负载，又是后一级的信号源。根据电压放大倍数的定义，对于 N 级放大电路，它的电压放大倍数可以写成

$$A_u = \frac{u_o}{u_i} = \frac{u_{o1}}{u_{i1}} \cdot \frac{u_{o2}}{u_{i2}} \cdot \cdots \cdot \frac{u_o}{u_{in}} = A_{u1} \cdot A_{u2} \cdot \cdots \cdot A_{un} \tag{3.23}$$

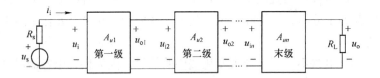

图 3.37　多级放大电路的组成框图

式（3.23）表明，多级放大电路的电压放大倍数等于组成它的各级放大电路电压放大倍数之积。应当特别指出的是，在计算每一级的电压放大倍数时，都应将后级的输入电阻作为前级的负载电阻。

根据输入电阻和输出电阻的物理意义，显然，多级放大电路的输入电阻就是第一级的输入电阻，即

$$R_i = R_{i1} \tag{3.24}$$

输出电阻就是最后一级的输出电阻，即

$$R_{\mathrm{o}} = R_{\mathrm{o}n} \tag{3.25}$$

例 3.2　在图 3.34 所示两级阻容耦合放大电路中，已知 $R_{\mathrm{b1}} = 100\ \mathrm{k\Omega}$，$R_{\mathrm{e1}} = 5\ \mathrm{k\Omega}$，$R'_{\mathrm{b1}} = 5\ \mathrm{k\Omega}$，$R'_{\mathrm{b2}} = 15\ \mathrm{k\Omega}$，$R_{\mathrm{e2}} = 1\ \mathrm{k\Omega}$，$R_{\mathrm{c2}} = 2\ \mathrm{k\Omega}$，$R_{\mathrm{L}} = 2\ \mathrm{k\Omega}$，$r_{\mathrm{be1}} \approx r_{\mathrm{be2}} \approx 1\ \mathrm{k\Omega}$，$\beta_1 = \beta_2 = 50$，$V_{\mathrm{CC}} = 12\ \mathrm{V}$。试求解电路的电压放大倍数，输入电阻和输出电阻。

解：图 3.34 所示电路的第一级是射极输出器，第二级为典型的工作点稳定电路，两级之间通过 C_2 耦合。C_2 既隔离了第一级和第二级的直流通路，又将第一级的输出信号通畅地传递给第二级。

由于采用阻容耦合方式，两级之间的静态工作点相互独立，每一级的静态工作点均可按单管放大电路进行分析。只有在静态工作点合适的情况下，动态分析才有意义。因此，在分析动态参数之前，首先要进行静态分析，求解 Q_1 和 Q_2，这里略去。设 Q_1 点和 Q_2 点均合适，求解 A_u、R_i 和 R_o。

首先画出图 3.34 所示电路的微变等效电路，如图 3.38 所示。

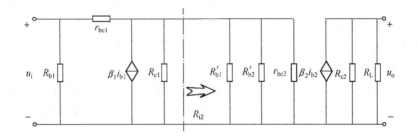

图 3.38　例 3.2 所示电路的微变等效电路

（1）求解 A_u。

$$R_{\mathrm{i}_2} = R_{\mathrm{b1}} /\!/ R_{\mathrm{b2}} /\!/ r_{\mathrm{be2}} = \frac{1}{\dfrac{1}{5} + \dfrac{1}{15} + 1}\ \mathrm{k\Omega} \approx 0.79\ \mathrm{k\Omega}$$

$$A_{u1} = \frac{(1+\beta)R_{\mathrm{e1}} /\!/ R_{\mathrm{i}_2}}{r_{\mathrm{be1}} + (1+\beta)R_{\mathrm{e1}} /\!/ R_{\mathrm{i}_2}} = \frac{51 \times \dfrac{1}{\dfrac{1}{5} + \dfrac{1}{0.79}}}{1 + 51 \times \dfrac{1}{\dfrac{1}{5} + \dfrac{1}{0.79}}} \approx 0.97$$

$$A_{u2} = -\beta \frac{R_{\mathrm{c2}} /\!/ R_{\mathrm{L}}}{r_{\mathrm{be2}}} = -50 \times \frac{1}{\dfrac{1}{2} + \dfrac{1}{2}} = -50$$

$$A_u = A_{u1} \cdot A_{u2} \approx -50$$

（2）求解 R_i。

$$R_i = R_{i1} = R_{b1} // \left[r_{be1} + (1+\beta) R_{e1} // R_{i2} \right]$$

$$= \cfrac{1}{\cfrac{1}{100} + \cfrac{1}{1 + 51 \times \cfrac{1}{\cfrac{1}{5} + \cfrac{1}{0.79}}}} k\Omega$$

$$\approx 26.3 \text{ kΩ}$$

（3）求解 R_o。

$$R_o = R_{o2} = R_{c2} = 2 \text{ kΩ}$$

由以上分析可知，由于采用共集电极放大电路做输入级，使电路具有较高的输入电阻；由于采用共发射极放大电路做第二级，又使电路具有较大的电压放大倍数。

电路仿真

在电路设计过程中，如果单级放大电路的放大倍数达不到实际要求，可以把若干个基本放大电路连接起来组成多级放大电路。多级放大电路中的每一个基本放大电路称为一级，各级之间的连接方式称为耦合方式。由两级共射电路构成的多级放大电路如图 3.34 所示。级间采用的是阻容耦合方式。

阻容耦合多级放大电路的特点如下：①阻容耦合放大电路的低频特性差，不能放大变化缓慢的信号和直流信号。②多级电路的通频带变窄了。③对于多级放大电路，其总电压增益为单级电路电压增益的乘积。

一、所用仪器以及电路元器件（见表 3.3）

表 3.3　所用仪器及电路元器件

序号	名　　称	型号/规格	数　量
1	数字式万用表	UT58	1 只
2	交流毫伏表	SX2172	1 台
3	示波器	TDS 1002	1 台
4	三极管	2SC945	1 只
5	电容器	47 μF，10 μF	47 μF 3 只，10 μF 3 只
6	电阻器	1.5 kΩ，3 kΩ，3.3 kΩ，20 kΩ，24 kΩ，47 kΩ，51 kΩ	各 1 只
7	电位器	500 kΩ，100 kΩ	各 1 只

二、电路仿真

1. 元器件选取及电路组成

仿真电路所有元器件及选取途径如下：

（1）电源：Place Sources→POWER_SOURCES→VCC，电源电压默认值为 5 V。双击打开对话框，将电压值设置为 12V。

（2）接地：Place Sources→POWER_SOURCES→GROUND，选取电路中的接地。

（3）电阻器：Place Basic→RESISTOR，选取 1 kΩ，3 kΩ，3.3 kΩ，20 kΩ，24 kΩ，47 kΩ，51 kΩ。

（4）电位器：Place Basic→POTENTIOMETER，选取 100 kΩ 和 500 kΩ。

（5）电解电容器：Place Basic→CAP_ELECTROLIT，选取 10 μF 和 47 μF

（6）信号源：Place Sources→SIGNAL_VOLTAGE_SO→AC_VOLTAGE。需要注意，默认的电压为 1 V，需要设置电压为 0.1 mV。

（7）三极管：Place Transistor→BJT_NPN→2SC945。

（8）虚拟仪器：从虚拟仪器栏中调取波特图仪（XBP1）、双通道示波器（XSC2）。

2．选好元器件后，将所有元器件连接绘制成仿真电路（见图 3.39）。

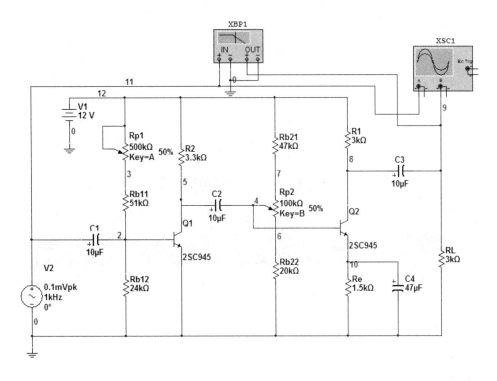

图 3.39　两级放大电路仿真电路图

3．仿真分析

1）静态工作点分析

在输出波形不失真情况下，单击 Options→Preferences→Show node names，使多级放大电路图实现节点编号，然后单击 Analysis→DC operating→Output variables 选择需仿真的变量，从左边添加到右边，如图 3.40 所示。

图 3.40　Output 选项卡设置

然后单击 Simulate 按钮，系统会自动显示出运行结果，如图 3.41 所示。

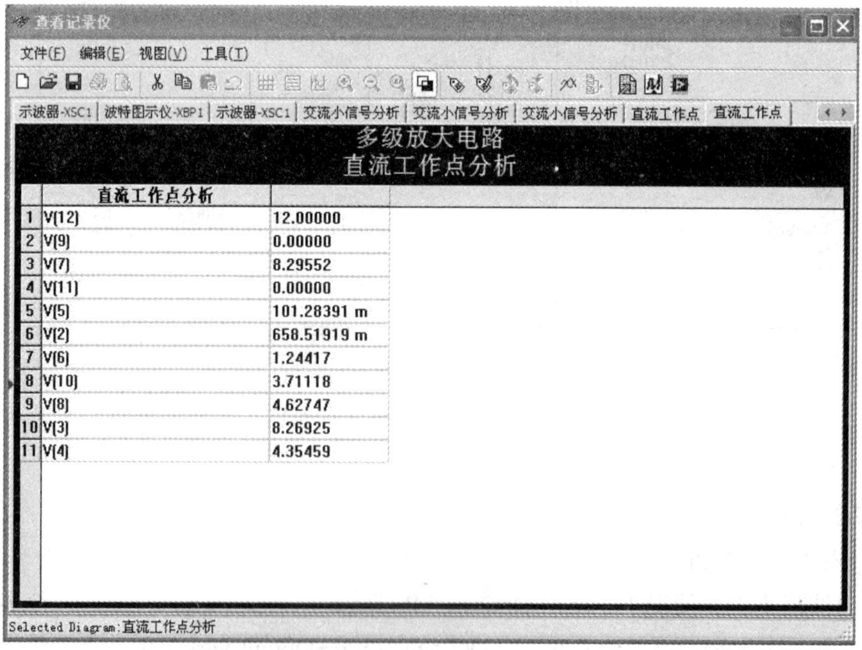

	直流工作点分析	
1	V(12)	12.00000
2	V(9)	0.00000
3	V(7)	8.29552
4	V(11)	0.00000
5	V(5)	101.28391 m
6	V(2)	658.51919 m
7	V(6)	1.24417
8	V(10)	3.71118
9	V(8)	4.62747
10	V(3)	8.26925
11	V(4)	4.35459

图 3.41　静态工作点分析

2）放大电路的动态分析

方法一：按照前面介绍的扫描分析法，设置分析的起始频率为 1 Hz，扫描终点频率为 100 GHz，选择节点 4，单击 Simulate 按钮，即可在显示图上获得被分析节点的频率特性波形。交流分析的结果，可以显示幅频特性和相频特性两个图，仿真结果如图 3.42 所示。

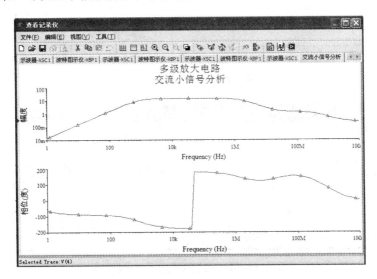

图 3.42　第一级放大电路频率特性分析

同样的步骤来分析输出节点 9，可得到两级放大电路的频率特性，如图 3.43 所示：

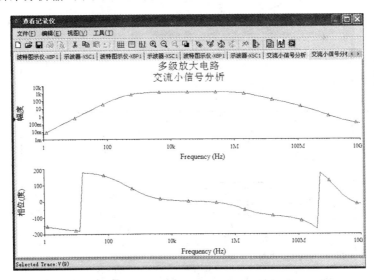

图 3.43　第二级放大电路频率特性分析

方法二：直接测量法。双击波特图仪（波特图仪各参数详见图 3.44），同样可以获得交流频率特性，显示结果如图 3.44 和图 3.45 所示。在 Multisim 10 仿真平台上，将波特图仪参数设置完全一样的情况下分别测出第一级放大电路的幅频特性和第二级放大电路的幅频特性。

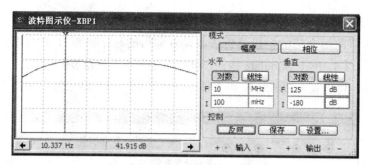

图 3.44　第一级放大电路的幅频特性

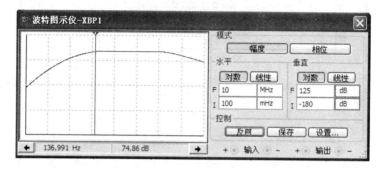

图 3.45　第二级放大电路的幅频特性

　　调整 R_{P1} 和 R_{P2}，在示波器上观察输出波形，使输出不失真，当参数如图 3.39 所示时，示波器输出结果如图 3.46 所示。

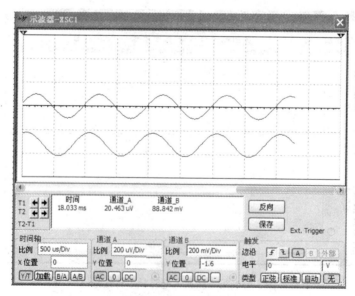

图 3.46　示波器输出

　　从以上仿真结果可以发现，多级放大电路的通频带比它任何一级都窄，级数越多，通频带越窄。这就是说，将几级放大电路串联起来以后，总电压增益虽然提高了，但通频带变窄了，验证了多级放大电路的理论。

 **知识拓展**

集成化是电子技术发展的一个重要方面，所谓集成电路就是采用一定的工艺，把电路中所需要的三极管、电阻器、电容器等元器件及电路的连线都集成制作在一块半导体基片上，再封装在一个管壳内，成为具有所需功能的模块。集成运算放大器就是用集成电路工艺制成的具有很高电压增益的直接耦合多级放大电路。

一、集成运放的组成及图形符号

1. 集成运放的组成

集成运放通常可以分为输入级、中间级、输出级和偏置电路四个基本组成部分，如图 3.47 所示。

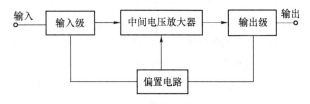

图 3.47　集成运放组成框图

2. 集成运放的图形符号

集成运放的图形符号如图 3.48 所示，它有两个输入端和一个输出端，图中反相输入端标为"－"号，同相输入端标为"＋"号。它们对"地"电压（即各端的电位）分别用 u_- 和 u_+ 来表示。方框中的"▷"表示信号的传输方向，其右边的符号表示电压放大倍数。如果电压放大倍数很大，一般可用无穷大符号 ∞ 表示，因此又可称为理想集成运算放大器。

二、集成运放的电压传输特性

集成运放的输出电压 u_O 与输入电压（即同相输入端与反相输入端之间的差值电压）之间的关系曲线称为电压传输特性（见图 3.49），即

$$u_O = f(u_+ - u_-) \tag{3.26}$$

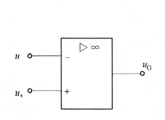

图 3.48　集成运放的图形符号

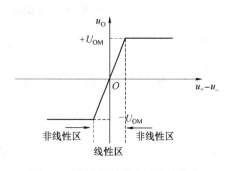

图 3.49　集成运放的电压传输特性

由于集成运放只对两个输入端输入电压的差值进行放大，故其放大倍数称为差模放大倍数，记作 A_{ud}，当集成运放工作在线性区时，

$$u_O = A_{ud}(u_+ - u_-) \qquad (3.27)$$

由于 A_{ud} 非常高，可达几十万倍，所以集成运放的线性区非常之窄。如果输出电压的最大值 $\pm U_{OM} = \pm 13\,\mathrm{V}$，$A_{ud} = 5 \times 10^5$，那么只有当 $|u_+ - u_-| < 26\,\mu\mathrm{V}$ 时，电路才会工作在线性区。否则将工作在非线性区，即当 $u_+ - u_- > 26\,\mu\mathrm{V}$ 时，$u_O = +U_{OM} = +13\,\mathrm{V}$；当 $u_+ - u_- < -26\,\mu\mathrm{V}$ 时，$u_O = -U_{OM} = -13\,\mathrm{V}$。

课题 3　差分放大电路

课题描述

在多级放大电路的讨论中，已经知道由于阻容耦合放大无法传递随时间缓慢变化的信号和直流信号，为了放大此类信号，就必须采用直接耦合放大电路。但直接耦合放大电路带来的一个最突出的问题是存在着零点漂移现象。本课题所给出的差分放大电路是直接耦合放大电路的一种基本形式，它利用电路参数的对称性和发射极电阻的负反馈作用，有效地抑制零点漂移。

图 3.50 所示为差分放大电路的一种常见形式，称为长尾式差分放大电路。它由两个完全对称的共发射极电路组成，即三极管 VT_1 和 VT_2 特性完全相同，集电极电阻 R_{c1} 等于 R_{c2}，基极电阻 R_{b1} 等于 R_{b2}，为了稳定静态工作点，在两只三极管的发射极上接一个公共电阻 R_e。为了使 R_e 的取值大一些，在发射极电路中接入一个负电源 $-V_{EE}$，以补偿 R_e 上的压降，保证三极管有合适的静态电流和管压降。输入信号 u_{I1}、u_{I2} 从两个三极管的基极加入，称为双端输入，输出信号从两个集电极之间取出，称为双端输出。

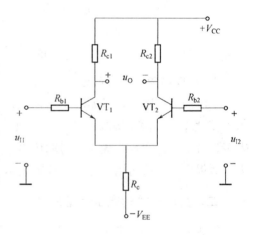

图 3.50　长尾式差分放大电路

电路知识

一、直接耦合放大电路的零点漂移现象

一个理想的直接耦合放大电路，当输入信号为零时，其输出电压应保持不变（不一定是零），但实际上，把一个多级直接耦合放大电路的输入端短接（即 $u_I = 0$），用灵敏的直流电压表测其输出端，也会有变化缓慢的输出电压，如图 3.51 所示。这种 $\Delta u_I = 0$，$\Delta u_O \neq 0$ 的现象称为零点漂移现象。

在放大电路中，任何元器件参数的变化，如电源电压的波动、元器件老化、三极管参数随温度变化，都将产生零点漂移。实践证明，温度的变化是造成零点漂移最主要的原因，因此，零点漂移又称温度漂移。

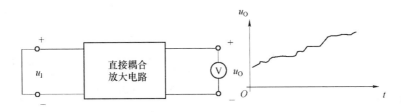

图 3.51　零点漂移现象

零点漂移将会对放大电路产生较大的影响。当放大电路输入信号后，这种漂移就伴随着信号共存于放大电路中，难以分辨和排除。尤其是当输入信号较小时，漂移电压可能会"淹没"有用的信号，如果漂移量大到足以和信号量相比时，就严重干扰和破坏了放大电路的正常工作。在多级直接耦合放大电路的各级漂移中，又以第一级的影响最为严重。这是因为各级放大电路之间没有隔直元件，前级静态工作点的微小变化将会逐级传递、放大，而在输出端产生一个缓慢变化的信号。放大电路的级数愈多，放大倍数愈高，零点漂移就愈大，所以，抑制零点漂移重点要放在第一级。

克服零点漂移现象最常用的方法是采用差分放大电路。

二、长尾式差分放大电路

1．对零点漂移的抑制

如图 3.52 所示的差分放大电路，当输入信号为零（$u_{I1} = u_{I2} = 0$），即静态时，电阻 R_e 的电流等于两只三极管发射极电流之和，由于电路左右两边参数对称，所以 VT$_1$ 管发射极电流 I_{E1} 等于 VT$_2$ 管发射极电流 I_{E2}，即

$$I_{R_e} = I_{E1} + I_{E2} = 2I_{E1}$$

VT$_1$ 管的集电极电流 I_{C1} 等于 VT$_2$ 管的集电极电流 I_{C2}，因而 VT$_1$ 管的集电极电位 U_{C1} 等于 VT$_2$ 管的集电极电位 U_{C2}，所以输出电压为

$$u_o = U_{C1} - U_{C2} = 0$$

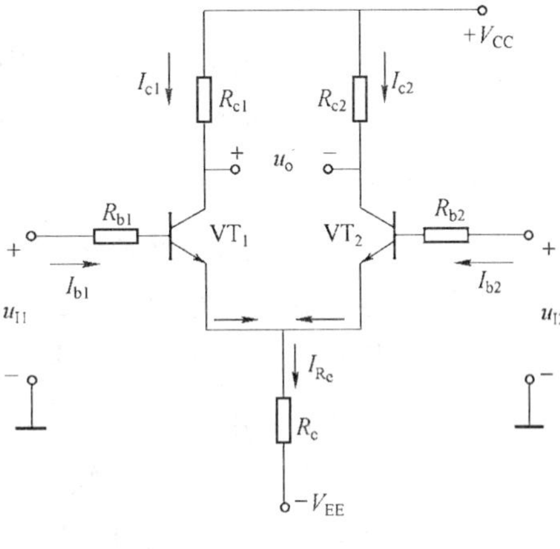

当温度变化时，由于电路对称且两三极管环境温度变化一样，所以它们集电极电流的变化是相等的，即 $\Delta i_{C1} = \Delta i_{C2}$。因此，集电极电位的变化量也是相等的，即 $\Delta u_{C1} = \Delta u_{C2}$。这样，输出电压为

图 3.52　长尾式差分放大电路

$$u_o = (U_{C1} + \Delta u_{C1}) - (U_{C2} + \Delta u_{C2}) = 0$$

输出电压仍为零。电路参数的对称性所起的补偿作用，抑制了零点漂移。

当温度变化时，因为 $\Delta i_{C1} = \Delta i_{C2}$，所以两三极管发射极电流的变化也相等，即 $\Delta i_{E1} = \Delta i_{E2}$。显然，流过电阻器 R_e 上的电流增量 $\Delta i_{R_e} = 2\Delta i_{E1}$，$R_e$ 上的电压增量 $\Delta u_{R_e} = 2\Delta i_{E1}R_e$。不难理解，$R_e$ 上的电压增量，将导致发射结产生电压增量 Δu_{BE}。其方向与 R_e 上电压增量方向相反，从

而使基极电流所产生的变化正好可以抑制 i_C 的变化。例如，当温度升高时，这样，对于每一

只三极管来讲，发射极电阻的等效值均为 $2R_e$。正是 R_e 的负反馈作用，不仅使输出电压的零点漂移得到很好的抑制，而且在一定程度上也抑制了每只三极管集电极电位的漂移。R_e 愈大，负反馈作用愈强，集电极电位的漂移也就愈小（见图 3.53）。

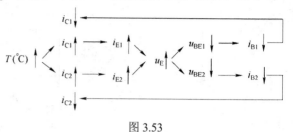

图 3.53

如果在差分放大电路输入端加上大小相等、方向相同的输入信号，即 $u_{i1} = u_{i2} = u_{ic}$，如图 3.54 所示。那么，两只三极管电流和电位的变化与上述过程相同，即 $\Delta i_{B1} = \Delta i_{B2}$，$\Delta i_{C1} = \Delta i_{C2}$，$\Delta u_{C1} = \Delta u_{C2}$，因此 $u_{oc} = 0$。这种大小相等、方向相同的输入信号称为共模输入信号，共模输入电压用符号 u_{ic} 表示。温度的变化所引起的电路内部电流及电位的变化可以等效成在输入端加共模信号。

综上所述，差分放大电路利用晶体管和电路参数的对称性以及 R_e 的负反馈作用对共模信号有较强的抑制作用。常用共模放大倍数 A_{uc} 来描述差分放大电路对共模信号的抑制能力，即

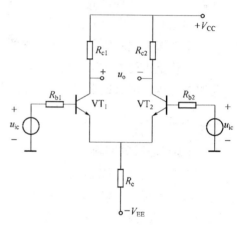

$$A_{uc} = \frac{u_{oc}}{u_{ic}} \qquad (3.28)$$

式中，u_{ic} 为共模输入信号，u_{oc} 为 u_{ic} 作用下的输出信号。显然，完全对称的差分放大电路 $A_{uc} = 0$。

图 3.54　差分放大电路共模信号输入

2．对差模信号的放大

在差分放大电路的两个输入端之间加一个信号 u_i，由于电路参数对称，故 u_i 经过分压后，加到 VT_1 管一边的输入信号为 $+u_i/2$，而加到 VT_2 管一边的输入信号为 $-u_i/2$，如图 3.55 所示。这种大小相等、方向相反的输入信号称为差模输入信号，差模输入电压用符号 u_{id} 表示。在差模信号的作用下，两只三极管的基极、集电极、发射极电流的增量均大小相等、极性相反，即 $\Delta i_{B1} = -\Delta i_{B2}$，$\Delta i_{C1} = -\Delta i_{C2}$，$\Delta i_{E1} = -\Delta i_{E2}$。显然，流过电阻 R_e 的电流增量 $\Delta i_{R_e} = \Delta i_{E1} + \Delta i_{E2} = \Delta i_{E1} + \left(-\Delta i_{E1}\right) = 0$。可见，当输入差模信号时，$R_e$ 上电流不变。也就是说，R_e 对差模信号没有反馈作用。这时发射极电位不变，因而发射极对差模信号相当于公共端。

由于 $\Delta i_{C1} = -\Delta i_{C2}$，所以两只三极管集电极电位的变化也是大小相等、方向相反的，即 $\Delta u_{C1} = -\Delta u_{C2}$。输出电压

$$u_o = \Delta u_{C1} - \Delta u_{C2} = 2\Delta u_{C1} = -2\Delta i_{C1}R_{c1} = -2\beta_1 \Delta i_{B1} R_{c1}$$

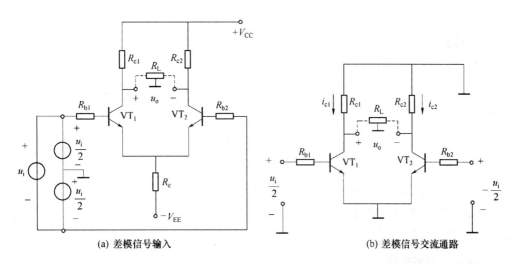

(a) 差模信号输入　　　　　　　　　　(b) 差模信号交流通路

图 3.55　差分放大电路差模信号输入

从输入回路可得

$$\Delta i_{B1} = \frac{1}{2} \times \frac{u_i}{(R_{b1} + r_{be1})} \qquad (3.29)$$

所以

$$u_o = -\frac{u_i}{(R_{b1} + r_{be1})} \beta_1 R_{c1} \qquad (3.30)$$

差分放大电路对差模信号的电压放大倍数，即差模放大倍数

$$A_{ud} = \frac{u_o}{u_i} = -\beta \frac{R_c}{(R_b + r_{be})} \qquad$$

式中，$\beta = \beta_1 = \beta_2$，$r_{be} = r_{be1} = r_{be2}$，$R_b = R_{b1} = R_{b2}$，$R_c = R_{c1} = R_{c2}$。$A_{ud}$ 相当于单管共射放大电路的电压放大倍数。

当输出端接负载电阻 R_L 时，因为 $\Delta u_{c1} = -\Delta u_{c2}$，可以认为负载电阻的中点电位不变，相当于接公共端，如图 3.55 所示，每一边电路都相当于带 $\frac{1}{2} R_L$ 的负载。于是，带负载 R_L 后的差模放大倍数

$$A_{ud} = -\beta \frac{R_L'}{(R_b + r_{be})} \qquad \left(R_L' = R_c \mathbin{/\mkern-5mu/} \frac{R_L}{2} \right) \qquad (3.31)$$

前面讨论了输入分别为共模信号和差模信号的情况，如果在差分放大电路的两个输入端加上任意大小、任意极性的输入电压 u_{i1} 和 u_{i2}，那可将它们看成是某个差模输入电压与某个共模输入电压的组合，其中差模输入电压 u_{id} 和共模输入电压 u_{ic} 的值分别为

$$u_{id} = u_{i1} - u_{i2} \qquad (3.32)$$

$$u_{ic} = \frac{1}{2}(u_{i1} + u_{i2}) \tag{3.33}$$

3. 共模抑制比

由前面分析可知，差分放大电路既能有效地放大差模信号，又能强有力地抑制共模信号。为了说明差分放大电路这两方面的综合性能，引入了参数——共模抑制比 K_{CMR}。 K_{CMR} 等于差分放大电路的差模放大倍数 A_{ud} 与共模放大倍数 A_{uc} 之比的绝对值，即

$$K_{CMR} = \left| \frac{A_{ud}}{A_{uc}} \right| \tag{3.34}$$

在电路理想对称的情况下，由于 $A_{uc} = 0$，所以 $K_{CMR} = \infty$。当然，对于任何一个实际的差分放大电路，参数不可能绝对对称，所以 K_{CMR} 也不可能等于无穷大。K_{CMR} 的数值愈大，差分放大电路的质量愈高。

4. 输入电阻和输出电阻

差分放大电路的输入电阻又称差模输入电阻，其值为差模输入电压与输入电流之比为

$$R_i = \frac{u_i}{i_i} = \frac{u_i}{\Delta i_b}$$

将式（3.29）代入，整理得

$$R_i = 2(R_b + r'_{be}) \tag{3.35}$$

从输出端看进去的等效电阻为输出电阻，所以

$$R_o = 2R_c \tag{3.36}$$

5. 静态工作点的估算

在图 3.52 所示电路中，当 $u_{i1} = u_{i2} = 0$ 时，由 VT_1 管基极回路可得

$$I_{BQ1}R_{b1} + U_{BEQ1} + 2I_{EQ1}R_e = V_{EE}$$

所以基极电流为

$$I_{BQ1} = \frac{V_{EE} - U_{BEQ1}}{R_{b1} + 2(1 + \beta)R_e} \tag{3.37}$$

集电极电流为

$$I_{CQ1} = \beta_1 I_{BQ1} \tag{3.38}$$

集电极电位为

$$U_{CQ1} = V_{CC} - I_{CQ1}R_{c1}$$

发射极电位为

$$U_{EQ1} = -(I_{BQ1}R_{b1} + U_{BEQ1})$$

管压降为

$$U_{CEQ1} = U_{CQ1} - U_{EQ1} = V_{CC} - I_{CQ1}R_{c1} + I_{BQ1}R_{b1} + U_{BEQ} \qquad (3.39)$$

VT_2 管的静态电流及管压降与 VT_1 管的完全相同。

在一般情况下，由于 R_{b1} 的阻值和 I_{BQ} 的数值都很小，因此在近似计算中，可以认为 $U_{BQ1} = U_{BQ2} \approx 0$，所以有

$$U_{EQ} \approx U_{BQ} - U_{BEQ} = -U_{BEQ} \qquad (3.40)$$

流过 R_e 的电流为

$$I_{R_e} \approx \frac{V_{EE} - U_{BEQ}}{R_e}$$

每只三极管的发射极静态电流为

$$I_{EQ} = \frac{I_{R_e}}{2} \approx \frac{V_{EE} - U_{BEQ}}{2R_e} \qquad (3.41)$$

$$I_{CQ} \approx I_{EQ} \qquad (3.42)$$

基极电流为

$$I_{BQ} = \frac{I_{EQ}}{1 + \beta} \qquad (3.43)$$

管压降为

$$U_{CEQ} \approx V_{CC} - I_{CQ}R_c + U_{BEQ} \qquad (3.44)$$

由以上分析可知，当 R_b 与 I_{BQ} 都较小时，只要合适地选择电阻 R_e 和电源 V_{EE}，就可以设置合适的静态工作点。

例 3.3　在图 3.52 所示电路中，已知：$\beta_1 = \beta_2 = \beta = 50$，$r_{bb'} = 300\,\Omega$，$U_{BEQ} = 0.7\,V$，$R_{b1} = R_{b2} = 1\,k\Omega$，$R_{c1} = R_{c2} = 10\,k\Omega$，$R_e = 10\,k\Omega$，$V_{CC} = 12\,V$，$V_{EE} = 6\,V$。试求：

（1）静态工作点；

（2）空载时与 $R_L = 10\,k\Omega$ 时的差模放大倍数。

解：（1）求解 Q 点，集电极电流为

$$I_{CQ} \approx I_{EQ} = \frac{I_{R_e}}{2} \approx \frac{V_{EE} - U_{BEQ}}{2R_e} = \frac{(6 - 0.7)}{2 \times 10 \times 10^3}\,A = 265\,\mu A$$

基极电流为

$$I_{BQ} = \frac{I_{EQ}}{1 + \beta} = \frac{265}{1 + 50}\,\mu A \approx 5.2\,\mu A$$

管压降为

$$U_{CEQ} \approx V_{CC} - I_{CQ}R_c + U_{BEQ} = (12 - 0.265 \times 10 + 0.7)\,V \approx 10\,V$$

（2）求解 A_{ud}

$$r_{be} = r_{bb'} + (1+\beta)\frac{26(\text{mV})}{I_{EQ}} = \left(300 + 51 \times \frac{26}{0.265}\right)\Omega \approx 5.3\ \text{k}\Omega$$

空载时，有

$$A_{ud} = -\beta\frac{R_c}{(R_b + r_{be})} = -50 \times \frac{10}{1+5.3} \approx -79.4$$

$R_L = 10\ \text{k}\Omega$ 时，有

$$A_{ud} = -\beta\frac{R_c /\!/ \dfrac{R_L}{2}}{(R_b + r_{be})} = -50 \times \frac{\dfrac{1}{\dfrac{1}{10}+\dfrac{1}{5}}}{1+5.3} \approx -26.5$$

例 3.4 在图 3.56 所示的长尾式差分放大电路中，已知两个三极管均为 $\beta = 30$ ，$U_{BEQ} = 0.7\ \text{V}$ ，$r_{bb'} = 300\ \Omega$ ，$R_b = 10\ \text{k}\Omega$ ，$R_c = 33\ \text{k}\Omega$ ，$R_e = 30\ \text{k}\Omega$ ，$R_L = 20\ \text{k}\Omega$ ，$R_W = 500\ \Omega$ ，$V_{CC} = 12\ \text{V}$ ，$V_{EE} = 15\ \text{V}$ ，假设调零电位 R_W 的滑动端调在中间位置。

（1）试求接入 R_W 后如何估算放大电路的静态工作点？

（2）R_W 是否影响差模电压放大倍数 A_{ud} ，差模输入电阻 R_i 以及输出电阻 R_o ？试进行估算。

解：（1）接入调零电位器 R_W 后，若其滑动端调在中间位置，则静态时三极管基极回路的方程为

$$I_{BQ}R_b + U_{BEQ} + I_{EQ}(0.5R_W + 2R_e) = V_{EE}$$

故

$$I_{BQ} = \frac{V_{EE} - U_{BEQ}}{R_b + (1+\beta)(0.5R_W + 2R_e)} = \frac{15 - 0.7}{[10 + 31 \times (0.5 \times 0.5 + 2 \times 30)] \times 10^3}\ \text{mA} = 7.6\ \mu\text{A}$$

$$I_{CQ} \approx \beta I_{BQ} = 30 \times 0.007\ 6\ \text{mA} = 0.228\ \text{mA}$$

$$U_{CQ} = V_{CC} - I_{CQ}R_c = [15 - 0.228 \times 33]\ \text{V} \approx 7.5\ \text{V}$$

$$U_{BQ} = -I_{BQ}R_b = -0.007\ 6\ \text{V} \times 10 = -76\ \text{mV}$$

（2）当加上差模输入电压时，R_W 与 R_e 的作用不同。由于只有一个三极管的发射极电流流过 R_W ，因此在交流通路中，每个三极管的发射极接有一个电阻，其大小为 $0.5R_W$ ，如交流通路图 3.57 所示。这个电阻将使差模电压放大倍数下降。由图可得

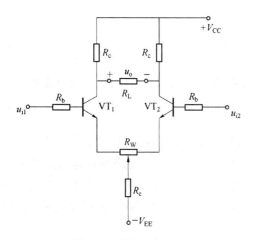

图 3.56   例 3.4 电路

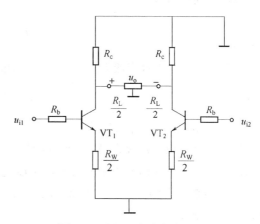

图 3.57   例 3.4 电路交流通路

$$A_{ud} = -\frac{\beta\left(R_c // \dfrac{R_L}{2}\right)}{R_b + r_{be} + (1+\beta) \times 0.5R_W}$$

其中
$$r_{be} = r_{bb'} + (1+\beta)\frac{26(\text{mA})}{I_{EQ}} \approx \left(300 + \frac{31 \times 26}{0.228}\right)\Omega \approx 3.8\,\text{k}\Omega$$

则
$$A_{ud} = -\frac{30 \times \dfrac{33 \times (\frac{1}{2} \times 20)}{33 + (\frac{1}{2} \times 20)}}{10 + 3.8 + 31 \times 0.5 \times 0.5} \approx -10.7$$

同理，接入 R_W 后将使差模输入电阻增大，由交流通路中三极管的基极回路可得，

$$R_i = 2\left[R_b + r_{be} + (1+\beta) \times 0.5R_W\right] = 2 \times (10 + 3.8 + 31 \times 0.5 \times 0.5)\,\text{k}\Omega = 43.1\,\text{k}\Omega$$

但放大电路的输出电阻不变，仍为

$$R_o = 2R_c = 2 \times 33\,\text{k}\Omega = 66\,\text{k}\Omega$$

三、具有恒流源的差分放大电路

在差分放大电路中，增大发射极电阻 R_e，能够更有效地抑制零点漂移，提高共模抑制比。但是若 R_e 过大，一方面因 R_e 上直流压降增大，相应地要求负电源 V_{EE} 的电压很高；另一方面，在集成电路中制造大电阻十分困难。为了达到既能增强共模负反馈的作用，又不必使用大电阻，也不致要求 V_{EE} 的电压过高的目的，提出了恒流源式差分放大电路，即用三极管作恒流源来取代图 3.50 所示电路中的发射极电阻 R_e。

图 3.58（a）所示为具有恒流源的差分放大电路，图中 R_1、R_2、R_3 和 VT_3 管组成分压式电流负反馈放大电路，电路参数应满足条件 $I_1 \gg I_{B3}$，这样 $I_1 \approx I_2$，所以 R_1 两端的电压

$$U_{R1} = \frac{R_1}{R_1 + R_2}V_{EE} \tag{3.45}$$

VT$_3$ 管的集电极电流为

$$I_{C3} \approx I_{E3} = \frac{U_{R1} - U_{BE3}}{R_3} \qquad (3.46)$$

可见 VT$_3$ 管集电极电流 I_{C3}，基本不受温度的影响。VT$_1$ 管和 VT$_2$ 管的发射极电流为

$$I_{E1} = I_{E2} = \frac{I_{C3}}{2} \qquad (3.47)$$

从图 3.58（a）中可以看出，没有任何动态信号加到 VT$_3$ 管的输入端，因而 I_{C3} 不会随输入信号而变化，也就是说 I_{C3} 具有恒流特性。因此，可将图 3.58（a）电路等效为图 3.58（b）所示电路。由于恒流源的内阻无穷大，所以电路中相当于接了一个阻值为无穷大的发射极电阻 R_e。具有恒流源的差分放大电路抑制共模信号的能力很强，其共模抑制比要比长尾式差分放大电路大得多。

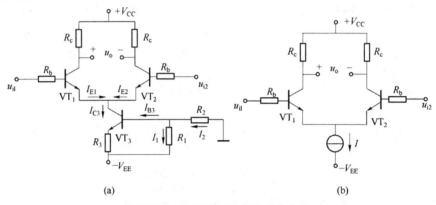

图 3.58 具有恒流源的差分放大电路

例 3.5 在图 3.58（a）所示电路中，已知：$R_b = 1\,k\Omega$，$R_c = 10\,k\Omega$，$R_1 = R_2 = 15\,k\Omega$，$R_3 = 2.3\,k\Omega$，三只三极管的 β 均为100，$r_{be} = 3\,k\Omega$，$U_{BEQ} = 0.7\,V$，$V_{CC} = 12\,V$，$V_{EE} = 6\,V$。

试求：（1）静态工作点；

（2）差模放大倍数 A_{ud}、输入电阻 R_i 和输出电阻 R_o。

解：（1）估算 Q 点，R_1 两端的电压。

$$U_{R1} = \frac{R_1}{R_1 + R_2} V_{EE} = \frac{15}{15+15} \times 6\,V = 3\,V$$

VT$_3$ 管的集电极电流为

$$I_{C3} \approx I_{E3} = \frac{U_{R1} - U_{BE3}}{R_3} = \frac{3-0.7}{2.3 \times 10^3}\,A = 1\,mA$$

VT$_1$ 管和 VT$_2$ 管的集电极电流为

$$I_{CQ1} = I_{CQ2} = \frac{I_{C3}}{2} = \frac{1}{2}\,mA$$

基极电流为

$$I_{BQ} = \frac{I_{CQ}}{\beta} = \frac{0.5}{100} \times 10^3\,\mu A = 5\,\mu A$$

管压降为

$$U_{CEQ} \approx V_{CC} - I_{CQ}R_c + U_{BEQ} = (12 - 0.5 \times 10 + 0.7)\ \text{V} = 7.7\ \text{V}$$

（2）求解 A_{ud}。

$$A_{ud} = -\beta \frac{R_c}{R_b + r_{be}} = -100 \times \frac{10}{1+3} = -250$$

求解输入电阻 R_i 及输出电阻 R_o 如下

$$R_i = 2(R_b + r_{be}) = 2 \times (1+3)\ \text{k}\Omega = 8\ \text{k}\Omega$$

$$R_o = 2R_c = 2 \times 10\ \text{k}\Omega = 20\ \text{k}\Omega$$

四、差分放大电路的四种接法

差分放大电路有两个三极管，它们的基极和集电极分别成为两个输入端和输出端。因此，根据输入端与输出端接"地"情况的不同，差分放大电路有四种不同的接法：双端输入、双端输出；双端输入、单端输出；单端输入、双端输出；单端输入、单端输出，如图 3.59 所示。

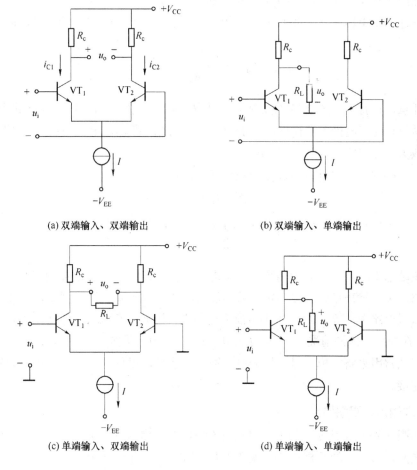

(a) 双端输入、双端输出　　　　　　(b) 双端输入、单端输出

(c) 单端输入、双端输出　　　　　　(d) 单端输入、单端输出

图 3.59　差分放大电路的四种接法

1．双端输入、双端输出

电路如图 3.59（a）所示。前面研究的都是这种双端输入、双端输出差分放大电路。由式（3.31）、式（3.25）和式（3.36）可知，这种差分放大电路的差模电压放大倍数、差模输入电阻和输出电阻分别为

$$A_{ud} = -\beta \frac{\left(R_c // \dfrac{R_L}{2}\right)}{R_b + r_{be}}$$

$$R_i = 2(R_b + r_{be})$$

$$R_o = 2R_c$$

由前面的分析可知，因为差分放大电路中两个三极管的集电极电压互相补偿，所以双端输出时抑制零点漂移的能力很强。在理想情况下，共模电压放大倍数 $A_{uc} = 0$，共模抑制比 K_{CMR} 为无穷大。

2．双端输入、单端输出

电路如图 3.59（b）所示。由于采用单端输出方式，因此另一个三极管的集电极电压的变化没有反映在输出电压 u_o 上，所以差模电压放大倍数只有双端输出时的一半，即

$$A_{ud} = -\frac{1}{2} \frac{\beta(R_c // R_L)}{R_b + r_{be}} \tag{3.48}$$

但要注意，只有当如图 3.59（b）所示，从 VT_1 集电极输出时，A_{ud} 的表达式中才有负号。如果改为从 VT_2 的集电极单端输出，则得到的 A_{ud} 为正值，即输出电压与输入电压同相。总之，从不同的放大管输出时，A_{ud} 的极性不同。

图 3.59（b）电路的差模输入电阻不变，仍为

$$R_i = 2(R_b + r_{be}) \tag{3.49}$$

由于输出电压从一个三极管的集电极与地之间取得，故输出电阻为

$$R_o = R_c \tag{3.50}$$

当从单端输出时，不能利用两个集电极电压互相补偿的优点，故抑制零漂的能力不如双端输出电路。单端输出电路抑制共模信号的能力取决于共模负反馈的强弱，即使在具有恒流源的差分放大电路中，等效的 R_e 也不可能为无穷大，因此，在共模信号作用下，输出电压不为 0。只有在理想恒流源情况下，A_{uc} 才为 0，K_{CMR} 才为无穷大。

这种接法常用来将差模信号转换为单端输出的信号，以便与后面的连接有公用的接地端的放大级连接。

3．单端输入、双端输出

电路如图 3.59（c）所示，当采用单端输入接法时，输入电压 u_i 只加在一个三极管的基极与公共端之间，另一管的基极接地。现在需要分析一下，此时两个三极管是否还工作在"差分"状态，即在单端输入信号作用下，是否仍然当一个三极管的电流增大时，另一个三极管

的电流相应地减小。

在图 3.59（c）中，假设某个瞬间输入电压的极性为正，则 VT_1 的集电极电流 i_{C1} 增大，于是流过长尾电阻 R_e 或恒流管的电流随之增大，使发射极电位 u_E 升高。此时 VT_2 基极回路的电压 $u_{BE2} = u_{B2} - u_E$ 将降低，使 VT_2 的集电极电流 i_{C2} 减小。可见，在单端输入信号作用下两个三极管的电流仍然是一个增大，另一个减小。当长尾电阻 R_e 很大时，说明引入的共模负反馈很强，则可认为两个三极管的集电极电流之和基本不变，即可以认为 $\Delta i_{C1} + \Delta i_{C2} \approx 0$，则 $\Delta i_{C1} = -\Delta i_{C2}$，也就是说 i_{C1} 增加的量与 i_{C2} 减少的量近似相等，说明单端输入时，差分放大电路的两个三极管仍然工作在差分状态。

可以把单端输入电压看成是一个差模输入电压和一个共模输入电压的组合。已知两个三极管的输入电压为 $u_{i1} = u_i$，$u_{i2} = 0$，则根据式（3.32）和（3.33）可得到相应的差模输入电压和共模输入电压分别为

$$u_{id} = u_{i1} - u_{i2} = u_i$$

$$u_{ic} = \frac{1}{2}(u_{i1} + u_{i2}) = \frac{1}{2}u_i$$

图 3.59（c）中单端输入、双端输出差分放大电路的差模电压放大倍数、差模输入电阻和差模输出电阻分别为

$$A_{ud} = -\beta \frac{\left(R_c \mathbin{//} \dfrac{R_L}{2} \right)}{R_b + r_{be}} \tag{3.51}$$

$$R_i = 2(R_b + r_{be}) \tag{3.52}$$

$$R_o = 2R_c \tag{3.53}$$

这种接法主要用于将单端输入信号转换成双端输出信号，以作为下一级差分放大电路的输入信号，或用于负载的两端均要求悬空，任一端不能接地的情况。

4. 单端输入、单端输出

电路如图 3.59（d）所示。由于从一个三极管的集电极输出，因此差模电压放大倍数只有双端输出时的一半，即

$$A_{ud} = -\frac{1}{2} \frac{\beta(R_c \mathbin{//} R_L)}{R_b + r_{be}} \tag{3.54}$$

如果改为从 VT_2 的集电极单端输出，则输出电压与输入电压不反相，即上述的 A_{ud} 的表达式中没有负号。单端输入、单端输出差分放大电路的差模输入电阻和输出电阻分别为

$$R_i = 2(R_b + r_{be}) \tag{3.55}$$

$$R_o = R_c \tag{3.56}$$

综上所述，差动电路的四种接法可归纳如下：

① 四种接法的差动电路，由于对称关系，每边得到的输入差模电压均为外加差模电压的

一半。

② 双端输出的差模电压放大倍数相当于单管放大电路的电压放大倍数；单端输出的差模电压放大倍数为双端输出的一半。

③ 四种接法的差模输入电阻，都比单管共射电路的输入电阻大一倍。

④ 双端输出的差模输出电阻要比单端输出的大一倍。

⑤ 双端输出时，理想情况下共模抑制比 K_{CMR} 等于无穷大；单端输出时，由于引入了很强的共模负反馈，因此也能得到较高的共模抑制比，但是 K_{CMR} 不如双端输出高。

⑥ 单端输出时，A_{ud} 的极性可以改变。如从某一个三极管的基极输入，并从同一个三极管的集电极输出，则 u_o 与 u_i 反相，A_{ud} 为负；如从某一个三极管的基极输入，而从另一个三极管的集电极输出，则 u_o 与 u_i 同相，A_{ud} 为正。

电路仿真

基本差分放大电路可以看成由两个参数完全一致的单管共发射极电路组成。差分放大电路对差模信号具有放大能力，对共模信号具有抑制作用。差模信号是指大小相等，极性相反的输入信号。共模信号指大小相等，极性相同的输入信号。

普通三极管放大电路放大交流信号时，可以采用阻容耦合方式来实现多级放大，但是要将变化慢的信号或直流信号放大，只能采用直接耦合方式，这样就产生了新的问题，就是当无输入信号时，温度变化或者电源电压不稳定，使得输出端的电压偏离初始值而上下移动（即零点漂移问题）。

采用差分放大电路，就能较好地解决这个问题。这是因为差分放大电路对共模信号有强烈的抑制作用，对差模信号有放大作用，共模抑制比 K_{CMR} 是差模与共模信号电压放大倍数之比，以衡量差分放大电路的优劣。

一、所用仪器以及电路元器件（见表3.4）

表3.4 所用仪器及电路元器件

序号	名 称	型号/规格	数 量
1	数字式万用表	UT58	1 只
2	交流毫伏表	SX2172	1 台
3	示波器	TDS 1002	1 台
4	三极管	3DG6	2 只
5	电阻器	510 Ω, 2 kΩ, 5.1 kΩ, 6.8 kΩ, 12 kΩ	510 kΩ、2 kΩ 各 2 只，其他各 1 只
6	电位器	100 Ω	各 1 只

二、电路仿真

1. 元器件选取及电路组成

仿真电路所有元器件及选取途径如下：

（1）电源：Place Sources→POWER_SOURCES→VCC，电源电压默认值为 5 V。双击打开对话框，将电压值设置为 12 V。

（2）接地：Place Sources→POWER_SOURCES→GROUND，选取电路中的接地。

（3）电阻器：Place Basic→RESISTOR，选取 510 Ω，2 kΩ，6.8 kΩ，5.1 kΩ，12 kΩ。

（4）电位器：Place Basic→POTENTIOMETER，选取 100 Ω。

（5）三极管：Place Transistor→BJT_NPN→2N3903。

（6）虚拟仪器：从虚拟仪器栏中调取信号发生器（XFG1）、双通道示波器（XSC2）。

2．选好元器件后，将所有元器件连接绘制成仿真电路（见图 3.60）

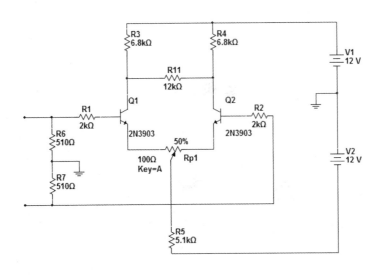

图 3.60　双端输入、双端输出的长尾式差分放大电路

3．仿真分析

1）静态工作点分析

① 调零。信号源先不接入回路中，将输入端对地短接，用万用表测量两个输出节点，调节三极管的射极电位，使万用表的示数相同，即调整电路使左右完全对称。测量电路及结果如图 3.61 所示。

② 静态工作点测试。零点调好以后，可以用万用表测量 Q1，Q2 管各电极电位，结果如图 3.62 所示，测得 I_{B1}=15 μA，I_{C1}=1.089 mA，U_{CE}=5.303 V。

2）测量差模放大倍数

将函数信号发生器 XFG1 的"+"端接放大电路的 R1 输入端，"–"端接 R2 输入端，COM端接地。调节信号频率为 1 kHz，输入电压 10 mV，调入双踪示波器，分别接输入输出，如图 3.63 所示，观察波形变化。

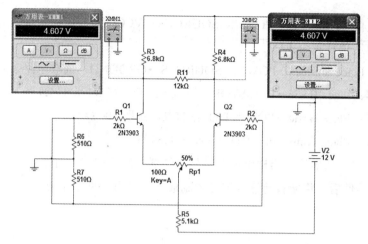

图 3.61　差分放大器电路调零

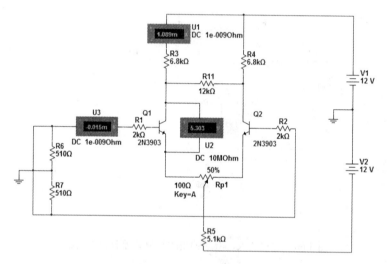

图 3.62　差分放大器电路静态工作点测量

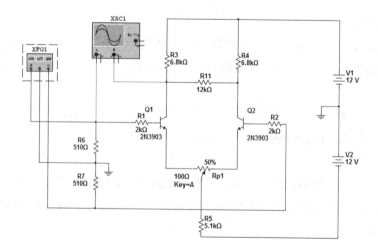

图 3.63　测量差模电压放大倍数

示波器观察到的差分放大电路输入、输出波形如图 3.64 所示。

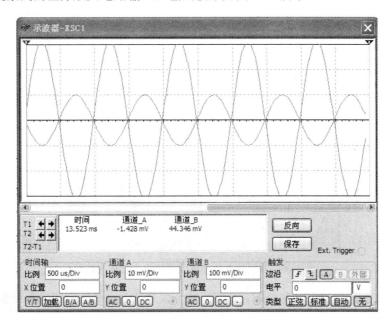

图 3.64　差模输入差分放大电路输入、输出波形

3）测量共模放大倍数

将函数信号发生器 XFG1 的 "+" 端接放大电路的共同输入端，COM 端接地，构成共模输入方式，如图 3.65 所示。在输出负载端用万用表测量输出电压值，打开仿真开关，测得 R11 两端输出电压值为 1.038 pV，几乎为 0，所以共模双端输出放大倍数也就近似为 0。

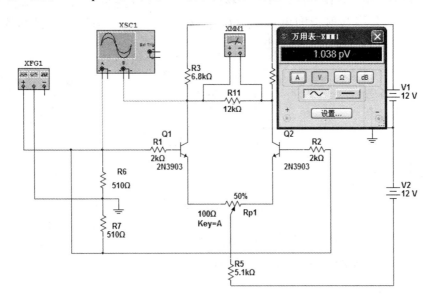

图 3.65　共模输入、双端输出电压放大倍数测量

示波器观察到的差分放大电路输入、输出波形如图 3.66 所示。

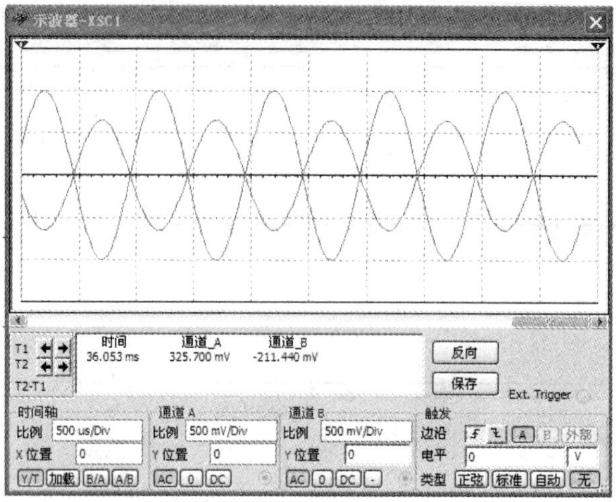

图 3.66　共模输入差分放大电路输入、输出波形

通过仿真实验可以看到，差分放大电路只放大差模信号，对共模信号有很强的抑制作用。

知识拓展

在本课题中介绍了一种用三极管电流源来代替大电阻的差分放大电路。事实上，在电子电路特别是模拟集成电路中电流源是一种使用广泛的单元电路。下面来讨论几种常见的电流源。

一、镜像电流源

电路如图 3.67 所示，设 VT_1，VT_2 的参数完全相同，即 $\beta_1 = \beta_2$，$I_{CEO1} = I_{CEO2}$，由于两晶体管具有相同的基极与射极间电压，即 $U_{BE1} = U_{BE2}$，因此，两集电极电流必相等，即 $I_{C1} = I_{C2} = \beta I_B$。由图 3.67 可知基准电流为

$$I_R = I_{C1} + 2I_B = I_{C1} + 2\frac{I_{C1}}{\beta}$$

所以集电极电流为

$$I_{C1} = \frac{\beta I_R}{\beta + 2} = I_{C2}$$

当 $\beta \gg 2$ 时，有

$$I_{C2} \approx I_R = \frac{V_{CC} - U_{BE}}{R} \approx \frac{V_{CC}}{R} \tag{3.57}$$

由式（3.57）可以看出，当 R 确定后，I_R 就确定了，I_{C2} 也随之确定，把 I_{C2} 看成是 I_R 的镜像，故称图 3.67 所示的电流源为镜像电流源。

二、微电流源

图 3.68 是集成电路中常用的另一种电流源，与图 3.67 相比 VT_2 的射极电路接入电阻 R_e，当基准电流 I_R 一定时，I_{C2} 可确定如下：

因为
$$U_{BE1} - U_{BE2} = \Delta U_{BE} = I_{E2}R_e$$

所以
$$I_{C2} \approx I_{E2} = \frac{\Delta U_{BE}}{R_e} \qquad (3.58)$$

由式（3.58）可知，利用两管基极与射极电压差 ΔU_{BE} 可以控制输出电流 I_{C2}。由于 ΔU_{BE} 的数值小，故用阻值不大的 R_e 即可获得微小的工作电流，故称图 3.68 所示的电流源为微电流源。

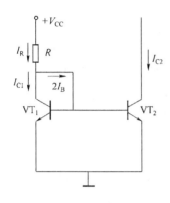

图 3.67　镜像电流源

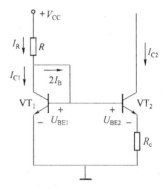

图 3.68　微电流源

小　结

1. 用来对电信号进行放大的电路称为放大电路，放大的本质是对能量的控制。放大电路的核心器件是具有能量控制作用的三极管。对放大电路的基本要求是：一不失真，二要放大。只有输出电压不失真，放大才有意义。

2. 工作点稳定电路是针对半导体器件的热不稳定性而提出的，分压式偏置放大电路是常用的工作点稳定电路。

3. 单管放大电路有三种基本的组态，即共射组态、共集组态和共基组态。共射电路的电压放大倍数较大，应用较广泛；共集电路的输入电阻高、输出电阻小、电压放大倍数接近1，适用于信号的跟随；共基电路适用于高频放大。

4. 多级放大电路常见的耦合方式有阻容耦合、直接耦合、变压器耦合三种方式。多级放大器的电压放大倍数是各级放大倍数的乘积。

5. 差分放大电路利用参数的对称性进行补偿来抑制温漂，在长尾电路和具有恒流源的差分放大电路中还利用共模负反馈抑制每只三极管的温漂。按照信号端或负载端的接地情况不同，差动电路有四种接线方式。影响电路指标的接线方式主要取决于是双端输出还是单端输出。

习　题

1. 采用分压式偏置放大电路的目的是为了＿＿＿＿＿＿。

　　A. 提高电压放大倍数　　　　　　　　　　　B. 减少失真

C. 稳定静态工作点　　　　　　　　　　D. 提高电流放大倍数

2. 对于基本共射放大电路的特点，其错误的结论是_____。

　　A. 输出电压与输入电压相位相同　　　B. 输入电阻，输出电阻适中

　　C. 电压放大倍数大于 1　　　　　　　D. 电流放大倍数大于 1

3. 在实际工作中调整放大器的静态工作点一般是通过改变_____。

　　A. 发射极电阻　　　　　　　　　　　B. 集电极电阻

　　C. 基极电阻　　　　　　　　　　　　D. 三极管的 β 值

4. 对三极管放大作用的实质，下面说法正确的是_____。

　　A. 三极管可以把小能量放大成大能量　B. 三极管可以把小电流放大成大电流

　　C. 三极管可以把小电压放大成大电压　D. 三极管可用较小的电流控制较大的电流

5. 差分放大电路是为了_____而设置的。

　　A. 稳定电压放大倍数　　　　　　　　B. 增加带负载能力

　　C. 抑制零点漂移　　　　　　　　　　D. 展宽频带

6. 影响放大器静态工作点稳定的最主要因素_____。

　　A. 温度的影响　　　B. 晶体管参数的变化　　C. 电阻变值　　　D. 晶体管老化

7. 已知如图所示电路中晶体管的 $\beta = 100$，$r_{be} = 1\,\text{k}\Omega$。

（1）现已测得静态管压降 $U_{CEQ} = 6\,\text{V}$，估算 R_b 约为多少千欧；

（2）若测得 $\dot{U}_i$ 和 $\dot{U}_o$ 的有效值分别为 $1\,\text{mV}$ 和 $100\,\text{mV}$，则负载电阻 R_L 为多少千欧？

8. 电路如图所示，晶体管的 $\beta = 60$，$r_{bb'} = 100\,\Omega$。试求：

（1）电路的静态工作点；

（2）电压放大倍数 A_u；

（3）输入电阻 R_i 和输出电阻 R_o。

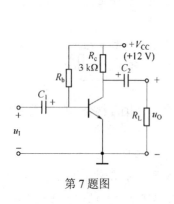

第 7 题图

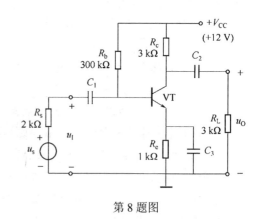

第 8 题图

9. 放大电路如图所示，$V_{CC} = 12\,\text{V}$，$\beta = 80$，$r_{bb'} = 200\,\Omega$，$R_1 = 100\,\text{k}\Omega$，$R_2 = 100\,\text{k}\Omega$，$R_3 = 3.9\,\text{k}\Omega$，试求：

（1）I_{BQ}、I_{CQ} 和 U_{CEQ}；

（2）A_u、R_i 和 R_o。

10. 放大电路如图所示，$\beta = 80$，$r_{bb'} = 200\,\Omega$，$R_s = 600\,\Omega$，$R_{b1} = 62\,k\Omega$，$R_{b2} = 16\,k\Omega$，$R_e = 2.2\,k\Omega$，$R_c = 4.3\,k\Omega$，$R_L = 5.1\,k\Omega$。试求：

（1）I_{CQ}，U_{CEQ}；

（2）A_u、R_i 和 R_o。

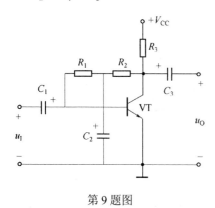

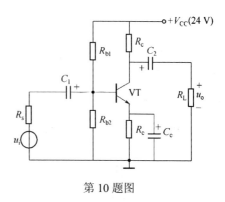

第 9 题图　　　　　　　　　　　　　　第 10 题图

11. 电路如图所示，晶体管的 $\beta = 80$，$r_{be} = 1\,k\Omega$。试求：

（1）电路的静态工作点；

（2）当 $R_L = \infty$ 和 $R_L = 3\,k\Omega$ 时电路的 A_u 和 R_i；

（3）R_o。

12. 电路如图所示，已知 $\beta_1 = \beta_2 = 80$，$U_{BEQ1} = U_{BEQ2} = 0.7\,V$，$r_{bb'} = 200\,\Omega$。试求：

（1）VT_1、VT_2 的静态工作点 I_{CQ1} 及 U_{CEQ}；

（2）差模电压放大倍数 A_u；

（3）差模输入电阻 R_{id} 和输出电阻 R_o。

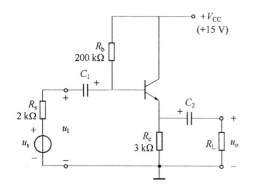

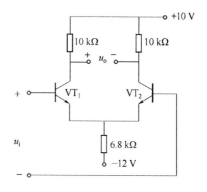

第 11 题图　　　　　　　　　　　　　　第 12 题图

13. 电路如图所示，VT_1 和 VT_2 的 β 均为 40，r_{be} 均为 $3\,k\Omega$。试问：若输入直流信号 $u_{i1} = 20\,mV$，$u_{i2} = 10\,mV$，求：电路的共模输入电压 u_{ic}、差模输入电压 u_{id} 和输出动态电压 Δu_o。

14. 电路如图所示，已知 $\beta = 80$，$U_{BEQ1} = U_{BEQ2} = 0.7\,V$，$r_{bb}' = 200\,\Omega$。试求：

（1）VT_1、VT_2 的静态工作点 I_{CQ} 及 U_{CEQ}；

（2）差模电压放大倍数 A_u；

（3）差模输入电阻 R_{id} 和输出电阻 R_o。

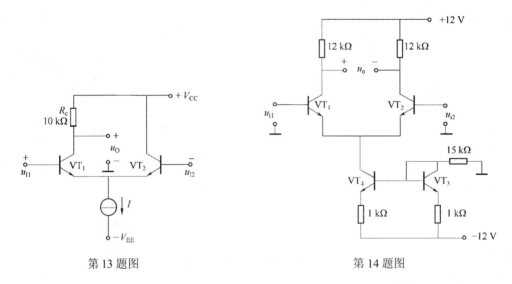

第 13 题图　　　　　　　　　　　　　第 14 题图

15．电路如图所示，参数理想对称，晶体管的 β 均为 50，$r_{bb'} = 100\,\Omega$，$U_{BEQ} \approx 0.7\,\mathrm{V}$。试计算 R_W 滑动端在中点时 VT_1 管和 VT_2 管的发射极静态电流 I_{EQ}，以及动态参数 A_d 和 R_i。

16．电路如图所示，晶体管的 $\beta = 50$，$r_{bb'} = 100\,\Omega$。问：用直流表测得 $u_O = 2\,\mathrm{V}$，$u_I = ?$ 若 $u_1 = 10\,\mathrm{mV}$，则 $u_O = ?$

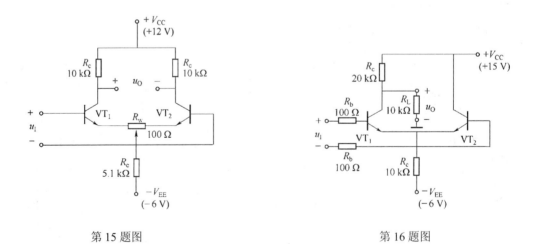

第 15 题图　　　　　　　　　　　　　第 16 题图

17．设如图所示电路的静态工作点均合适，分别画出它们的交流通路，并写出 A_u、R_i 和 R_o 的表达式。

18．两级阻容耦合放大器如图所示，设三极管 VT_1、VT_2 的 $\beta = 100$，$r_{be1} = 2\,\mathrm{k}\Omega$，$r_{be2} = 1\,\mathrm{k}\Omega$。

（1）求电压放大倍数 $A_u = u_o / u_i$、输入电阻 R_i 和输出电阻 R_o。

（2）若信号源电压 $u_s = 10\,\mathrm{mV}$，求输出电压 u_o 的大小。

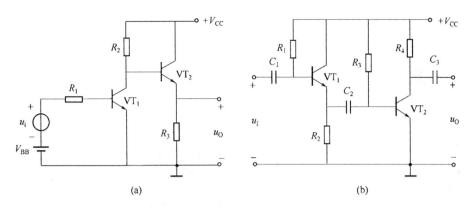

第 17 题图

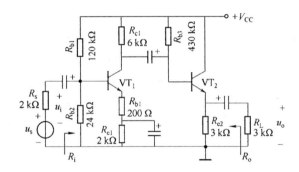

第 18 题图

单元 **4** 反馈电路

反馈在实用电子电路中得到非常广泛的应用，通过引入不同的反馈，可以达到改善放大电路多方面性能的目的。因此，掌握反馈的基本概念及其判断方法是研究实用电路的基础。

课题 1　负反馈放大电路

课题描述

单元 3 讨论的放大电路大多是由输入的变化去控制输出的变化，放大电路的输出端与输入端之间除基本放大电路外没有外接元器件和网络的联系，这类放大电路称为开环放大电路。如果将放大电路中的输出量（电压或电流），通过一定的元器件和网络回送到放大电路的输入端，这一回送信号称为反馈信号，与外加输入信号共同参与对放大器的控制作用，这种输出量的回送过程称为反馈。

一、组成框图

具有反馈功能的放大电路可用图 4.1 所示的框图表示，图中上面一个方框表示基本放大电路，又称放大网络；下面一个方框表示输出信号传送到输入回路所经过的通路，称为反馈网络。箭头表示信号流动的方向。⊗ 表示信号相叠加。信号源提供给整个放大电路的信号称为输入量 $\dot{X}_i$，放大电路的输出信号称为输出量 $\dot{X}_o$，反馈网络的输出信号称为反馈量 $\dot{X}_f$，放大电路所得到的信号称为净输入量 $\dot{X}_i'$，它是输入量与反馈量共同作用的结果。

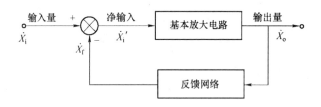

图 4.1　反馈放大电路的框图

二、课题电路原理图

负反馈放大电路，如图 4.2 所示。

当开关 J1 连接 C 点时，放大电路为开环状态；当开关 J1 连接 T 点时，放大电路为闭环状态。

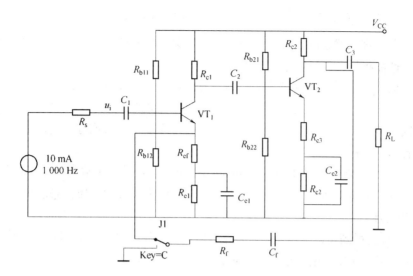

图 4.2 负反馈放大电路

三、课题电路实物图

课题电路实物图，如图 4.3 所示。

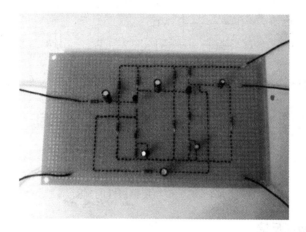

图 4.3 负反馈放大电路实物图

电路知识

一、反馈的分类及判别方法

1. 正反馈和负反馈

按反馈极性不同，反馈可分为正反馈和负反馈。

当引入反馈后，使输出量的变化增大，或者说使净输入信号加强（$\dot{X}_i' = \dot{X}_i + \dot{X}_f$）的反馈，称为正反馈。正反馈在一定程度上提高了整个电路的电压放大倍数，主要用于振荡电路和脉冲数字信号产生电路中。

当引入反馈后，使输出量的变化减小，或者说使净输入信号减弱（$\dot{X}'_i = \dot{X}_i - \dot{X}_f$）的反馈，称为负反馈。负反馈虽然会降低放大电路的放大倍数，但却能显著改善放大电路的工作稳定性及其他许多性能指标，广泛应用于各种放大电路中。

判断反馈极性通常采用瞬时极性法，具体方法是：先假设放大电路输入信号的瞬时极性为正（或为负），然后以此为依据逐级推出电路其他各点的瞬时极性，以便得到输出信号的极性，再由反馈电路推出反馈信号的变化极性，看其使净输入信号增强还是减弱，增强者为正反馈，减弱者为负反馈。

对于本课题当开关 J1 连接 T 点时，如图 4.4 所示，假设某时刻输入信号 u_i 的极性为"+"，则三极管 VT_1 集电极的交流信号的瞬时极性为"−"，VT_2 集电极的交流信号的瞬时极性为"+"，即输出电压极性为上"+"下"−"，该电压作用于 R_f 和 R_{ef} 回路，产生电流，如图 4.4 中虚线所示，从而在 R_{ef} 上得到反馈电压 u_F，且极性也为上"+"下"−"，如图 4.4 中所标注，u_F 作用的结果使 VT_1 管 b-e 间电压减小，故判定该电路引入了负反馈。

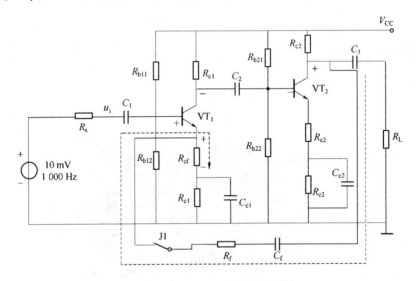

图 4.4　放大电路反馈极性的判断

2．本级反馈和级间反馈

通常，在多级放大电路中每级电路各自的反馈称为本级反馈或局部反馈，而从多级放大电路的输出端引回输入端的反馈称为级间反馈，本单元重点研究的是级间反馈。

3．直流反馈和交流反馈

按反馈信号的频率不同，可分为直流反馈和交流反馈。

如果反馈量只含有直流量，或者说，仅在直流通路中存在的反馈，称为直流反馈。直流负反馈主要用于稳定放大电路的静态工作点。

如果反馈量只含有交流量，或者说，仅在交流通路中存在的反馈，称为交流反馈。交流负反馈主要用来改善放大电路的性能。本单元的重点就是研究交流负反馈。

在很多放大电路中，常常是交、直流反馈兼而有之。判断交、直流反馈可通过反馈存在于放大电路的直流通路之中还是交流通路之中。

在图 4.4 所示的电路中，已知电容器 C_f 对于直流量相当于开路，即在直流通路中不存在连接 VT_2 管与 VT_1 管的通路，故电路中没有级间直流负反馈；而电容器 C_f 对交流信号可视为短路，所以 R_f 将 VT_2 管与 VT_1 管连接起来，故电路中引入了级间交流负反馈。

4．电压反馈和电流反馈

按输出端信号采样方式不同，可分为电压反馈和电流反馈。

若基本放大电路、反馈网络和负载，三者在输出端是并联关系，如图 4.5 所示，则为并联采样。在这种采样方式下，由于反馈信号 $\dot{X}_f$ 正比于输出电压，$\dot{X}_f$ 反映的是输出电压的变化，称为电压反馈。

若基本放大电路、反馈网络和负载，三者在输出端是串联关系，如图 4.6 所示，则为串联采样。在这种采样方式下，由于反馈信号 $\dot{X}_f$ 正比于输出电流，$\dot{X}_f$ 反映的是输出电流的变化，称为电流反馈。

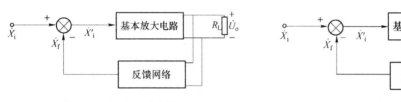

图 4.5　电压反馈示意图　　　　　　　　　图 4.6　电流反馈示意图

判断电压反馈和电流反馈的常用方法是输出短路。具体做法是：假设将放大电路输出端的负载 R_L 短路，即 $\dot{U}_o = 0$，这时若反馈信号随之消失，则为电压反馈；若反馈信号仍然存在，则为电流反馈。

在本课题电路中，令 $\dot{U}_o = 0$，则反馈电压 $\dot{U}_f = 0$，所以该电路引入了电压反馈。

5．串联反馈和并联反馈

按反馈信号在输入端的连接方式，可以分为串联反馈和并联反馈。

若反馈网络的输出为电压，即反馈信号与输入信号在输入端以电压的形式进行叠加，产生净输入电压信号，如图 4.7 所示，则称为串联反馈。

若反馈网络的输出为电流，即反馈信号与输入信号在输入端以电流的形式进行叠加，产生净输入电流信号，如图 4.8 所示，则称为并联反馈。

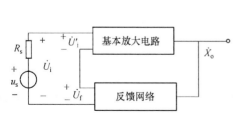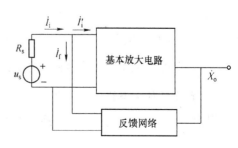

图 4.7　串联反馈示意图　　　　　　　　　图 4.8　并联反馈示意图

根据串、并联反馈的定义即可对其进行判断。若输入信号、基本放大电路、反馈网络三者在输入端是串联连接的电路形式，即反馈信号与输入信号不在输入端的同一节点引入，则可判断为串联反馈；若输入信号、基本放大电路、反馈网络三者在输入端是并联连接的电路形式，即反馈信号与输入信号在输入端的同一节点引入，则可判断为并联反馈。观察本课题电路可知引入的为串联反馈。

二、负反馈放大器的四种组态

综合上述分析，根据反馈信号在输出端的采样方式以及在输入回路中的连接方式的不同组合，负反馈放大电路有四种组态：电压串联负反馈、电压并联负反馈、电流串联负反馈和电流并联负反馈。图 4.9 分别给出了这四种组态的框图，在输入端电流或电压的极性表明输入量、反馈量和净输入量的叠加关系。

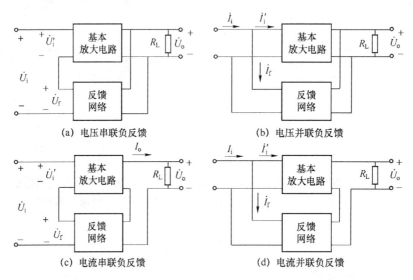

图 4.9　四种组态负反馈放大电路的框图

由图 4.9（a）、（c）所示电路可知，若输入信号源为恒流源，则基本放大电路的输入电流将不因引入反馈而发生变化，因而净输入电压也不会因引入反馈而发生变化，即反馈将不起作用，所以串联负反馈适用于信号源为恒压源或信号源内阻较小的场合。由图 4.9（b）和图 4.9（d）所示电路可知，若输入信号源为恒压源，则基本放大电路的输入电压将不因引入反馈而发生变化，因而净输入电流也不会因引入反馈而发生变化，即反馈将不起作用，所以并联负反馈适用于信号源为恒流源或信号源内阻较大的场合。

三、负反馈对放大电路性能的影响

1. 负反馈放大电路的一般表达式

根据图 4.1 所示的反馈放大电路的框图定义基本放大电路的放大倍数（开环放大倍数）为

$$\dot{A} = \frac{\dot{X}_o}{\dot{X}_i'} \tag{4.1}$$

反馈系数为

$$\dot{F} = \frac{\dot{X}_f}{\dot{X}_o} \tag{4.2}$$

负反馈放大电路的放大倍数（闭环放大倍数）为

$$\dot{A}_f = \frac{\dot{X}_o}{\dot{X}_i} \tag{4.3}$$

由于 $\dot{X}_i = \dot{X}_i' + \dot{X}_f$，将其代入式（4.3），则闭环放大倍数可表示为

$$\dot{A}_f = \frac{\dot{X}_o}{\dot{X}_i} = \frac{\dot{A}}{1 + \dot{A}\dot{F}} \tag{4.4}$$

该式为反馈放大电路的一般表达式。由式（4.4）可知引入反馈后，闭环放大倍数是开环放大倍数的 $\dfrac{1}{1 + \dot{A}\dot{F}}$ 倍。式中 $1 + \dot{A}\dot{F}$ 称为反馈深度，它是衡量反馈强弱程度的一个重要指标，$|1 + \dot{A}\dot{F}|$ 越大，反馈越深，$\dot{A}_f$ 就越小。当 $|\dot{A}\dot{F}| \gg 1$ 时，式（4.4）可简化为

$$\dot{A}_f \approx \frac{1}{\dot{F}} \tag{4.5}$$

称 $|\dot{A}\dot{F}| \gg 1$ 为电路引入深度负反馈。式（4.5）表明，当电路引入深度负反馈时，闭环放大倍数 $\dot{A}_f$ 几乎与放大电路的参数无关，而仅仅决定于反馈网络。可见，只要反馈网络稳定，$\dot{A}_f$ 也一定稳定。大多数反馈网络是纯电阻网络，因而稳定性较好。

2．负反馈对放大电路性能的影响

1）提高放大倍数的稳定性

放大电路引入负反馈所产生的一个最明显、最直接的效果，就是提高放大倍数的稳定性。这是因为在输入信号大小一定的条件下，如果由于各种原因，比如环境温度、元器件参数、电源电压以及负载的变化等，引起放大电路输出信号的大小发生波动，则输出信号的这种变化将通过反馈放大电路中的采样环节、反馈网络引回到放大电路的输入回路中，使净输入信号发生相反方向的变化，从而抑制输出信号的波动，提高了放大倍数的稳定性。

通常用放大倍数的相对变化量来衡量其稳定性的优劣，相对变化量小的稳定性好，相对变化量大的稳定性差。

闭环电路和开环电路的稳定性分别用 $\dfrac{\Delta \dot{A}_f}{\dot{A}_f}$ 和 $\dfrac{\Delta \dot{A}}{\dot{A}}$ 表示，两者的关系是

$$\frac{\Delta \dot{A}_f}{\dot{A}_f} = \frac{1}{1 + \dot{A}\dot{F}} \frac{\Delta \dot{A}}{\dot{A}} \tag{4.6}$$

由式（4.6）可见，闭环放大倍数 $\dot{A}_f$ 的相对变化量 $\dfrac{\Delta \dot{A}_f}{\dot{A}_f}$ 是不加反馈时开环放大倍数 $\dot{A}$ 的相对变化量 $\dfrac{\Delta \dot{A}}{\dot{A}}$ 的（$1 + \dot{A}\dot{F}$）分之一。该式表明，引入负反馈后，虽然放大倍数下降为原来的（$1 + \dot{A}\dot{F}$）分之一，但是放大倍数的稳定性提高了（$1 + \dot{A}\dot{F}$）倍。

2）减小非线性失真和抑制干扰

由于电路中放大器件是非线性器件，故当输入信号较大时，会引起基极电流波形的失真，从而使放大电路的输出信号也产生失真。从图4.10（a）所示电路中可以看出，在无反馈信号时放大电路产生了非线性失真，即输出波形成为正半周大，负半周小。引入负反馈后，如反馈系数$\dot{F}$为常数，则反馈信号与输出信号成正比，反馈信号的波形也将正半周较大，负半周较小，如图4.10（b）所示，但是放大电路的净输入信号为外加输入信号与反馈信号之差，因此净输入信号的波形成为正半周较小而负半周较大的波形。这样的信号输入到放大网络经放大将使输出波形正负半周的不对称程度得到改善，从而减小非线性失真。

3）展宽通频带

对于放大电路，由于存在耦合电容器和旁路电容器，在一定程度上会引起低频区放大倍数下降并产生相位移动；由于存在分布电容和三极管极间电容，会引起高频区放大倍数下降和相位移动。当放大电路引入负反馈后，低频区和高频区放大倍数的下降程度将减小，上、下限频率都要扩展，从而展宽了通频带，如图4.11所示。引入负反馈后，闭环放大电路的通频带约为开环放大电路的（$1+\dot{A}\dot{F}$）倍。

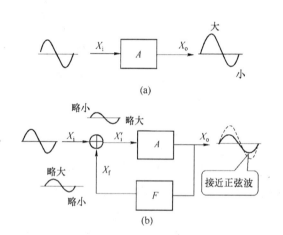

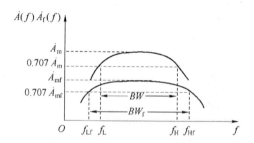

图4.10　负反馈对非线性失真的改善　　　图4.11　负反馈对通频带和放大倍数的影响

4）改变输入电阻

反馈信号与外加输入信号在放大电路回路的连接方式将影响放大电路的输入电阻，即串联负反馈和并联负反馈将对输入电阻产生不同的影响。

串联负反馈增大输入电阻。在串联反馈中，如图4.12所示，由于反馈信号$\dot{U}_f$和输入信号$\dot{U}_i$串联于输入回路，$\dot{U}_f$削弱了$\dot{U}_i$的作用，所以在同样的$\dot{U}_i$作用下，串联负反馈的输入电流比无反馈时要小，即串联负反馈具有提高输入电阻的作用。

此时闭环放大电路的输入电阻为

$$R_{if} = \frac{\dot{U}_i}{\dot{I}_i} = \frac{\dot{U}_{id} + \dot{U}_f}{\dot{I}_i} = \frac{\dot{U}_{id} + \dot{A}\dot{F}\dot{U}_{id}}{\dot{I}_i} \tag{4.7}$$

而放大网络的输入电阻 $R_i = \dfrac{\dot{U}_{id}}{\dot{I}_i}$，所以可得

$$R_{if} = (1 + \dot{A}\dot{F})R_i \tag{4.8}$$

并联负反馈减小输入电阻。在并联反馈中，如图 4.13 所示，由于反馈信号 $\dot{I}_f$ 和输入信号 $\dot{I}_i$ 并联于输入回路，则输入电流 $\dot{I}_i = \dot{I}'_{id} + \dot{I}_f$。因此在相同的 $\dot{U}_i$ 作用下，与无反馈时相比，使 $\dot{I}_i$ 增大，也就是说输入电阻比无反馈时要小。

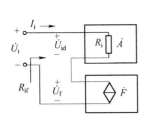

图 4.12　串联负反馈

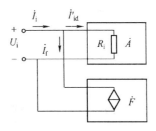

图 4.13　并联负反馈

此时闭环放大电路的输入电阻为

$$R_{if} = \frac{\dot{U}_i}{\dot{I}_i} = \frac{\dot{U}_i}{\dot{I}'_{id} + \dot{I}_f} = \frac{\dot{U}_i}{\dot{I}'_{id} + \dot{A}\dot{F}\dot{I}'_{id}} \tag{4.9}$$

而放大网络的输入电阻 $R_i = \dfrac{\dot{U}_i}{\dot{I}'_{id}}$，可得

$$R_{if} = \frac{R_i}{1 + \dot{A}\dot{F}} \tag{4.10}$$

5）改变输出电阻

反馈信号在放大电路输出端的采样方式将影响放大电路的输出电阻，即电压负反馈和电流负反馈将对输出电阻产生不同的影响。

电压负反馈减小输出电阻。电压负反馈具有稳定输出电压 $\dot{U}_o$ 的作用，即在负载电阻变化时，可维持 $\dot{U}_o$ 不变，所以可以认为是具有内阻很小的电压源。

图 4.14 所示电压负反馈框图的输出电阻为

$$R_{of} = \frac{R_o}{1 + \dot{A}'\dot{F}} \tag{4.11}$$

式中 $\dot{A}'$ 为负载开路时放大网络的电压放大倍数。

电流负反馈增大输出电阻。电流负反馈具有稳定输出电流的作用，即在负载电阻变化时，可维持输出电流基本不变，这就与内阻很大的电流源相似，因此引入电流负反馈能使输出电阻比无反馈时增大。

如图 4.15 所示，电流负反馈框图的输出电阻为

$$R_{of} = (1 + \dot{A}''\dot{F})R_o \qquad (4.12)$$

其中 $\dot{A}''$ 为负载短路时放大网络的电压放大倍数。

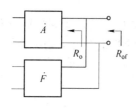

图 4.14　电压负反馈

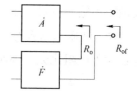

图 4.15　电流负反馈

 电路仿真

一、所用仪器以及电路元器件（见表 4.1）

表 4.1　所用仪器及电路元器件

序号	名　　称	型号/规格	数　量
1	函数信号发生器	AFG3021B	1 台
2	数字式万用表	UT58	1 块
3	交流毫伏表	SX2172	1 台
4	示波器	TDS 1002	1 台
5	三极管	2SC945	2 只
6	电容器	10 μF，47 μF	10 μF 3 只，47μF 2 只
7	电阻器	56 Ω、1 kΩ、1.5 kΩ、1.8 kΩ、2 kΩ、3 kΩ、5.1 kΩ、20 kΩ、22 kΩ、33 kΩ、47 kΩ、51 kΩ	1 kΩ 2 只，其他各 1 只

二、电路仿真

1．元器件选取及电路组成

仿真电路所有元器件及选取途径如下：

（1）电源：Place Sources→POWER_SOURCES→VCC，电源电压默认值为 5 V。双击打开对话框，将电压值设置为 12 V。

（2）接地：Place Sources→POWER_SOURCES→GROUND，选取电路中的接地。

（3）电阻器：Place Basic→RESISTOR，选取 56 Ω、1 kΩ、1.5 kΩ、1.8 kΩ、2 kΩ、3 kΩ、5.1 kΩ、20 kΩ、22 kΩ、33 kΩ、47 kΩ 和 51 kΩ。

（4）开关：Place Electromechanical→SUPPLEMENTARY_CONTA_SPST_NO_SB。

（5）信号源：Place Sources→SIGNAL_VOLTAGE_SO→AC_VOLTAGE。需要注意，默认的电压为 1 V，需要设置电压为 20 mV。

（6）电解电容器：Place Basic→CAP_ELECTROLIT，选取 10 μF 和 47 μF。

（7）三极管：Place Transistor→BJT_NPN→2SC945。

（8）虚拟仪器：从虚拟仪器栏中调取双通道示波器（XSC1）。

2．选好元器件后，将所有元器件连接绘制成仿真电路（见图 4.16）

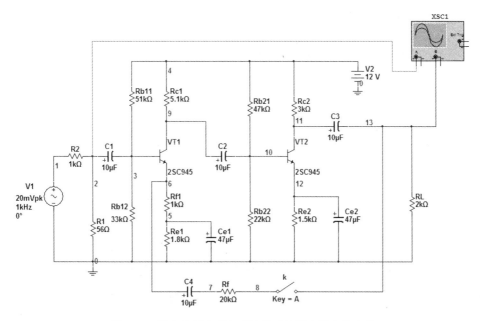

图 4.16　带有电压串联负反馈的两级阻容耦合放大器

3．仿真分析

（1）静态工作点分析。选择 Simulate10 菜单中的 Analysis 命令，然后选择 DC Operating Point 子命令，分析静态工作点，选择节点 3、6、9、10、11、12 作为输出节点分析，分析结果如图 4.17 所示。

图 4.17　负反馈放大电路的静态工作点

（2）放大电路的动态指标测试。运行并双击示波器图标，可得到如图 4.18 和图 4.19 所示的输入、输出电压波形，其中带反馈测试一次，不带反馈测试一次，并以此作为对比。示波器设置相同，可以看到输入、输出波形同相位，波形基本无失真，带有负反馈后的电路放大能力有所下降。

在有反馈时，总的电压放大倍数为 $\dot{A}_u = u_o/u_i = 1.833/0.084\ 819 = 21.6$。

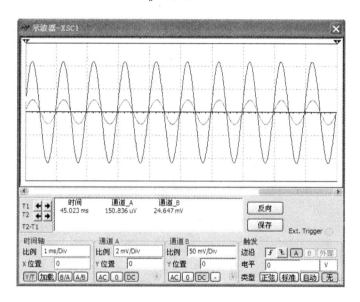

图 4.18　放大电路输入、输出电压波形（无反馈）

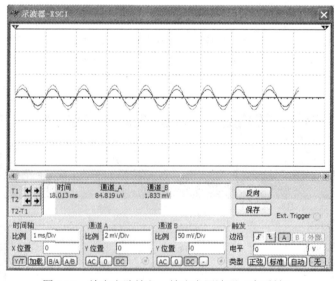

图 4.19　放大电路输入、输出电压波形（有反馈）

（3）负反馈对放大性能的影响：

① 负反馈对放大倍数的影响。选择 Simulate 10 菜单中的 Analysis 命令，然后选择 AC Analysis 子命令，在弹出的对话框中，Frequency Parameters 选项卡中设置 Start frequency 为

1 Hz、Stop frequency 为 1 GHz，其他为默认设置。在 Output variables 选择卡中选择节点 13 进行分析，单击 Simulate 按钮，得到频率特性，如图 4.20 所示。而断开反馈后，得到的频率特性如图 4.21 所示。可见，有负反馈时，放大倍数降低了，而频带却展宽了。

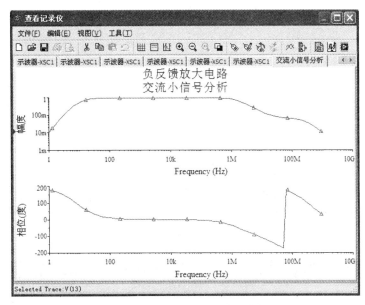

图 4.20　有负反馈时的频率特性

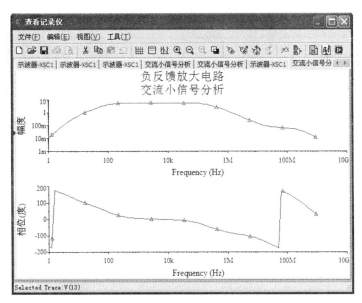

图 4.21　无负反馈时的频率特性

② 负反馈对波形失真的影响。在图 4.16 所示电路图中，断开反馈电阻，将信号源的输入电压幅值改为 1 V，运行可得到无反馈时的输入、输出电压波形。逐步加大 u_i 的幅度，用示波器进行观察，使输出信号出现失真，如图 4.22 所示。然后将开关闭合，加上负反馈，得到电压波形。从图 4.23 所示波形上可以观察到输出波形的失真得到明显的改善。

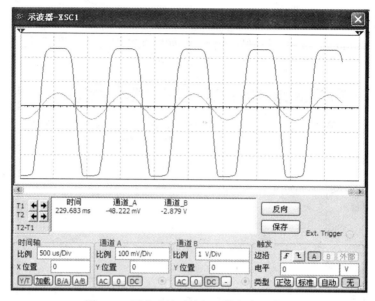

图 4.22　无负反馈时输入、输出电压波形

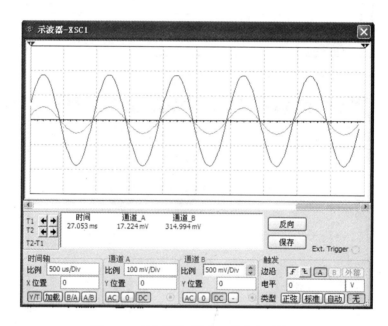

图 4.23　有负反馈时输入、输出电压波形

 **知识拓展**

在实用放大电路中，常常引入深度负反馈，以改善多方面的性能。但是，对于某些放大电路，会因所引的负反馈不当而产生自激振荡，不能正常工作。本节将介绍负反馈放大电路的自激振荡。

一、产生自激振荡的原因及条件

在分析放大电路时，常用正弦量作为输入信号，因此可用相量来表示信号。由式（4.4）

可以看到，当反馈深度 $|1+\dot{A}\dot{F}|=0$ 时，闭环放大倍数 $|\dot{A}_{\mathrm{f}}|\rightarrow\infty$，这表示输入信号 $X_{\mathrm{i}}=0$ 时，也有输出信号，即产生自激振荡。所以自激振荡的条件为

$$1+\dot{A}\dot{F}=0$$

或

$$\dot{A}\dot{F}=-1 \tag{4.13}$$

可以用复数的模和幅角表示为

$$|\dot{A}\dot{F}|=1 \tag{4.14}$$

$$\varphi_{\mathrm{AF}}=\varphi_{\mathrm{A}}+\varphi_{\mathrm{F}}=\pm(2n+1)\pi \qquad （n\text{ 为整数}） \tag{4.15}$$

式（4.14）称为自激振荡的幅值条件，环路的增益为 1；式（4.15）称为自激振荡的相位条件，φ_{A} 为基本放大电路的相移，φ_{F} 为反馈网络的相移。

自激振荡的相位条件，说明负反馈放大电路产生自激振荡时，环路产生了 $\pm180^\circ$ 的附加相移。此时电路中信号 $\dot{X}_{\mathrm{f}}$ 的极性发生了 $\pm180^\circ$ 的变化，负反馈变成了正反馈。所以自激振荡的实质是放大电路的反馈由负反馈变成了正反馈。这是由于放大电路在高频（或低频）端的等效电路中含有 RC 回路，所以存在附加相移，且附加相移是随着放大器的级数增加而变大的。单级负反馈放大电路的最大附加相移不可能超过 90°，两级负反馈放大电路的最大附加相移不可能超过 180°。所以，单级和两级负反馈放大电路都不会产生自激振荡，而当出现三级以上负反馈电路时，则容易产生自激振荡。故在深度负反馈时，必须采取措施消除自激振荡。

二、消除自激振荡的方法

消除自激振荡的基本方法是采用相位补偿网络。在电路中增加适当的阻容元件，改变频率特性，破坏自激振荡的条件，使电路稳定工作。

1. 电容滞后补偿

图 4.24 所示为电容滞后补偿电路，其中 C 为补偿电容，它并联在电路中的前级输出电阻和后级输入电阻都很大的节点和地之间。在高频时，由于 C 的容抗很小，使放大倍数下降，只要 C 取值合适，就能够在附加相移为 $\pm180^\circ$ 时，不满足幅度条件，也可消除可能存在的高频自激振荡。由于接入 C 后使放大器在高频区的相位滞后，所以这种补偿为滞后补偿。

2. RC 滞后补偿

此种补偿采用 RC 相串联的网络来取代前面滞后补偿中的电容器，如图 4.25 所示，其目的是在频带宽度上有所改善。

3. 超前补偿

若在某频率处，负反馈放大电路产生自激振荡，如果加入补偿电容改变反馈网络或基本放大器的频率特性，使反馈电压的相位超前于输出电压，这样总相移将小于 -180°，即 $|\Delta\varphi|<180^\circ$，这种补偿方法称为超前补偿。通常在电路中电压放大倍数较大的一级中的输出和输入两个端点之间跨接较小的电容器（或 RC），达到滞后补偿的目的。

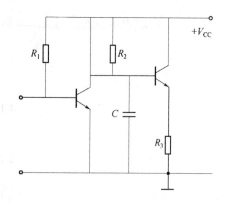

图 4.24　电容滞后补偿电路

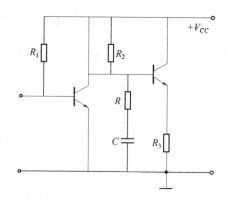

图 4.25　RC 滞后补偿电路

课题 2　集成运放电路

 课题描述

根据前面所学知识，可知集成运放实质上是一个高增益的多级直接耦合放大器。实际应用时，常常由它来构成各种负反馈放大电路。

本课题给出的就是一个由集成运放组成的负反馈放大电路。其中，电阻 R_f 构成了反馈网络。电路原理图如图 4.26 所示。

 电路知识

一、理想运放及其特点分析

图 4.26　集成运放组成的负反馈放大电路

在集成运放各种电路的分析中，当运算放大器满足一定的条件时，常常可以将实际运算放大器看成是一个理想运放，即用理想运放代替实际运放，从而使分析过程再为简化。

理想运放的主要技术指标如下：

开环差模电压放大倍数 $A_{od} = \infty$；

差模输入电阻 $R_{id} = \infty$；

开环输出电阻 $R_o = 0$；

共模抑制比 $K_{CMR} = \infty$。

尽管集成运放的应用电路是多种多样的，但其工作区域只有两个。在电路中，它不是工作在线性区就是工作在非线性区。

1. 理想运放工作在线性区的特点

理想运放工作在线性区时有两个重要的特点：

（1）差模输入电压为零。由于理想运放工作在线性区，故输出电压 $u_O = A_{od}(u_+ - u_-)$，又由于 $A_{od} = \infty$，该式可改写成

$$u_+ - u_- = \frac{u_O}{A_{od}} \approx 0$$

即 $$u_+ = u_- \qquad\qquad (4.16)$$

上式表示理想运放的反相输入端与同相输入端电位相等，如同将该两点短路一样。但是该两点实际上并未真正被短路，所以将这种现象称为"虚短"。

（2）输入电流为零。假设流过理想运放两个输入端的电流为 i_+ 和 i_-。由于理想运放的输入电阻 $R_{id} = \infty$，因此在其两输入端均没有电流，即

$$i_+ = i_- = \frac{u_{+(-)}}{R_{id}} \approx 0 \qquad\qquad (4.17)$$

此时，理想运放的反相输入端与同相输入端电流都等于零，如同该两点被断开一样，这种现象称为"虚断"。

"虚短"和"虚断"是理想运放工作在线性区的两点重要结论。

2．理想运放工作在非线性区的特点

理想运放工作在非线性区时，也有两个重要特点：

（1）理想运放的输出电压 u_O 只有两种可能：等于理想运放正向最大输出电压 $+U_{OM}$，或等于理想运放负向最大输出电压 $-U_{OM}$，即

$$\left. \begin{array}{l} 当\, u_+ > u_-\, 时，\qquad u_o = +U_{OM} \\ 当\, u_+ < u_-\, 时，\qquad u_o = -U_{OM} \end{array} \right\} \qquad (4.18)$$

在非线性区，理想运放的差模输入电压（$u_+ - u_-$）可能很大，即 $u_+ \neq u_-$，即此时"虚短"不存在。

（2）理想运放的输入电流等于零。在非线性区，虽然理想运放两个输入端的电压不等，但由于理想运放的 $R_{id} = \infty$，故认为此时的输入电流等于零，即

$$i_+ = i_- \approx 0 \qquad\qquad (4.19)$$

式（4.18）和式（4.19）是分析理想运放工作在非线性区的两个重要依据。

一般情况下，一个集成运放究竟工作在线性区，还是非线性区，主要由集成运放外接反馈的性质决定。在深度电压负反馈条件下，集成运放工作在线性区；而在开环或正反馈条件下，通常都工作在非线性区。

二、课题电路分析

根据前面所讲的判断方法可知，本课题电路为电压并联负反馈。由集成运放构成的另外三种组态负反馈放大电路如图 4.27 所示，其中图 4.27（a）为电压串联负反馈电路，图 4.27（b）为电流串联负反馈电路，图 4.27（c）为电流并联负反馈电路。

由于引入深度负反馈，集成运放工作在线性区，从而具有"虚短"和"虚断"的特点，也就是其净输入电压和净输入电流均为零。根据这两个特点，可以定量地分析此类放大电路。

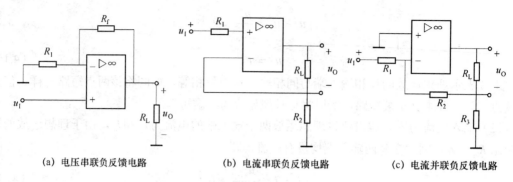

(a) 电压串联负反馈电路　　　　(b) 电流串联负反馈电路　　　　(c) 电流并联负反馈电路

图 4.27　由运放构成负反馈的另三种方式

本课题电路由于引入电压并联负反馈，因而集成运放的净输入电压和净输入电流均为零，所以

$$u_+ = u_- = 0 ; \quad i_f = i_1 = \frac{u_I}{R_1}$$

输出电压为

$$u_O = -i_f R_f$$

电压放大倍数为

$$A_{uf} = \frac{u_O}{u_I} = -\frac{R_f}{R_1}$$

图 4.27（a）所示的电压串联负反馈电路的闭环电压增益为

$$A_{uf} = \frac{u_O}{u_I} = 1 + \frac{R_f}{R_1}$$

图 4.27（b）所示的电流串联负反馈电路的闭环电压增益为

$$A_{uf} = \frac{u_O}{u_I} = \frac{R_L}{R_2}$$

图 4.27（c）所示的电流并联负反馈电路的闭环电压增益为

$$A_{uf} = \frac{u_O}{u_I} = -\frac{R_2 + R_3}{R_3} \square \frac{R_L}{R_1}$$

电路仿真

集成运算放大器是一种高放大倍数、高输入阻抗、低输出阻抗的直接耦合线性放大器集成电路，可以在很宽的信号频率范围内对信号进行运算、处理。由于采用集成工艺，所以功耗很低，可靠性很高。其使用时引入不同的负反馈和正反馈电路，可以构成不同功能的放大器、信号变换器、数据运算器、信号跟随器等电路。集成运算放大器当外部接入不同的线性或非线性元件组成输入和负反馈电路时，可以灵活地实现各种特定的函数关系。在线性应

用方面，它可以组成比例、加法、减法、积分、微分等模拟运算电路。

一、所用仪器以及电路元器件（见表 4.2）

表 4.2　所用仪器及电路元器件

序号	名　称	型号/规格	数　量
1	函数信号发生器	AFG3021B	1 台
2	数字式万用表	UT58	1 块
3	交流毫伏表	SX2172	1 台
4	示波器	TDS 1002	1 台
5	运算放大器	OPAMP_3T_VIRTUAL	1 只
6	电阻器	5 kΩ、30 kΩ	5 kΩ 2 只, 30 kΩ 1 只

二、电路仿真

1. 元器件选取及电路组成

仿真电路所有元器件及选取途径如下：

（1）信号源：Place Sources→SIGNAL_VOLTAGE_SO→AC_VOLTAGE。需要注意，默认的电压为 1 V，需要设置电压为 10 mV。

（2）接地：Place Sources→POWER_SOURCES→GROUND，选取电路中的接地。

（3）电阻器：Place Basic→RESISTOR，选取 5 kΩ、30 kΩ。

（4）运算放大器：Place→Analog_VIRTUAL→OPAMP_3T_VIRTUAL。

（5）虚拟仪器：从虚拟仪器栏中调取双通道示波器（XSC1）。

2. 组建仿真电路（见图 4.28）

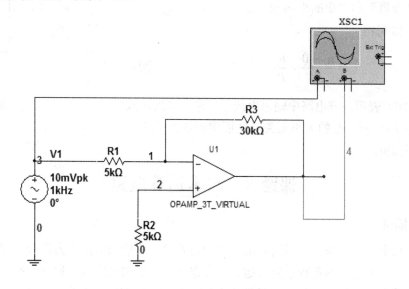

图 4.28　集成运放组成的反馈放大电路

开启仿真开关，双击虚拟示波器图标，弹出放大面板观察输出波形，如图 4.29 所示。

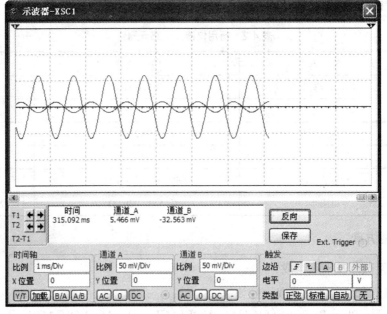

图 4.29　仿真结果

知识拓展

在工程应用中，为抗干扰、提高测量精度满足特定要求等，通常需要进行电压信号和电流信号之间的转换。图 4.30 给出了利用运算电路构成的电压-电流。转换器。

根据"虚短"和"虚断"可知，$u_+ = u_- = u_i$，$i_o = i_1$，因此由图 4.30 可得

$$i_o = \frac{u_- - 0}{R_1} = \frac{u_i}{R_1} \qquad (4.20)$$

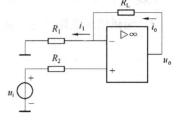

图 4.30　电压-电流转换器

式（4.20）表明，该电路中输出电流 i_o 与输入电压 u_i 成正比，而与负载电阻 R_L 的大小无关，从而将恒压源输入转换成恒流源输出。

课题 3　基本运算电路

课题描述

理想运放引入负反馈后，以输入电压作为自变量、以输出电压作为函数，利用反馈网络可以实现模拟信号之间的各种运算。运算放大器也由于能构成比例、加法、减法、积分、微分等各种运算电路，故此得名。前面所讲的课题 2 即为比例运算电路，其输出电压与输入电

压成比例关系 $\left(\dfrac{u_O}{u_I} = -\dfrac{R_f}{R_1}\right)$。

本课题给出的图 4.31（a）为加法运算电路，图 4.31（b）为减法运算电路。

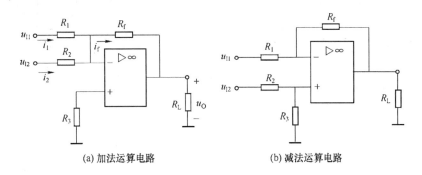

(a) 加法运算电路　　　　(b) 减法运算电路

图 4.31　加法与减法运算电路

电路知识

若多个输入电压同时作用于集成运放的反相输入端或同相输入端，则实现求和运算；若多个输入电压有的作用于反相输入端，有的作用于同相输入端，则实现加减运算。

一、求和运算

图 4.31（a）所示电路由于其输入端均在集成运放的反相输入端，故称为反相求和运算电路。由于工作在线性区，所以存在"虚短"和"虚断"。因为 $i_- = i_+ \approx 0$，故

$$i_f = i_1 + i_2$$

又因为 $u_- = u_+ \approx 0$，此时称之为"虚地"，则上式可以写成

$$\frac{u_{I1}}{R_1} + \frac{u_{I2}}{R_2} = -\frac{u_O}{R_f}$$

因此可求出输出电压为

$$u_O = -\left(\frac{R_f}{R_1}u_{I1} + \frac{R_f}{R_2}u_{I2}\right) \tag{4.21}$$

若式中 $R_1 = R_2 = R_f$，则 $u_O = -(u_{I1} + u_{I2})$。当 R_1、R_2 取值各不相同时，u_O 中将含有不同比例的输入信号，因此本电路又称为反相比例求和电路。

反相比例求和电路的优点是：当改变其中一个输入回路的电阻值时，只改变该路输入电压与输出电压之间的比例关系，而对其他各路输入电压与输出电压之间的比值没有影响，因此调节比较灵活方便。另外，由于"虚地"，在选用集成运放时，对其最大共模输入电压的指标要求不高。在实际工作中，反相比例求和电路应用比较广泛。

图 4.32 给出了同相求和运算电路，可以看出，两个输入信号均加在集成运放的同相输入端。

由于流入同相输入端的电流为零，则由图 4.32 可得

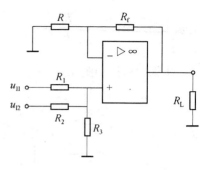

$$\frac{u_{\text{I1}} - u_+}{R_1} + \frac{u_{\text{I2}} - u_+}{R_2} = \frac{u_+}{R_3}$$

所以

$$\frac{u_{\text{I1}}}{R_1} + \frac{u_{\text{I2}}}{R_2} = u_+ \left(\frac{1}{R_1} + \frac{1}{R_2} + \frac{1}{R_3} \right)$$

令 $\dfrac{1}{R_\text{P}} = \dfrac{1}{R_1} + \dfrac{1}{R_2} + \dfrac{1}{R_3}$ ，即 $R_\text{P} = R_1 /\!/ R_2 /\!/ R_3$ ，则

图 4.32　同相求和运算电路

$$u_+ = R_\text{P} \left(\frac{u_{\text{I1}}}{R_1} + \frac{u_{\text{I2}}}{R_2} \right)$$

又由于"虚短"，即 $u_- = u_+$ ，则输出电压为

$$u_\text{o} = \left(1 + \frac{R_\text{f}}{R} \right) u_- = \left(1 + \frac{R_\text{f}}{R} \right) u_+ = \left(1 + \frac{R_\text{f}}{R} \right) \left(\frac{R_\text{P}}{R_1} u_{\text{I1}} + \frac{R_\text{P}}{R_2} u_{\text{I2}} \right) \tag{4.22}$$

由式（4.22）可以看出， R_P 与各输入回路的电阻都有关，如果想要改变某一路输入电压与输出电压的比例关系，则当调节该路输入端电阻时，同时也改变了其他各路的比例关系，故常常需要反复调整，才能最后确定电路的参数，因此估算和调整的过程不太方便。另外，由于集成运放的两个输入端不"虚地"，所以对集成运放的最大共模输入电压的要求比较高。在实际工作中，同相求和运算电路的应用不如反相求和运算电路广泛。

二、减法运算电路

如图 4.31（b）所示为双端输入放大电路，又称为减法运算电路。通过对比例运算电路和求和运算电路的分析可知，输出电压与同相输入端信号电压极性相同，与反相输入端信号电压极性相反，因而当多个信号同时作用于两个输入端时，必然可以实现加减运算。

图 4.31（b）中 u_{I1} 通过 R_1 加到反相输入端， u_{I2} 通过 R_2 、 R_3 分压后加到同相输入端，输出信号通过 R_f 、 R_1 组成反馈网络反馈到反相输入端。由于"虚断"，可得同相输入端的电位为

$$u_+ = \frac{R_3}{R_2 + R_3} u_{\text{I2}}$$

而反相输入端对地的电位 u_- 是由输入电压 u_{I1} 和输出电压 u_O 共同产生，利用叠加定理可求得

$$u_- = \frac{R_\text{f}}{R_1 + R_\text{f}} u_{\text{I1}} + \frac{R_1}{R_1 + R_\text{f}} u_\text{O}$$

由于"虚短"，即 $u_- = u_+$ ，故

$$\frac{R_\text{f}}{R_1 + R_\text{f}} u_{\text{I1}} + \frac{R_1}{R_1 + R_\text{f}} u_\text{O} = \frac{R_3}{R_2 + R_3} u_{\text{I2}}$$

则输出电压为

$$u_O = \left(\frac{R_3}{R_2 + R_3}\right)\left(1 + \frac{R_f}{R_1}\right)u_{I2} - \frac{R_f}{R_1}u_{I1} \quad\quad (4.23)$$

若式中选取 $R_1 = R_2$，$R_3 = R_f$，则式（4.23）经换算可得如下关系：

$$u_O = \frac{R_f}{R_1}\left(u_{I2} - u_{I1}\right) \quad\quad (4.24)$$

 电路仿真

一、所用仪器以及电路元器件（见表 4.3）

表 4.3 所用仪器及电路元器件

序号	名　　称	型号/规格	数　量
1	函数信号发生器	AFG3021B	1 台
2	数字式万用表	UT58	1 块
3	交流毫伏表	SX2172	1 台
4	示波器	TDS 1002	1 台
5	运算放大器	OPAMP_3T_VIRTUAL	1 只
6	电阻器	1 kΩ	9 只

二、电路仿真

集成运算放大器当外部接入不同的线性或非线性元器件组成输入回路和负反馈电路时，可以灵活地实现各种特定的函数关系。在线性应用方面，它可以组成比例、加法、减法、积分、微分等模拟运算电路。加法运算电路仿真效果如图 4.33 所示，减法运算电路仿真效果如图 4.34 所示。

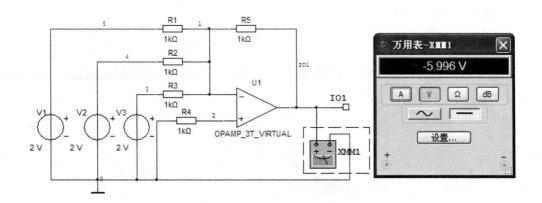

图 4.33 加法运算电路仿真结果

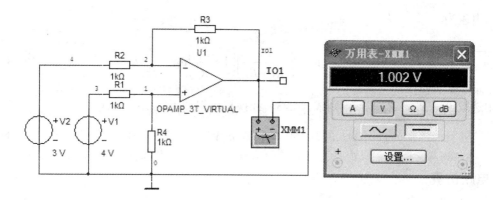

图 4.34　减法运算电路仿真结果

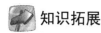 知识拓展

一、积分运算电路

积分运算电路也是一种应用较为广泛的运算电路，它不仅是组成模拟电子计算机的基本单元，而且还是实现延时、定时功能和矩形波、锯齿波等波形的产生，以及构成积分式模-数转换器的基本单元。

如图 4.35 所示为积分运算电路，它和反相比例运算电路的差别是用电容器 C 代替 R_f，为使直流电阻平衡，要求 $R_2 = R_1$。

因 $u_- = u_+ = 0$，可得

$$i_1 = \frac{u_1}{R_1}, \quad i_C = -C\frac{\mathrm{d}u_O}{\mathrm{d}t}$$

由于 $i_1 = i_C$，因此可得输出电压 u_O 为

$$u_O = -\frac{1}{R_1 C}\int u_1 \mathrm{d}t \tag{4.25}$$

可见输出电压 u_O 正比于输入电压 u_1 对时间 t 的积分，从而实现了积分运算。式（4.25）中 $R_1 C$ 为电路的时间常数。

二、微分运算电路

将积分运算电路中电阻器 R_1 与电容器 C 的位置互换，即可组成微分运算电路，如图 4.36 所示。

由图 4.36 可得

$$i_C = \frac{\mathrm{d}u_1}{\mathrm{d}t}, \quad i_1 = -\frac{u_O}{R_1}$$

由于"虚断"，故 $i_C = i_1$，因此可得输出电压 u_O 为

$$u_O = -R_1 C\frac{\mathrm{d}u_1}{\mathrm{d}t} \tag{4.26}$$

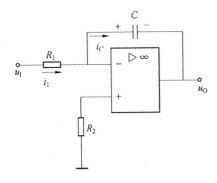

图 4.35 积分运算电路

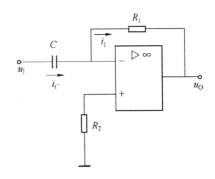

图 4.36 微分运算电路

可见输出电压 u_O 正比于输入电压 u_1 对时间 t 的微分，从而实现了微分运算。式（4.26）中 R_1C 为电路的时间常数。

积分运算电路和微分运算电路常常用以实现波形变换，例如积分运算电路可将矩形波变换为三角波，微分运算电路可将矩形波变换为尖脉冲。

小　结

1. 反馈使净输入量减弱的反馈称为负反馈，使净输入量增强的反馈称为正反馈。常采用"瞬时极性法"来判断反馈的极性。

2. 负反馈的类型按输出端的采样方式分为电压反馈和电流反馈，常用负载短路法判断；按输入端的连接方式分为串联反馈和并联反馈，可根据连接形式来判断；按反馈交直流成分分为直流反馈和交流反馈。直流负反馈能稳定静态工作点；交流负反馈能稳定放大倍数、展宽通频带、减小非线性失真、改变放大电路的输入和输出电阻等。反馈越深，性能改善越好，但放大倍数也下降越多。

3. 集成运放应用时根据工作区域分为两类，线性工作区和非线性工作区。

4. 集成运放在线性应用时，存在"虚短"和"虚断"的特点，可组成比例、求和、积分和微分等运算电路。

习　题

1. 对于放大电路而言，所谓开环是指_____。

A. 无信号源 　　　　　　　　　　B. 无反馈通路

C. 无电源 　　　　　　　　　　　D. 无负载

2. 对于放大电路而言，所谓闭环是指_____。

A. 考虑信号源内阻 　　　　　　　B. 存在反馈通路

C. 接入电源 　　　　　　　　　　D. 接入负载

3. 在输入量不变的情况下，若引入反馈后_____，则说明引入的反馈是负反馈。

A. 输入电阻增大 　　　　　　　　B. 输出量增大

C. 净输入量增大 　　　　　　　　D. 净输入量减小

4. 直流负反馈是指_____。

   A. 直接耦合放大电路中所引入的负反馈   B. 只有放大直流信号时才有的负反馈

   C. 在直流通路中的负反馈   D. 阻容耦合放大电路中所引入的负反馈

5. 交流负反馈是指_____。

   A. 阻容耦合放大电路中所引入的负反馈   B. 只有放大交流信号时才有的负反馈

   C. 在交流通路中的负反馈   D. 直接耦合放大电路中所引入的负反馈

6. 为使输出电压稳定，应采用_____。

   A. 电压负反馈   B. 电流负反馈

   C. 并联负反馈   D. 串联负反馈

7. 为了增加输入电阻，应采用_____。

   A. 电压负反馈   B. 电流负反馈

   C. 并联负反馈   D. 串联负反馈

8. 判断图中所示各电路中是否引入了反馈，是直流反馈还是交流反馈，是正反馈还是负反馈（设图中所有电容器对交流信号均可视为短路）。

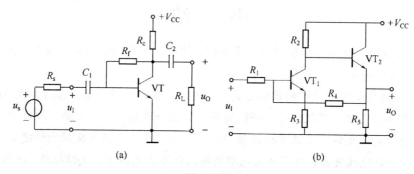

第 8 题图

9. 试分析图中所示各电路中级间交流反馈是正反馈还是负反馈？如果是负反馈，指出反馈电路类型（设图中所有电容器对交流信号均可视为短路）。

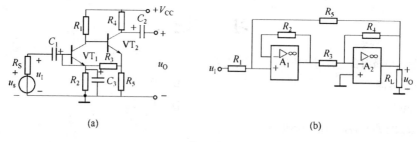

第 9 题图

10. 分析图中所示深度负反馈放大电路（设图中所有电容器对交流信号均可视为短路）；（1）判断反馈类型；（2）写出电压增益 $A_{uf} = \dfrac{u_O}{u_1} = -\dfrac{R_f}{R_1}$

11. 试求图中所示电路的电压增益 $A_{uf} = \dfrac{u_O}{u_1}$。

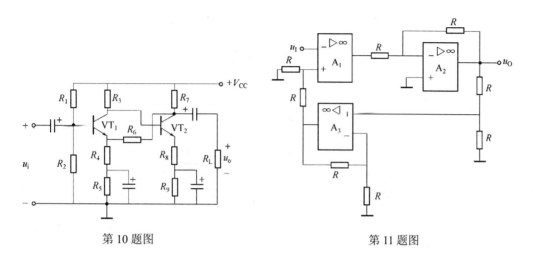

第 10 题图　　　　　　　　　　　　第 11 题图

12. 运算电路如图所示，试分别求出各电路输出电压的大小。

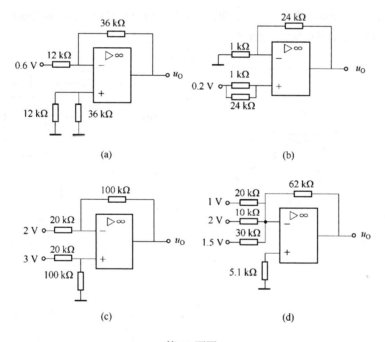

(a)　　　　　　　　　　　　(b)

(c)　　　　　　　　　　　　(d)

第 12 题图

13. 试求图示电路的运算关系。

14. 试求图示电路输出电压 u_O 与输入电压 u_{I1}、u_{I2} 之间的关系。

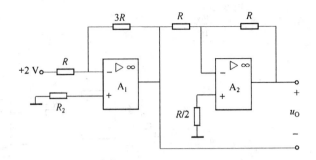

第 13 题图

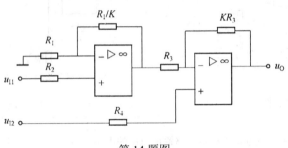

第 14 题图

15. 图示电路是利用集成运放构成的电流-电压转换器，试求该电路输出电压 u_O 与输入电流 i_s 的关系式。

16. 电路如图所示，计算电路的运算关系。

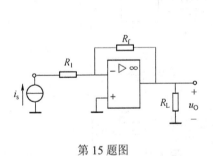

第 15 题图

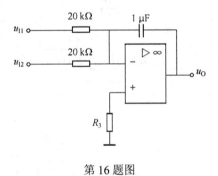

第 16 题图

单元 **5** 振荡电路

振荡电路不需要输入信号，就能够产生稳定的、随时间周期性变化的输出波形，即能产生一定频率和幅度的信号。根据信号的波形不同，可将振荡电路分为两大类，即正弦波振荡电路和非正弦波振荡电路。正弦波振荡电路根据电路形式又分为 RC 振荡电路、LC 振荡电路和石英晶体振荡电路等；非正弦波振荡电路按信号形式又分为方波振荡电路、矩形波振荡电路、三角波振荡电路和锯齿波振荡电路等。

振荡电路通常要求输出信号的幅度和频率准确而且稳定，一般幅度稳定较频率稳定容易实现。本单元主要介绍以波形形式区分的正弦波、方波和三角波振荡电路的原理分析及相关基础理论和电路。

课题 1　正弦波振荡电路

 课题描述

正弦波振荡电路由放大电路和反馈网络两大部分组成。在一般的放大电路中，为了电路稳定要接入负反馈电路，但在放大电路和反馈网路产生附加相移时会出现自激振荡，这在放大电路中是不允许的。而在波形发生电路中，目的就在于利用自激振荡产生波形，因此应用反馈网络设法满足自激振荡条件。反馈网络由 RC、LC 选频网络构成，本课题采用 RC 串并联反馈网络与放大电路形成正反馈闭环回路，满足自激振荡条件，产生正弦波波形。

一、电路组成

图 5.1 为正弦波振荡电路组成框图。

二、各环节功能

（1）放大电路。放大信号和稳定输出信号幅度。

（2）反馈网络。将输出信号正反馈至输入端和选择信号频率。

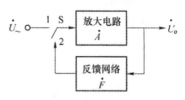

图 5.1　正弦波振荡电路组成框图

三、课题电路原理图

RC 桥式正弦波振荡电路如图 5.2 所示。

图 5.2 中所示运算放大器构成放大电路；串并联 RC 回路构成正反馈、选频网络；R_p、VD_1、VD_2 及 R_1 构成：负反馈稳幅环节。

四、课题电路实物图

课题电路实物图，如图 5.3 所示。

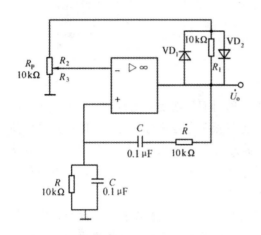

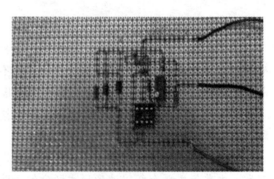

图 5.2　RC 桥式正弦波振荡电路　　　　　　图 5.3　RC 桥式正弦波振荡电路实物图

 电路知识

一、正弦波振荡电路的工作原理

1. 振荡产生的基本原理

正弦波振荡电路是一种信号发生电路，广泛应用在测量电路和通信电路中。如图 5.1 所示框图，当开关 S 扳在 1 时，输入信号 $\dot{U}_i$，经放大电路 $\dot{A}$，得到输出信号 $\dot{U}_o$，为一开环放大电路；这时将 S 扳在 2 时，电路为一闭环系统，如图 5.4 所示。不需要输入信号，将输出信号 $\dot{U}_o$ 作为反馈网络的输入信号，在反馈网络输出端产生反馈信号 $\dot{U}_f$，反馈信号作为了放大电路的净输入信号 $\dot{U}_{id}$，这就是振荡电路的结构，这时振荡电路的输入为 $\dot{U}_i = \dot{U}_{id}$。

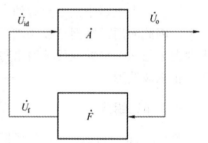

图 5.4　反馈量为放大电路的净输入量

在图 5.4 中，振荡的起始信号是由电路合闸通电时的电扰动引起的，根据频谱分析可知，这种电扰动是由丰富的各种频率的正弦波合成的，其中包含反馈网络（即选频网络）的谐振频率为 f_0 的正弦波。由于反馈网络有选频作用，输入端 f_0 信号较强，放大电路对输入信号放大，故输出信号 $\dot{U}_o$ 含有 f_0 的频率信号，经过反馈网络的反馈再次作用到输入端，使输出信号不断增加，形成了正反馈过程：

$$|\dot{U}_o|\uparrow \rightarrow |\dot{U}_f|\uparrow \rightarrow (|\dot{U}_{id}|\uparrow) \rightarrow |\dot{U}_o|\uparrow\uparrow$$

由于放大电路所用器件的非线性和电源电压所限，电路最终达到动态平衡状态，此时输出电压 $\dot{U}_o$ 经反馈网络、放大电路后维持着一定频率和幅度。

2. 振荡的平衡条件和起振条件

未加输入信号，即放大电路产生正弦波自激振荡，其振荡平衡条件是反馈信号与输入信号大小相等、且相位相同，即 $\dot{U}_f = \dot{U}_i$，而 $\dot{U}_f = \dot{A}\dot{F}\dot{U}_i$，则振荡平衡条件为

$$\dot{A}\dot{F} = 1 \tag{5.1}$$

写成振幅值和相位平衡条件为

$$\begin{cases} |\dot{A}\dot{F}| = 1 \\ \varphi_A + \varphi_F = 2n\pi\,(n\text{为整数}) \end{cases} \tag{5.2}$$

φ_A、φ_F 分别为放大电路和反馈电路产生的相位角。由上述公式说明，环路总的传递系数为 1，反馈电压与输入电压大小相等，总相移等于 2π 的整数倍，以保证正反馈。

式（5.2）为振荡平衡条件，意指振荡电路已进入稳态，只是维持振荡，而要使电路自动起振，并信号从小到大直至稳幅，电路开始必须满足起振条件：

$$|\dot{A}\dot{F}| > 1 \tag{5.3}$$

相位的起振条件与平衡条件相同。

综上所述，要使振荡电路起振并平衡稳幅，在开始振荡时，必须满足 $|\dot{A}\dot{F}| > 1$。起振后，振荡幅度迅速增大，使放大电路工作到非线性区，以致放大倍数 $|\dot{A}|$ 下降，直到 $|\dot{A}\dot{F}| = 1$，振荡信号幅度不再增大，进入稳定状态。

对正弦波 RC 振荡电路、LC 振荡电路和石英晶体振荡电路等，下面将分别做一些介绍。

二、RC 正弦波振荡电路

采用 RC 选频网络构成的振荡电路称为 RC 振荡电路，它结构简单、性能可靠，适用于低频振荡，一般用于产生 1Hz～1 MHz 的低频信号。RC 串并联网络是使用最广泛的 RC 选频网络，采用 RC 串并联网络的振荡电路又称为桥式正弦波振荡电路。

1. RC 串并联选频网络

图 5.5 为 RC 串并联选频网络，设 R_1、C_1 的串联阻抗为 Z_1，R_2、C_2 的并联阻抗为 Z_2，则有

$$Z_1 = R_1 + \frac{1}{j\omega C_1} \tag{5.4}$$

$$Z_2 = \frac{R_2}{1 + j\omega C_2 R_2} \tag{5.5}$$

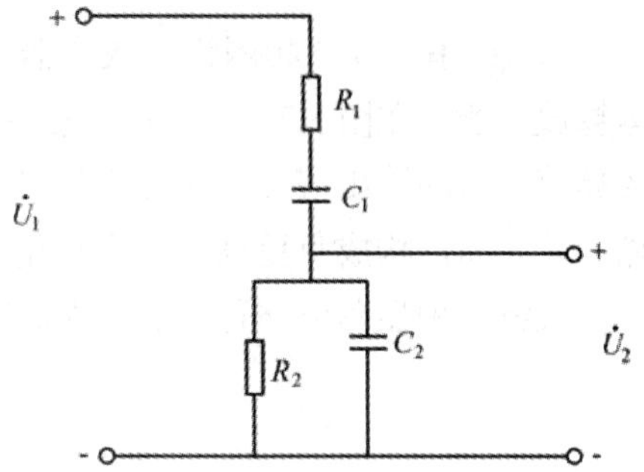

图 5.5 RC 串并联电路

用 $\dot{F}$ 表示输出电压 $\dot{U}_2$ 与输入电压 $\dot{U}_1$ 之比，称为 RC 串并联网络传输系数。

$$\dot{F} = \frac{\dot{U}_2}{\dot{U}_1} = \frac{Z_2}{Z_1 + Z_2} = \frac{\dfrac{R_2}{1 + j\omega C_2 R_2}}{R_1 + \dfrac{1}{j\omega C_1} + \dfrac{R_2}{1 + j\omega C_2 R_2}}$$

$$= \frac{1}{\left(1 + \dfrac{R_1}{R_2} + \dfrac{C_2}{C_1}\right) + j\left(\omega R_1 C_2 - \dfrac{1}{\omega R_2 C_1}\right)} \tag{5.6}$$

通常在实际电路中取 $C_1 = C_2 = C$，$R_1 = R_2 = R$，则式（5.6）可简化为

$$\dot{F} = \frac{1}{3 + \mathrm{j}\left(\omega RC - \dfrac{1}{\omega RC}\right)} = \frac{1}{3 + \mathrm{j}\left(\dfrac{\omega}{\omega_0} - \dfrac{\omega_0}{\omega}\right)} \qquad (5.7)$$

式中，$\omega_0 = \dfrac{1}{RC}$。

根据式（5.7）可得到 RC 串并联选频网络的幅频特性和相频特性分别为

$$|\dot{F}| = \frac{1}{\sqrt{3^2 + \left(\dfrac{\omega}{\omega_0} - \dfrac{\omega_0}{\omega}\right)^2}} \qquad (5.8)$$

$$\varphi_{\mathrm{F}} = -\arctan\left(\frac{\dfrac{\omega}{\omega_0} - \dfrac{\omega_0}{\omega}}{3}\right) \qquad (5.9)$$

根据式（5.8）和式（5.9）画出 RC 串并联网络的幅频特性和相频特性曲线，如图 5.6 所示。

从曲线上可见，当 $\omega \neq \omega_0$ 时，$|\dot{F}| < \dfrac{1}{3}$，且 $\varphi_{\mathrm{F}} \neq 0$，此时输出电压的相位滞后或超前于输入电压。当 $\omega = \omega_0$ 时，$\dot{F}$ 的值最大，$|\dot{F}| = \dfrac{1}{3}$，而 $\dot{F}$ 的相位角 $\varphi_{\mathrm{F}} = 0$。此时输出电压与输入电压同相位，所以 RC 串并联网络具有选频作用。

2. RC 桥式振荡电路

将 RC 串并联选频网络和放大器结合起来即构成 RC 桥式振荡电路，放大器件可采用集成运算放大器。在图 5.7（a）所示电路中，集成运放组成同相放大器，RC 串并联选频网络接在运算放大器的输出端与同相输入端之间，构成正反馈，R_f、R_1 接在运算放大器输出端与反相输入端之间，构成负反馈。正反馈电路与负反馈电路构成一文氏电桥电路，如图 5.7（b）所示，故将这种振荡电路称为 RC 桥式振荡电路。

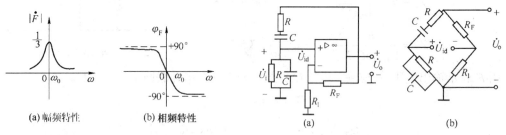

图 5.6 RC 串并联网络频率特性　　　　图 5.7 RC 桥式振荡电路

由图 5.7 可见，同相放大器的输出电压 $\dot{U}_\mathrm{o}$ 作为 RC 串并联网络的输入电压，放大器输入输出不产生相移，即 $\varphi_{\mathrm{A}} = 0$，而将 RC 串并联网络中并联 RC 两端的电压作为放大器的输入电压，当 $\omega = \omega_0 = \dfrac{1}{RC}$ 时，$|\dot{F}| = \dfrac{1}{3}$，$\varphi_{\mathrm{F}} = 0$，所以电路总相移为

$$\varphi_{AF} = \varphi_A + \varphi_F = \pm 2n\pi$$

满足电路相位振荡平衡条件，对于其他频率的信号，RC 串并联网络的相移不为零，则不满足相位平衡条件。

由此可得出 RC 桥式振荡电路的参数：

（1）振荡频率：

$$f = \frac{1}{2\pi RC} \tag{5.10}$$

（2）起振条件。因同相放大倍数为 $A_u = 1 + \dfrac{R_f}{R_1}$，电路起振条件应满足 $|\dot{A}\dot{F}| > 1$，RC 串并联网络在 $f = f_0$ 时 $|\dot{F}| = \dfrac{1}{3}$，故放大电路放大倍数 $A_u = 1 + \dfrac{R_f}{R_1} > 3$，即得起振条件：

$$R_f = 2R_1$$

3. 课题电路的分析

课题电路是实际中常用的 RC 桥式振荡电路。其工作原理及参数如下：

（1）振荡频率 f_0：

$$f_0 = \frac{1}{2\pi RC} = \frac{1}{2\pi \times 10 \times 10^3\,\Omega \times 0.1 \times 10^{-6}\,\text{F}} = 159\,\text{kHz}$$

（2）工作原理及元件作用。电路中的 VD_1、VD_2 用以改善输出电压波形，稳定输出幅度。起振时，由于输出电压 U_o 很小，VD_1、VD_2 接近于开路，R_1、VD_1、VD_2 并联电路的等效电阻近似等于 R_1，此时 $|\dot{A}| = 1 + (R_1 + R_2)/R_3 > 3$，电路产生振荡。随着 U_o 的增大，VD_1、VD_2 轮流导通，R_1、VD_1、VD_2 并联电路的等效电阻减小，$|\dot{A}|$ 随之下降，使 $|\dot{A}| = 3$，U_o 幅度趋于稳定。R_p 可用来调节输出电压的波形和幅度。调节 R_p 可使电路既容易起振又不产生波形失真。

三、LC 正弦波振荡电路

正弦波振荡电路除用 RC 谐振回路外，还可采用 LC 谐振回路作为选频网络，则振荡电路称为 LC 正弦波振荡电路，它主要用来产生高频振荡信号，一般在 $1\,\text{MHz}$ 以上。常见的 LC 正弦波振荡电路有变压器反馈式振荡电路、电感三点式振荡电路和电容三点式振荡电路。

1. 变压器反馈式 LC 振荡电路

1）电路组成及元件作用

变压器反馈式 LC 振荡电路如图 5.8 所示。R_{b1}、R_{b2} 和 R_e 组成偏置电路使三极管工作在放大状态，集电极电源通过线圈 L_1 接入，放大电路是采用共发射极组态。C_1 为耦合电容器，C_e 为旁路电容器，L_3、R_L 组成变压器耦合负载电路。L_1、C 组成并联谐振回路作为选频网络，L_2 为反馈线圈电感器，用来构成正反馈，因此称为变压器反馈式 LC 振荡电路。

2）振荡条件及振荡频率

振荡电路是否能振荡通常首先看其是否满足相位平衡条件。图 5.8 中当 $\dot{U}_i$ 的频率与 LC 回路的谐振频率相同时，LC 回路等效为一电阻器，电路输入输出的关系为共射组态，$\dot{U}_i$ 与 $\dot{U}_o$ 反相，即 $\varphi_A = 180°$。由图 5.8 中 L_1 与 L_2 的同名端可知，$\dot{U}_f$ 与 $\dot{U}_o$ 极性相反，即 $\varphi_F = 180°$，$\dot{U}_f$

与 $\dot{U}_i$ 同相，总环路相位 $\varphi_A + \varphi_F = 360°$，可见电路满足相位平衡条件。由于 LC 回路的选频作用，电路中只有等于谐振频率的信号得到足够的放大，只要变压器有足够的耦合度，就能满足振荡的幅度条件。振荡频率决定于 LC 并联谐振回路的谐振频率，即

$$f_0 = \frac{1}{2\pi\sqrt{L_1 C}} \tag{5.11}$$

3）电路的特点

（1）易起振，输出电压较大。变压器耦合匝数比选择合适，耦合强，并容易实现阻抗匹配。

（2）频率调节方便。采用可变电容器可获得较大的频率调节范围。

（3）输出波形失真大。反馈电压取自电感器两端，高频分量反馈大，故输出波形中高次谐波成分较大。

2．电感三点式振荡电路

1）电路组成及元器件作用

电路中 LC 并联谐振回路的三个端子分别与三极管的三个极连接，故称为电感三点式振荡电路。电感三点式振荡电路又称哈特莱（Hartley）振荡电路，其原理图如图 5.9 所示。线圈采用自耦式的接法，三极管 VT 构成共发射极放大电路，电感器 L_1、L_2 和电容器 C 构成正反馈选频网络，C_e 为射极旁路电容器，C_1、C_b 为隔直电容器，用以防止电源地线经 L_2 与基极接通。谐振回路的三个端点 1、2、3 分别与三极管的三个电极相接，即三极管的三个极均与电感器连接，故称电感三点式。反馈信号 $\dot{U}_f$ 取自电感器线圈 L_2 两端电压，又称电感反馈式振荡电路。

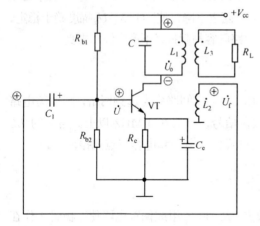

图 5.8　变压器反馈式 LC 振荡电路

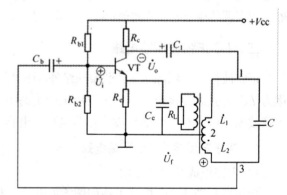

图 5.9　电感三点式振荡电路

2）振荡条件及振荡频率

先分析相位是否满足振荡条件，设基极瞬时极性为正，共射放大输入输出反相则集电极电位为负，与基极反相，即 $\varphi_A = 180°$。由图 5.9 可见，LC 谐振回路为放大器负载，当回路谐振时，集电极负载呈纯电阻性，相对 2 端公共端（地电位），1 端与 3 端极性相反，相当于输出电压 $\dot{U}_o$ 与反馈电压 $\dot{U}_f$ 反相，即 $\varphi_F = 180°$。于是 $\varphi_A + \varphi_F = 360°$，即 $\dot{U}_i$ 与 $\dot{U}_f$ 同相，故电路在

回路谐振频率上形成正反馈，从而满足相位平衡条件。由此可得振荡频率为

$$f_0 = \frac{1}{2\pi\sqrt{LC}} = \frac{1}{2\pi\sqrt{(L_1 + L_2 + 2M)C}} \tag{5.12}$$

式中，L 为回路的总电感；M 为 L_1 与 L_2 之间的互感系数。

3）电路的特点

（1）易起振。因 L_1 与 L_2 之间耦合很紧，正反馈较强。

（2）频率调节方便。采用可变电容器则可方便调节振荡频率。

（3）信号波形较差。反馈信号取自电感器两端，高次谐波呈现高阻抗，故输出信号的高次谐波成分较多。

3. 电容三点式振荡电路

电容三点式振荡电路又称考皮兹（Colpitts）振荡电路，它是一种应用十分广泛的正弦波振荡电路。其原理图如图 5.10 所示。

1）电路组成及元器件作用

由图 5.10 可知电路结构与电感三点式振荡电路类似，只是将电感三点式电路中的电感器 L_1、L_2 分别用 C_1、C_2 替代，电容器 C 用电感器 L 替代。反馈信号取自电容器 C_2 上的电压，故此电路又称电容反馈式 LC 振荡电路。C_e 为射极旁路电容器，C_b 为隔直电容器，用以防止集电极经 L 与基极直流接通。

2）振荡条件及振荡频率

由图 5.10 看出，输入输出信号相位相反，即 $\varphi_A = 180°$，当回路谐振时，1 端与 3 端极性相反，即 $\varphi_F = 180°$。于是 $\varphi_A + \varphi_F = 360°$，即 $\dot{U}_i$ 与 $\dot{U}_f$ 同相，故电路在回路谐振频率上形成正反馈，从而满足相位平衡条件。由此可得振荡频率为

$$f_0 = \frac{1}{2\pi\sqrt{LC}} = \frac{1}{2\pi\sqrt{L\dfrac{C_1 C_2}{C_1 + C_2}}} \tag{5.13}$$

式中，C 为电路总电容。

3）电路的特点

（1）输出波形好。反馈信号取自电容器 C_2 两端，反馈信号中高次谐波分量小。

（2）振荡频率较高。因电容器的容量可以选得较小，频率一般可达 100 MHz 以上。

（3）调节频率不方便。因调节频率的同时反馈系数（即反馈量）也改变。

4）改进型电容三点式

为克服电容三点式的调节频率不方便的缺点，可在电感器支路中串入一个容量很小的微调电容器，如图 5.11 所示。该电路又称克拉泼振荡电路。谐振电路的总电容为

$$C = \frac{1}{\dfrac{1}{C_1} + \dfrac{1}{C_2} + \dfrac{1}{C_3}}$$

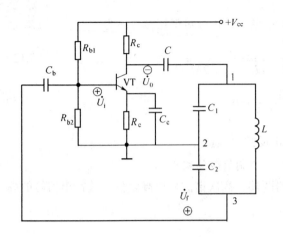

图 5.10 电容三点式振荡电路

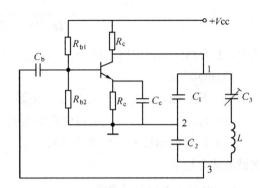

图 5.11 改进型电容三点式振荡电路

当 $C_3 \ll C_1$、C_2 时，$C \approx C_3$。所以，该电路的振荡频率为

$$f_0 = \frac{1}{2\pi\sqrt{LC}} \approx \frac{1}{2\pi\sqrt{LC_3}} \tag{5.14}$$

从中可见，克拉泼振荡电路的频率由 L、C_3 决定，与 C_1、C_2 几乎无关，C_1、C_2 仅仅构成正反馈，它们的容量可以选得相对大些，从而减小与之相并联的三极管输入电容器和输出电容器的影响，提高了频率的稳定度。由于此电路的频率稳定度较高，所以实际应用较广泛。

电路仿真

一、所用仪器以及电路元器件（见表 5.1）

表 5.1 所用仪器及电路元器件

序 号	名 称	型号/规格	数 量
1	数字式万用表	UT58	1 块
2	交流毫伏表	SX2172	1 台
3	示波器	TDS 1002	1 台
4	集成电路	μA741	1 只
5	电容器	10 nF	2 只
6	电阻器	10 kΩ, 2.2 kΩ, 15 kΩ	共 4 只
7	电位器	10 kΩ	2 只

二、电路仿真

1. 元器件选取及电路组成

仿真电路所有元器件及选取途径如下：

（1）电源：Place Sources→POWER_SOURCES→VCC，电源电压默认值为 5 V。双击打

开对话框，将电压值设置为 12 V。

（2）接地：Place Sources→POWER_SOURCES→GROUND，选取电路中的接地。

（3）电阻器：Place Basic→RESISTOR，选取 2.2 kΩ，10 kΩ，15 kΩ。

（4）运算放大器：Place→Analog_VIRTUAL→3554AM。

（5）虚拟仪器：从虚拟仪器栏中调取双通道示波器（XSC1）。

2．组建仿真电路（见图 5.12）

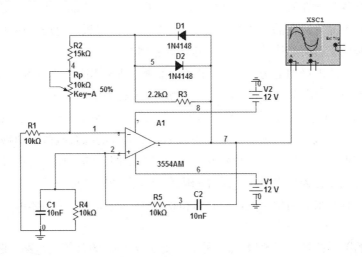

图 5.12　*RC* 桥式正弦波振荡仿真电路图

开启仿真开关，双击虚拟示波器图标，弹出放大面板观察输出波形，如图 5.13 所示。

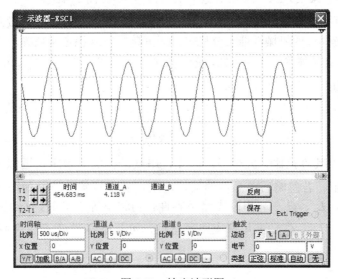

图 5.13　输出波形图

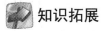　**知识拓展**

在实际应用中，通常要求振荡电路产生的信号具有一定的频率稳定度。频率稳定度常用

频率的相对变化量 $\Delta f / f_0$ 来表示，$\Delta f = f - f_0$ 为频率偏移，f 为实际振荡频率，f_0 为标称振荡频率。RC 振荡电路的频率稳定度较差，LC 振荡电路好些，但通常只能达到 10^{-3} 数量级。为提高振荡电路的频率稳定度，可采用石英晶体振荡电路，其频率稳定度一般可达 $10^{-8} \sim 10^{-6}$，有的可达 $10^{-11} \sim 10^{-9}$。

一、石英晶体简介

石英是一种各向异性的结晶体，其化学名为 SiO_2。从一块晶体上按一定的方向切成矩形或圆形的薄片称为晶片，在晶片的两个面上镀上银层作为电极，再用金属或玻璃外壳封装并引出电极，就构成了石英晶体谐振器，简称石英晶体。

若在石英晶体两电极加电场，则晶体将产生机械变形；相反，若在晶片上施加机械压力，则在晶体相应方向上会产生一定的电场，这种物理现象称为压电效应。若在石英晶体两极加交变电压，则晶片产生机械振动，同时晶片的机械振动又会在两个电极上产生交变电荷，结果在外电路中形成交变电流。当外加交变电压的频率等于晶片的固有机械振动频率时，晶片发生共振，此时机械振动幅度最大，晶片两面的电荷量和电路中的交变电流也最大，产生回路的谐振现象，这种现象称为压电谐振。晶片的固有机械振动频率称为谐振频率，它只与晶片的几何尺寸有关，具有很高的稳定度，而且做得很精确，所以用石英晶体可以构成十分理想的谐振系统。

石英晶体的图形符号如图 5.14（a）所示，图 5.14（b）为其等效电路，图中 C_0 称为晶体不振动时的等效静态电容，它的大小与晶片的几何尺寸和电极面积有关，一般在几皮法～几十皮法之间，L_q、C_q 分别为晶片振动时的动态电感和动态电容，r_q 为晶片振动时的等效摩擦损耗电阻。由于 L_q 比较大（一般几十毫亨至几百毫亨），而 C_q 比较小（一般只有 0.000 2～0.1 pF），所以石英晶体具有很高的品质因数，可以高达 10^5，远远超过一般元器件所能达到的数值。又由于石英晶体的机械性能十分稳定，即振荡频率既稳定又精确，其频率稳定度可达 $10^{-11} \sim 10^{-6}$。从石英晶体等效电路可知，它有两个谐振频率，当 L_q、C_q、r_q 支路串联谐振时，其串联谐振频率为

$$f_s = \frac{1}{2\pi\sqrt{L_q C_q}} \tag{5.15}$$

由于 C_0 很小，其容抗比 r_q 大得多，因此，串联谐振的等效阻抗近似为 r_q，呈纯阻性，是一个很小的电阻。若忽略石英晶体的损耗电阻，其电抗频率特性如图 5.14（c）所示。当频率小于 f_s 时，L_q、C_q、r_q 串联支路呈容性，当频率等于 f_s 时，石英晶体呈现电阻性。当频率高于 f_s 时，L_q、C_q、r_q 串联支路呈感性，可与电容器 C_0 产生并联谐振，其并联谐振频率为

$$f_p = \frac{1}{2\pi\sqrt{L_q \dfrac{C_0 C_q}{C_0 + C_q}}} = f_s\sqrt{1 + \frac{C_q}{C_0}} \tag{5.16}$$

由于 $C_q \ll C_0$，则 $f_p \approx f_s$。从图 5.14（c）中可知，f_p 和 f_s 两个频率非常接近。当频率高于 f_p 时，石英晶体又呈现容性。

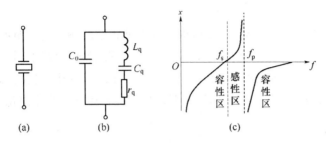

图 5.14 石英晶体振荡器

二、石英晶体正弦波振荡电路

1. 并联型石英晶体振荡电路

利用石英晶体的电感区电抗曲线非常陡峭，石英晶体工作在这一很窄的频率区域，晶体可等效为一个很大的电感器，具有很大的 Q 值，从而具有很强的稳频作用。图 5.15 所示为并联型石英晶体振荡电路的原理图，晶体工作在 f_p 和 f_s 之间并接近于并联谐振状态，在电路中起电感器的作用，从而构成改进型电容三点式 LC 振荡电路，由于 $C_3 \ll C_1$、$C_3 \ll C_2$，所以振荡频率由石英晶体与 C_3 决定。

2. 串联型石英晶体振荡电路

利用石英晶体作为选频网络和正反馈网络，就可构成串联型正弦波振荡电路，如图 5.16 所示。C_b 为旁路电容器，对交流可视为短路。电路的第一级为共基极放大电路，第二级为共集电极放大电路。只有在石英晶体呈纯电阻性（即产生串联谐振）时，R_f 与石英晶体支路为一电阻，构成正反馈电路，即反馈电压与输入电压同相，电路满足正弦波振荡的相位平衡条件。故电路振荡频率为晶体串联谐振频率 f_s。调整 R_f，可以满足正弦波振荡幅值平衡条件。

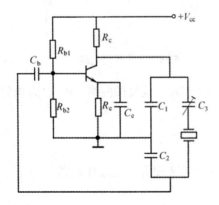

图 5.15 并联型石英晶体振荡电路

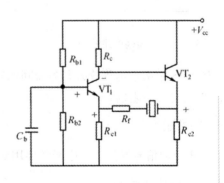

图 5.16 串联型石英晶体振荡电路

课题 2　方波振荡电路

 **课题描述**

　　在实用的模拟电路中，除常见的正弦波，还有非正弦波如方波、矩形波、三角波和锯齿波等。它们的工作原理、电路结构和分析方法都与正弦波振荡电路不同。方波发生电路是非正弦波发生电路中常见的电路之一，其输出在高低电平之间变化，且高低电平延时时间均相等。本课题用相同的 RC 充放电时间常数延时，用双向稳压管作为输出相等的高低电平。

一、电路组成

　　方波振荡电路由 RC 积分电路、滞回比较器和反馈网络组成。其框图如图 5.17 所示。

二、各环节功能

　　（1）RC 积分电路。利用定时元件作为延时环节，输出电压作为比较器的另一比较电压。
　　（2）滞回比较器。对输入电压进行比较，输出方波。
　　（3）反馈网络。从输出端引回电压，进行分压后作为比较电压。

三、课题电路原理图

　　方波振荡电路原理图如图 5.18 所示。

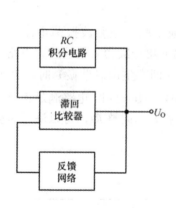

图 5.17　方波振荡电路框图

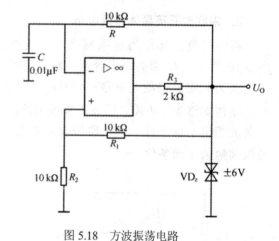

图 5.18　方波振荡电路

　　图 5.18 中所示运算放大器为滞回比较器；R_1、R_2 和 VD_Z 组成反馈网络；R、C 为积分电路，R_3 为分压电阻器。

 **电路知识**

　　非正弦波信号发生电路中经常要用到电压比较器，故首先要介绍电压比较器。

一、电压比较器

电压比较器的功能是对两个模拟输入电压进行比较，并根据比较结果由输出状态反映出来。电压比较器工作在开环状态，即工作在非线性区。通常采用集成运放实现电压比较器的功能，也可采用专用的单片集成电压比较器。

1. 单限电压比较器

图 5.19（a）所示电路为简单的单限电压比较器。图中输入信号 u_1 接反相输入端，基准电压 U_R 接同相输入端。集成运放处于开环状态，当 $u_1 < U_R$ 时，输出为高电平 $+U_{om}$，当 $u_1 > U_R$ 时，输出为低电平 $-U_{om}$，其传输特性如图 5.19（b）所示。

由图 5.19 可见，输入电压 U_1 相对于基准电压 U_R 处稍有正负变化时，输出电压 u_O 则在负正最大值之间作相应地变化。

当 $U_R = 0$ 时，输入电压与零比较，输出电压在 $u_1 = 0$ 时翻转，如图 5.20（a）所示，故此电路又称过零电压比较器。

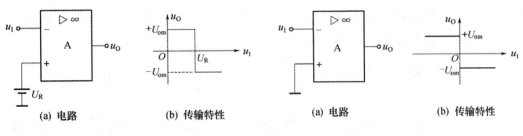

| (a) 电路 | (b) 传输特性 | (a) 电路 | (b) 传输特性 |

图 5.19　简单的电压比较器　　　　　　　　图 5.20　过零电压比较器

单限电压比较器又可以用来进行波形变换。例如，输入电压 u_1 为正弦波信号，基准电压 U_R 为不同值时的输出波形如图 5.21 所示。

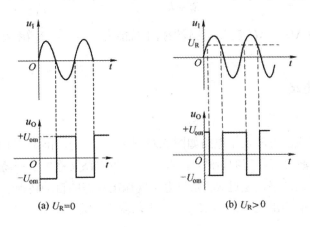

(a) $U_R=0$　　　　　　　　(b) $U_R>0$

图 5.21　正弦波波形变换

2. 滞回电压比较器

单限电压比较器存在输入电压在门限电压附近有微小干扰变化时会出现误翻现象。滞回比较器可以消除这种现象。图 5.22 为反相输入滞回比较器，又称反相输入施密特触发器。

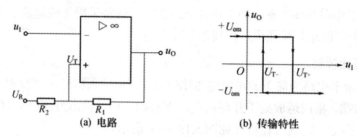

图 5.22　滞回比较器

该电路同相端电压 U_T 由 u_O 和 U_R 共同决定，根据叠加定理可得

$$U_T = \frac{R_2}{R_1 + R_2} u_o + \frac{R_1}{R_1 + R_2} U_R \qquad (5.17)$$

输出电压在非线性区只有高低电平 U_{OH} 和 U_{OL} 两个电压。由此可知，在输出电压不同时，同相输入端电压分别有两个门限电平，即

$$U_{T+} = \frac{R_2}{R_1 + R_2} U_{OH} + \frac{R_1}{R_1 + R_2} U_R = \frac{R_2}{R_1 + R_2} U_{om} + \frac{R_1}{R_1 + R_2} U_R \qquad (5.18)$$

$$U_{T-} = \frac{R_2}{R_1 + R_2} U_{OL} + \frac{R_1}{R_1 + R_2} U_R = \frac{R_2}{R_1 + R_2} (-U_{om}) + \frac{R_1}{R_1 + R_2} U_R \qquad (5.19)$$

U_{T+} 为上门限电压，U_{T-} 为下门限电压。从式（5.18）与式（5.19）中可知，$U_{T+} > U_{T-}$，两者的差值 ΔU 称为门限宽度或回差电压。ΔU 的表达式为

$$\Delta U = U_{T+} - U_{T-} = \frac{R_2}{R_1 + R_2} (U_{OH} - U_{OL}) = 2U_{om} \frac{R_2}{R_1 + R_2} \qquad (5.20)$$

调节 R_1 和 R_2，可改变 ΔU。ΔU 越大，比较器抗干扰能力越强，但分辨率就越差，从图 5.22（b）也可看出。

二、方波发生电路

1. 工作原理

用滞回比较器构成的方波发生电路如图 5.23 所示。它由反相输入的滞回比较器和 RC 积分电路组成。由于方波含有丰富的谐波，因此方波发生电路又称多谐振荡器。RC 回路既作为延迟环节，又作为反馈网络，通过 RC 充放电实现输出状态的自动转换。

图中滞回比较器的输出电压 $u_O = \pm U_Z$，上下门限电压为

$$U_{T+} = \frac{R_2}{R_1 + R_2} U_Z \qquad\qquad U_{T-} = \frac{R_2}{R_1 + R_2} (-U_Z)$$

当电路的振荡达到稳定后，电容器 C 就交替充电和放电。当 u_O 为高电平 U_Z 时，电容器 C 充电，充电电流流向如图 5.23 中实线所示，电容器两端电压 u_C 不断上升，此时同相输入端电压为上门限电压 U_{T+}，当 $u_C > U_{T+}$ 时，输出电压 u_O 翻转为低电平 $-U_Z$，又使同相输入端电压

为下门限电压U_{T-}，随后电容器 C 开始放电，放电电流流向如图 5.23 中虚线所示，电容器两端电压 u_C 不断下降，当 u_C 降低到 $u_C < U_{T-}$ 时，输出电压 u_O 又变为高电平U_Z，电容器又开始充电，重复上述过程。由于充放电过程路径相同，时间常数一样，输出电压波形为一方波。电容器两端电压 u_C 和电路输出电压 u_O 波形如图 5.24 所示。

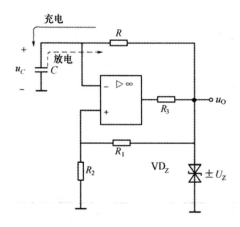

图 5.23　方波发生电路

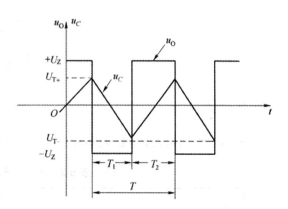

图 5.24　方波发生电路波形图

2. 振荡周期及频率

从图 5.24 中可以得出振荡周期为

$$T = T_1 + T_2$$

充放电时间常数 RC 决定周期，可以证明，振荡周期为

$$T = T_1 + T_2 = 2RC\ln\left(1 + \frac{2R_2}{R_1}\right) \tag{5.21}$$

则振荡频率为

$$f = \frac{1}{T} = \frac{1}{2RC\ln\left(1 + \frac{2R_2}{R_1}\right)} \tag{5.22}$$

改变 R、C 或 R_1、R_2 的值可调节振荡频率。

通常定义输出电压高电平的时间 T_2 与周期 T 之比为占空比，即

$$D = \frac{T_2}{T} \tag{5.23}$$

由图 5.24 可知，当 $T_1 = T_2$ 时，占空比 D 为 50%，波形为方波。

3. 课题电路分析

图 5.18 中输出电压在+6 V 和−6 V 电平间跳变。电路的上下限门限电压为

$$U_{T+} = \frac{R_2}{R_1 + R_2} U_Z = 3 \text{ V}$$

$$U_{T-} = \frac{R_2}{R_1 + R_2}(-U_Z) = -3 \text{ V}$$

电路的振荡周期和频率为

$$T = 2RC \ln\left(1 + \frac{2R_2}{R_1}\right) = 0.14 \text{ ms}$$

$$f = \frac{1}{T} = 7.14 \text{ kHz}$$

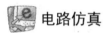 **电路仿真**

一、所用仪器以及电路元器件（见表 5.2）

表 5.2　所用仪器及电路元器件

序号	名　　称	型号/规格	数　量
1	数字式万用表	UT58	1 块
2	交流毫伏表	SX2172	1 台
3	示波器	TDS 1002	1 台
4	集成电路	μA741	1 只
5	电容器	100 nF	1 只
6	电阻器	10 kΩ、5 kΩ	10 kΩ 3 只，5 kΩ 1 只
7	稳压管	02BZ2.2	2 只

二、电路仿真

1．元器件选取及电路组成

仿真电路所有元器件及选取途径如下：

（1）电源：Place Sources→POWER_SOURCES→VCC，电源电压默认值为 5 V。双击打开对话框，将电压值设置为 12 V。

（2）接地：Place Sources→POWER_SOURCES→GROUND，选取电路中的接地。

（3）电阻器：Place Basic→RESISTOR，选取 10 kΩ、5.1 kΩ。

（4）运算放大器：Place→Analog_VIRTUAL→741。

（5）虚拟仪器：从虚拟仪器栏中调取双通道示波器（XSC1）。

2．组建仿真电路（见图 5.25）

开启仿真开关，双击虚拟示波器图标，弹出放大面板观察电容器充、放电波形和输出波形，如图 5.26 所示。

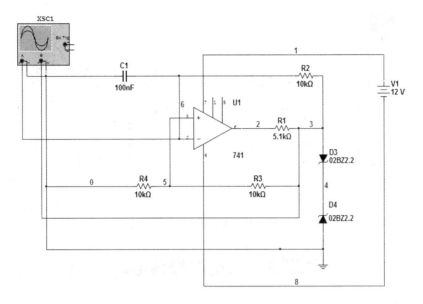

图 5.25　方波发生仿真电路

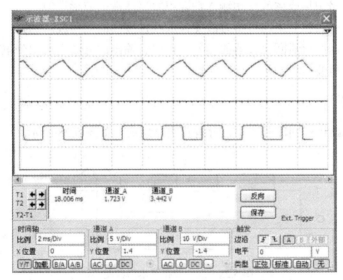

图 5.26　电容器充、放电波形和输出波形

知识拓展

在方波发生电路中，若能采取措施改变输出波形的占空比，使之大于或小于 50%，则电路就变成矩形波发生电路。图 5.27（a）为矩形波发生电路的电路图，利用二极管的单向导电性使电容器充放电通路不同，从而充放电时间常数不同，即可改变输出电压的占空比。

图 5.27 中 VD$_1$、VD$_2$ 构成不同的充放电通路，R_W 为调节占空比电位器，当滑动端偏上时，放电时间常数小，充电时间常数大，矩形波高电平维持时间长，低电平时间短，即占空比大于 50%，如图 5.27（b）所示；反之亦然。

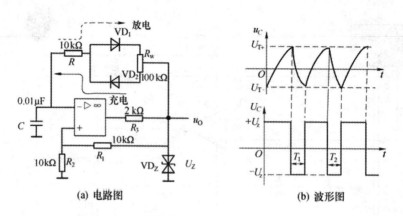

图 5.27　矩形波发生电路

课题 3　三角波振荡电路

课题描述

在方波发生电路中集成运放反相输入端即电容器两端的波形近似三角波，但它由指数曲线组成，线性度很差。积分电路可将方波变换成线性度高的三角波。选择合适的电路参数，将积分电路的输出送回给滞回比较器的输入，再将它输出的方波送给积分电路的输入，则可得到波形较好的三角波。

一、电路组成

三角形振荡电路由滞回比较器和积分运算电路组成，如图 5.28 所示。

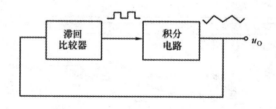

图 5.28　三角波振荡电路框图

二、各环节功能

（1）滞回比较器。同相输入信号比较，输出方波，给积分电路提供高低电平。

（2）积分电路。进行波形变换，并取代方波发生电路的 RC 回路，起延时作用。

三、课题电路原理图

三角波振荡电路原理图，如图 5.29 所示。

图 5.29 中集成运放 A_1、R_1、R_2、R_3 与 VD_z 构成滞回比较器，集成运放 A_2、R_p、R 和 C 构成积分电路。

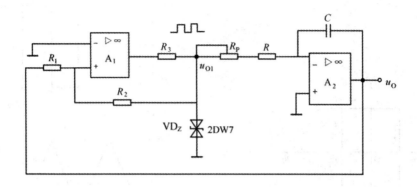

图 5.29　三角波振荡电路

 电路知识

一、工作原理

在矩形波发生电路中，电容器两端电压 u_C 是一个近似三角波信号，但由于电容器不是恒流充放电，输出波形线性度差，一般不作为三角波发生电路。图 5.29 的积分电路电容器为恒流充放电，输出波形线性度好。

电路中集成运放 A_1 组成滞回比较器，A_2 组成积分电路。同相滞回比较器的输出 u_{O1} 高低电平分别为

$$U_{OH} = +U_Z \qquad U_{OL} = -U_Z$$

设电源闭合瞬间 $u_{O1} = +U_Z$，电容器两端电压 $u_C = 0$，电容器开始充电。因为 A_2 积分电路虚地，所以充电电流为恒流 $i_{充} = \dfrac{U_Z}{R + R_P}$，$u_O = -u_C$ 随之线性下降。此时积分电路 A_1 同相输入端为

$$u_+ = \frac{R_1}{R_1 + R_2} u_{O1} + \frac{R_2}{R_1 + R_2} u_O$$

输出电压 u_O 作为 A_1 输入电压，反相输入端电压 $u_- = 0$，令 $u_+ = u_- = 0$，并将 $u_{O1} = \pm U_Z$ 代入上式，可得门限电压为

$$U_T = \pm \frac{R_1}{R_2} U_Z$$

因而滞回比较器的传输特性，如图 5.30 所示。u_O（$-u_C$）下降到 $u_+ \leqslant u_-$（即 $u_I \leqslant U_{T-}$）时，u_{O1} 从 $+U_Z$ 跳变到 $-U_Z$。而后电容器开始放电，输出电压线性上升。当上升到 $u_+ \geqslant u_-$（即 $u_I \geqslant U_{T+}$）时，u_{O1} 从 $-U_Z$ 跳变到 $+U_Z$，电容器开始充电，u_O 再次线性下降。如此周而复始，A_1 输出端 u_{O1} 得到方波，而输出电压 u_O 得到三角波输出波形，如图 5.31 所示。

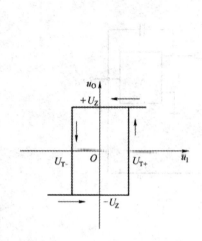

图 5.30 同相滞回比较器电压传输特性

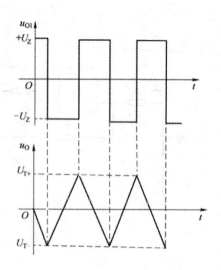

图 5.31 三角波振荡电路的波形图

二、振荡周期和频率

振荡周期由 A_2 的积分电路求出，输出电压在 $T/2$ 的时间内由 U_{T-} 线性上升到 U_{T+}，所以积分电路的输出电压为

$$u_O = -\frac{1}{(R+R_P)C}\int_0^t u_{O1}\mathrm{d}t = \frac{1}{(R+R_P)C}\int_0^{\frac{T}{2}} U_Z\mathrm{d}t$$

由上式可得振荡周期为

$$T = 4(R+R_P)C\frac{U_T}{U_Z} = \frac{4(R+R_P)CR_1}{R_2} \tag{5.24}$$

振荡频率为

$$f = \frac{1}{T} = \frac{R_2}{4(R+R_P)CR_1} \tag{5.25}$$

从上式可见通过调节 R_1、R_2、R_P 可以改变频率，一般调节 R_1、R_2 来改变幅值，调节 R_P 改变频率。

电路仿真

一、所用仪器以及电路元器件（见表 5.3）

表 5.3 所用仪器及电路元器件

序 号	名 称	型号/规格	数 量
1	数字式万用表	UT58	1 块
2	交流毫伏表	SX2172	1 台
3	示波器	TDS 1002	1 台

序号	名　称	型号/规格	数　量
4	集成电路	μA741	2 只
5	电容器	100 nF	1 只
6	电阻器	1 kΩ、2 kΩ、10 kΩ、20 kΩ	各 1 只
7	二极管	02BZ2.2	2 只

二、电路仿真

矩形波电压只有两种状态，不是高电平，就是低电平，所以电压比较器是它的重要组成部分；因为产生振荡，就是要求输出的两种状态自动地相互转换，所以电路中必须引入反馈。将方波电压作为积分电路的输入，在其输出端就得到三角波电压，仿真电路如图 5.32 所示。

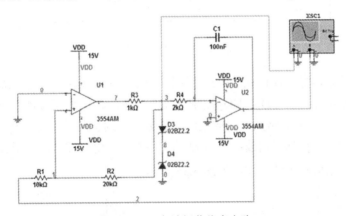

图 5.32　三角波振荡仿真电路

当方波发生电路的输出电压等于 $+U_z$ 时，积分电路的输出电压将线性下降；而当输出电压等于 $-U_z$ 时，积分电路的输出电压将线性上升。

用示波器观察输出电压的波形，如图 5.33 所示。

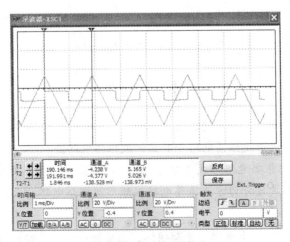

图 5.33　输出电压波形

从示波器上看出电路的振荡周期为 1.8 ms。

 知识拓展

在三角波电路的基础上稍加变化就可构成锯齿波发生电路。三角波波形上升和下降的斜率相同，锯齿波波形上升和下降的斜率不同。修改电容器充放电的路径，使充电时间常数和放电时间常数不同就可得到正负向锯齿波。电路如图 5.34 所示。

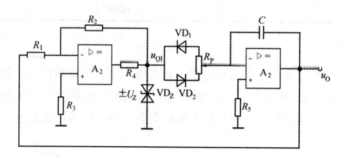

图 5.34　锯齿波产生电路

利用二极管的单向导电性使充放电路径不同，图 5.34 中 VD_1、VD_2、R_P、C 构成积分电路的电容器充放电电路，由 VD_1、VD_2 控制充放电电路，调节 R_P 可以改变充放电时间常数，R_P 滑动端在上端，充电时间常数大于放电时间常数，得到负向锯齿波；R_P 滑端动端在中间，充放电时间常数相等，得到三角波；R_P 滑动端在下端，充电时间常数小于放电时间常数，得到正向锯齿波。锯齿波输出波形图，如图 5.35 所示。

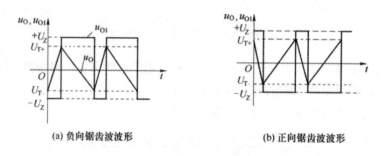

(a) 负向锯齿波波形　　　　　　　(b) 正向锯齿波波形

图 5.35　锯齿波发生电路波形图

小　　结

1. 振荡电路不需要输入信号，就能够产生一定频率和幅度的信号。根据信号的波形不同，振荡电路分为两大类，正弦波振荡电路和非正弦波振荡电路。

2. 正弦波振荡电路根据电路形式又分为 RC、LC 振荡电路和石英晶体振荡电路等；非正弦波振荡电路按信号形式又分为方波振荡电路、矩形波振荡电路、三角波振荡电路和锯齿波振荡电路等。

3. 正弦波振荡电路由放大电路、选频网络、正反馈网络和稳幅环节组成。产生自激振荡

的振幅平衡条件为 $|\dot A\dot F|=1$，相位平衡条件为 $\varphi_A+\varphi_F=2n\pi$（$n=1$，2，3...）。振荡幅度起振条件为 $|\dot A\dot F|>1$，相位起振条件为 $\varphi_A+\varphi_F=2n\pi$（$n=1$，2，3...）。

4. RC 正弦波振荡电路一般用于产生 1Hz～1MHz 的低频信号。LC 正弦波振荡电路主要用来产生 1MHz 以上的高频信号，它有变压器耦合振荡电路、电感三点式振荡电路和电容三点式振荡电路。采用石英晶体谐振器，具有很高的振荡频率准确性和稳定性，其频率稳定度一般可达 $10^{-6}\sim10^{-8}$ 数量级，它有串联型和并联型振荡电路。

5. RC 振荡电路的振荡频率为

$$f=\frac{1}{2\pi RC}$$

LC 振荡电路的振荡频率如下：

（1）变压器反馈式 LC 振荡电路中，有　$f_0=\dfrac{1}{2\pi\sqrt{L_1C}}$

（2）电感三点式振荡电路中，有　$f_0=\dfrac{1}{2\pi\sqrt{LC}}=\dfrac{1}{2\pi\sqrt{(L_1+L_2+2M)C}}$

（3）电容三点式振荡电路中，有　$f_0=\dfrac{1}{2\pi\sqrt{LC}}=\dfrac{1}{2\pi\sqrt{L\dfrac{C_1C_2}{C_1+C_2}}}$

6. 电压比较器工作在大信号、开环、非线性状态。输出只有高低电平两种状态。工作状态在门限电平处翻转，此时 $u_+\approx u_-$。单限电压比较器只有一个门限，滞回比较器有两个门限，有较高的抗干扰能力，两门限之差称为回差电压。

7. 非正弦波发生电路通常由滞回比较器和积分电路等组成。利用电容器的充放电产生周期振荡的波形。

习　　题

1. 正弦波振荡电路反馈网络的相移 $\varphi_F=180°$，那么它的放大电路的相移 φ_A 应为_____。

　　A．90°　　　　　　B．180°　　　　　　C．360°　　　　　　D．270°

2. 正弦波振荡电路的振荡条件是_____。

　　A．$\dot A\dot F>1$　　　　B．$\dot A\dot F<1$　　　　C．$\dot A\dot F=-1$　　　　D．$\dot A\dot F=1$

3. 正弦波振荡电路的振幅平衡条件是_____。

　　A．$AF=1$　　　　B．$AF=-1$　　　　C．$AF>1$　　　　D．$AF>0$

4. 制作频率为 20 Hz～20 kHz 的音频信号发生电路，应选用_____。

　　A．RC 桥式正弦波振荡电路　　　　　　B．LC 正弦波振荡电路

　　C．石英晶体正弦波振荡电路　　　　　　D．都可以

5. 制作频率为 2～20 MHz 的接收机的本机振荡器，应选用_____。

　　A．RC 桥式正弦波振荡电路　　　　　　B．LC 正弦波振荡电路

　　C. 石英晶体正弦波振荡电路　　　　　　D. 都可以

6. 制作频率非常稳定的测试用信号源，应选用_____。

　　A. *RC* 桥式正弦波振荡电路　　　　　　B. *LC* 正弦波振荡电路

　　C. 石英晶体正弦波振荡电路　　　　　　D. 都可以

7. 据振荡的相位条件，判断下图中的电路能否振荡？

8. 分别标出下图中所示电路中变压器的同名端，使之满足正弦波振荡的相位条件。

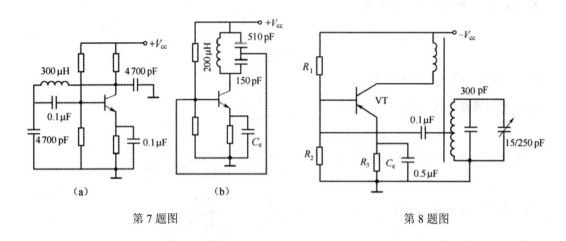

第 7 题图　　　　　　　　　　　　　　　　第 8 题图

9. 试用振荡相位平衡条件判断图示电路能否产生正弦振荡波，如不能应怎样修改？

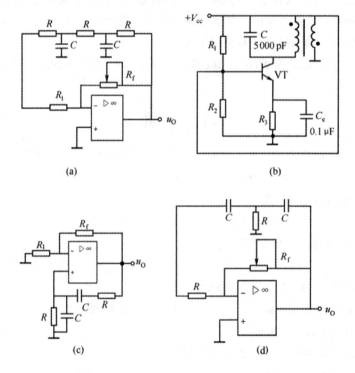

第 9 题图

10. 在图示电路中标出二次侧线圈的同名端，使之满足相位平衡条件，并求出振荡频率。

11. 试求图示电路的电压传输特性。

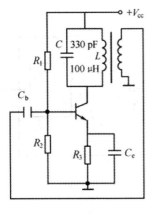

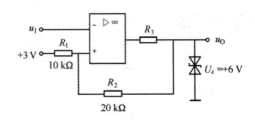

第 10 题图　　　　　　　　　　　　　第 11 题图

12. 迟滞电压比较器如图所示，试画出传输特性。

13. 试求图示电路的电压传输特性。

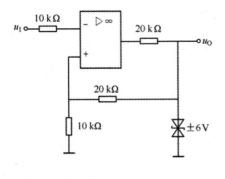

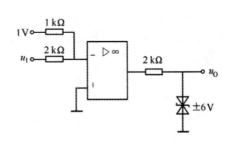

第 12 题图　　　　　　　　　　　　　第 13 题图

14. 试求图示电路的电压传输特性。

15. 试求图示电路的电压传输特性。

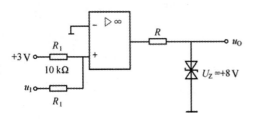

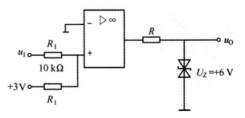

第 14 题图　　　　　　　　　　　　　第 15 题图

16. 试求图示电路的电压传输特性。

17. 三角波发生电路如图所示，它由迟滞比较器 A_1 和反向积分电路 A_2 组成，试分析它的工作原理，计算上、下门限电压 U_{T+}、U_{T-} 并定性画出 u_O 和 u'_O 波形。

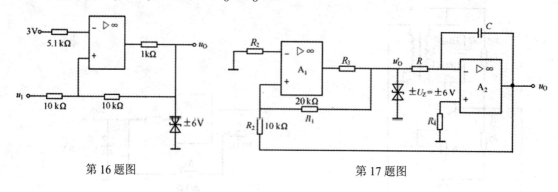

第 16 题图　　　　　　　　　　第 17 题图

单元 6 低频功率放大电路

在电子电路中，信号经放大后要送到负载去完成某种任务，例如驱动扬声器发声、继电器动作、仪表指示等。这就要求放大电路不仅要向负载提供大的电压信号，而且要提供足够大的功率。因此，这种输出足够大功率的放大电路称为功率放大电路又称功率放大器，简称功放。本单元将介绍功率放大电路的特点和分类；双电源互补对称功率放大电路；单电源互补对称功率放大电路及集成功率放大电路。

课题 1 甲乙类双电源功率放大电路

课题描述

在单元 3 已经讨论过，射极输出器有输入电阻高、输出电阻低、带负载能力强等特点，它很适宜做功率放大电路，但单管射极输出器静态功耗大。为了解决这个问题，大多采用本课题所示的双电源互补对称推挽电路，又称无输出电容的功率放大电路（OCL 电路）。

一、课题电路原理图

图 6.1 所示的电路为甲乙类双电源功率放大电路，其输入和输出均为直接耦合方式。该电路采用了两个特性对称但类型相反的三极管，其中 VT$_1$ 为 NPN 管，VT$_2$ 为 PNP 管，两管的发射极连接在一起，并直接与负载 R_L 相连，电路分别接正负对称的直流电源 $+V_{cc}$、$-V_{cc}$，这两个电源是分别给放大管 VT$_1$ 和 VT$_2$ 供电，轮流为输出信号提供能量。电路中的 R_1、R_2、R、VD$_1$ 和 VD$_2$ 为两个三极管的偏置电阻，用来提供一定的偏置电压降。

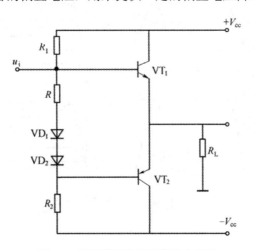

图 6.1 甲乙类双电源功率放大电路

二、课题电路实物图

课题电路实物图，如图 6.2 所示。

图 6.2　甲乙类双电源功率放大实物图

 电路知识

一、功率放大电路的分类

功率放大电路按电路中功率三极管的静态工作点所处的位置不同，可分为甲类功放、乙类功放和甲乙类功放，如图 6.3 所示。

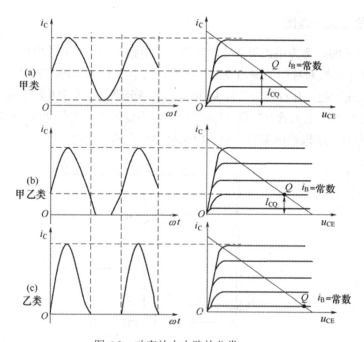

图 6.3　功率放大电路的分类

1．甲类功放

工作在甲类状态的三极管，其静态工作点选在三极管放大区内，如图 6.3（a）所示，在输入信号的整个周期内，三极管均导通。此时如果电路的输入信号为正弦波，那么输出信号也为正弦波，非线性失真小。但三极管工作在甲类状态时，静态电流较大，不论有无输入信号，三极管都将消耗功率，所以它的输出功率和效率很低，在理想情况下其最高效率为 50%。

2. 乙类功放

工作在乙类状态的三极管，其静态工作点选在放大区和截止区的交界处，输入信号的一半在放大区，而另一半进入截止区，即在输入信号的整个周期内，三极管仅在半个周期内导通，如图 6.3（c）所示，此时如果电路的输入信号为正弦波，那么电路的输出信号只有正弦波的半个周期，非线性失真严重。乙类工作状态的静态电流 $I_{CQ} \approx 0$，因此损耗低，效率高。为了解决乙类功放非线性失真问题，通常采用两只参数对称的三极管轮流工作，分别放大正弦信号的正、负半周的办法来克服失真。在理想情况下其最高效率为 78.5%。

3. 甲乙类功放

工作在甲乙类状态的三极管，其静态工作点位于甲类功放和乙类功放之间，如图 6.1.3（b）所示，在输入信号的一个周期内，三极管导通时间大于半周而小于全周，此时如果电路的输入信号为正弦波，那么输出信号为单边失真的正弦波。由于甲乙类工作状态下存在静态电流，电路消耗电源功率，故它的效率低于乙类。为了解决非线性失真问题，通常采用两只参数对称的三极管轮流工作的推挽电路。

在低频功率放大电路中主要采用乙类或甲乙类功率放大电路。

二、乙类双电源功率放大电路

图 6.4（a）所示为乙类双电源功率放大电路，又称无输出电容的功率放大电路（OCL 电路）。静态时，由于电路无偏置电压，故两三极管的静态参数 I_{BQ}、I_{CQ} 均为零，即两个三极管均工作在截止区，此时电路的输出电压为 0 V。

当输入信号向正方向变化时，基极电位升高，VT_1 管发射结正向偏置，因而处于导通状态；VT_2 管发射结反向偏置，因而处于截止状态；VT_1 管以射极输出器的形式将正方向的信号传递到负载电阻 R_L，电流通路如图 6.4（a）中实线所标注，正电源 $+V_{CC}$ 供电。与此相反，当输入信号向负方向变化时，基极电位降低，VT_2 管发射结正向偏置，因而处于导通状态；VT_1 管发射结反向偏置，因而处于截止状态；VT_2 管以射极输出器的形式将负方向的信号传递到负载电阻 R_L，电流通路如图 6.4（a）中虚线所标注，负电源 $-V_{CC}$ 供电。这样 VT_1 管和 VT_2 管以互补的方式交替工作，正、负电源交替供电，电路实现了双向跟随。所以，该电路能够输出较大电流，从而使负载获得较大功率。

实际上，上述这种互补对称电路在两管交替导通的瞬间，输出波形在零点附近出现一段死区，这是由于三极管存在死区电压，当输入信号低于死区电压时，两管都截止，负载 R_L 上无电流通过，出现了失真，该失真称为交越失真，如图 6.4（b）所示。设置合适的静态工作点是消除失真的基本方法。

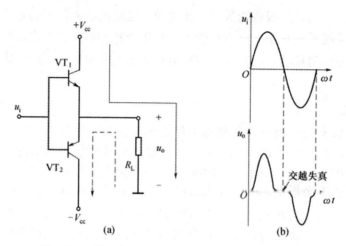

图 6.4　乙类双电源功率放大电路及其输入输出波形

三、甲乙类双电源功率放大电路

如果在静态时，能使两只三极管均处于临界导通状态或微导通状态，那么在输入信号作用的任何时刻都能保证有一只三极管导通，这样就避免了交越失真。实现上述想法的电路如图 6.1 所示。该电路中从 $+V_{CC}$ 经过 R_1、R、VD_1、VD_2、R_2 到 $-V_{CC}$ 有一个回路电流，必然在 VT_1 管和 VT_2 管两个基极之间产生电压，即

$$U_{B1B2} = U_R + U_{VD1} + U_{VD2}$$

合理选择 R 的阻值，可使 U_{B1B2} 略大于 VT_1 管发射结和 VT_2 管发射结死区电压之和，从而使两只三极管在静态时均处于微导通状态，使工作点都脱离截止区，从而达到消除交越失真的目的。由于电路对称，两管静态时电流相等，因而负载 R_L 上无静态电流通过。外加信号时，总有一只三极管处于导通状态，使输出波形在零点附近基本上能得到线性放大。

综上所述，输入信号的正半周主要是 VT_1 管发射极驱动负载，而负半周主要是 VT_2 管发射极驱动负载，而且两只三极管的导通时间都比输入信号的半个周期长，即在信号电压很小时，两只三极管同时导通，这种工作状态称为甲乙状态，故图 6.1 所示电路又称为甲乙类互补输出级。

四、电路的功率参数分析

功率放大电路最重要的技术指标是电路能够输出的最大功率及其效率。

1. 输出功率

输出功率是指负载获得的信号功率，根据以前所学知识，可以写出输出信号的最大功率的表达式，即

$$P_o = \frac{I_{om}}{\sqrt{2}} \cdot \frac{U_{om}}{\sqrt{2}} = \frac{1}{2} I_{om} U_{om} \tag{6.1}$$

式中，U_{om} 和 I_{om} 分别为负载 R_L 上的正弦电压和电流的幅值。

由于 $I_{om} = \dfrac{U_{om}}{R_L}$，所以式（6.1）也可写成

$$P_{\text{o}} = \frac{U_{\text{om}}^2}{2R_{\text{L}}} = \frac{1}{2} I_{\text{om}}^2 R_{\text{L}} \tag{6.2}$$

由图 6.1 可知，负载电阻 R_{L} 上所获得的最大电压等于电源电压减去三极管的饱和管压降，即

$$U_{\text{omm}} = V_{\text{CC}} - U_{\text{CE(sat)}} \approx V_{\text{CC}} \tag{6.3}$$

其中，$U_{\text{CE(sat)}}$ 为三极管的饱和管压降，通常很小，可以略去。

最大不失真输出电流的幅度为

$$I_{\text{omm}} = \frac{U_{\text{omm}}}{R_{\text{L}}} \approx \frac{V_{\text{CC}}}{R_{\text{L}}} \tag{6.4}$$

所以放大器最大输出功率为

$$P_{\text{om}} = \frac{I_{\text{omm}}}{\sqrt{2}} \cdot \frac{U_{\text{omm}}}{\sqrt{2}} \approx \frac{V_{\text{CC}}^2}{2R_{\text{L}}} \tag{6.5}$$

2. 直流电源的供给功率

由于两个直流电源都提供半波电流，其峰值 $I_{\text{cm}} \approx \dfrac{U_{\text{om}}}{R_{\text{L}}}$，每只三极管的集电极电流的平均值为

$$I_{\text{C1}} = I_{\text{C2}} = \frac{1}{2\pi} \int_0^{\pi} I_{\text{cm}} \sin \omega t\, \mathrm{d}(\omega t) = \frac{I_{\text{cm}}}{\pi} \tag{6.6}$$

因为每个电源只提供半周期的电流，所以两个电源供给的总功率为

$$P_{\text{DC}} = I_{\text{C1}} V_{\text{CC}} + I_{\text{C2}} V_{\text{CC}} = 2I_{\text{C1}} V_{\text{CC}} = \frac{2V_{\text{CC}} I_{\text{cm}}}{\pi} \tag{6.7}$$

输出最大功率时，直流电源供给的最大功率为

$$P_{\text{DC}} = \frac{2V_{\text{CC}}^2}{\pi R_{\text{L}}} \tag{6.8}$$

3. 效率

效率是负载获得的信号功率 P_{o} 与直流电源供给功率 P_{DC} 之比，一般情况下的效率 η 可由式（6.2）与式（6.8）相比求出

$$\eta = \frac{P_{\text{o}}}{P_{\text{DC}}} = \frac{\pi}{4} \cdot \frac{U_{\text{om}}}{V_{\text{CC}}} \tag{6.9}$$

可见，η 与 U_{om} 有关。当 $U_{\text{om}} = 0$ 时，$\eta = 0$；当 $U_{\text{om}} = U_{\text{omm}}$ 时，可得输出最大功率时的效率，也是最大效率，即

$$\eta_{\text{m}} = \frac{\pi}{4} \cdot \frac{U_{\text{omm}}^2}{V_{\text{CC}}^2} = \frac{\pi}{4} \cdot \frac{(V_{\text{CC}} - U_{\text{CE(sat)}})^2}{V_{\text{CC}}^2} \approx \frac{\pi}{4} = 78.5\% \tag{6.10}$$

实际上，由于三极管 VT_1、VT_2 的饱和管压降不为零，所以电路的最大效率低于 78.5%。

4．管耗

直流电源提供的功率与输出功率之差就是损耗在两个三极管上的功率。

$$P_{C1} = P_{C2} = \frac{1}{2}(P_{DC} - P_o)$$

$$= \frac{1}{2}\left(\frac{2V_{CC}U_{om}}{\pi R_L} - \frac{U_{om}^2}{2R_L}\right) \qquad (6.11)$$

$$= \frac{U_{om}}{R_L}\left(\frac{V_{CC}}{\pi} - \frac{U_{om}}{4}\right)$$

可见，管耗 P_C 与输出信号幅度 U_{om} 有关。为求管耗最大值与输出电压幅度的关系，令 $\frac{dP_{C1}}{dU_{om}} = 0$，则得

$$\frac{dP_{C1}}{dU_{om}} = \frac{V_{CC}}{\pi R_L} - \frac{U_{om}}{2R_L} = 0$$

由此可见，当 $U_{om} = \frac{2V_{CC}}{\pi} \approx 0.6V_{CC}$ 时，P_{C1} 达到最大值，由式（6.11）可得此时的效率 $\eta = 50\%$，而输出功率为最大时，管耗却不是最大，这一点必须注意。将此关系代入式（6.11）得每管的最大管耗为

$$P_{C1m} = \frac{V_{CC}^2}{\pi^2 R_L} \qquad (6.12)$$

由于 $P_{om} = \frac{V_{CC}^2}{2R_L}$，所以最大管耗和最大输出功率的关系为

$$P_{C1m} = \frac{2}{\pi^2}P_{om} \approx 0.2P_{om} \qquad (6.13)$$

5．功率三极管的选择

功率三极管的极限参数有 P_{CM}、$U_{(BR)CEO}$ 和 I_{CM}，应满足下列条件：

（1）功率三极管集电极的最大允许功耗 P_{CM}。功率三极管的最大功耗应大于单管的最大功耗，即

$$P_{CM} \geqslant P_{Cm} = 0.2P_{om} \qquad (6.14)$$

（2）功率三极管的最大耐压 $U_{(BR)CEO}$：

$$U_{(BR)CEO} \geqslant 2V_{CC} \qquad (6.15)$$

这是由于一只管饱和导通时，另一只管承受的最大反向电压约为 $2V_{CC}$。

（3）功率三极管的最大集电极电流 I_{CM}：

$$I_{CM} \geqslant \frac{V_{CC}}{R_L} \qquad (6.16)$$

例 电路如图 6.4(a)所示的乙类双电源互补对称功率放大电路的 $V_{CC} = \pm 20\text{ V}$，$R_L = 8\ \Omega$，设输入信号为正弦波，求功率放大电路的参数 P_{CM}，$U_{(BR)CEO}$ 及 I_{CM}。

解：（1）最大输出功率。

$$P_{om} = \frac{1}{2}\frac{V_{CC}^2}{R_L} = \frac{1}{2} \times \frac{20^2}{8}\ W = 25\ W$$

所以
$$P_{CM} \geqslant 0.2 P_{om} = 0.2 \times 25\ W = 5\ W$$

（2）功率三极管最大耐压。

$$U_{(BR)CEO} \geqslant 2 V_{CC} = 40\ V$$

（3）功率三极管最大集电极电流。

$$I_{CM} \geqslant \frac{V_{CC}}{R_L} = \frac{20}{8}\ A = 2.5\ A$$

实际选择功率三极管时，极限参数均应有一定的余量，一般应提高 50% 以上。在本例中，考虑到热稳定性，P_{CM} 取 2 倍的余量为 10 W。考虑到热击穿，$U_{(BR)CEO}$ 取 2 倍的余量为 80 V。请读者查阅电子器件手册，选择合适的功率三极管。

电路仿真

一、所用仪器以及电路元器件（见表 6.1）

表 6.1　所用仪器及电路元器件

序号	名　　称	型号/规格	数　量
1	数字式万用表	UT58	1 块
2	交流毫伏表	SX2172	1 台
3	示波器	TDS 1002	1 台
4	三极管	2N3906，2N3904	各 1 只
5	电阻器	2 kΩ，20 Ω	2 kΩ 2 只，20 Ω 1 只

二、电路仿真

1. 元器件选取及电路组成

仿真电路所有元器件及选取途径如下：

（1）电源：Place Sources→POWER_SOURCES→VCC，电源电压默认值为 5 V。双击打开对话框，将电压值设置为 12 V。

（2）接地：Place Sources→POWER_SOURCES→GROUND，选取电路中的接地。

（3）电阻器：Place Basic→RESISTOR，选取 2 kΩ，20 Ω。

（4）三极管：Place Transistor→BJT_NPN→2N3904、2N3906。

（5）二极管：Place Diode→1N4148。

（6）虚拟仪器：从虚拟仪器栏中调取信号发生器（XFG1）、双通道示波器（XSC2）。

2. 组建仿真电路（见图 6.5）

功放的任务是对信号进行功率放大，提供不失真且功率足够大的信号，以推动负载工作，此外，还应具有较高的效率。目前广泛采用互补对称功率放大电路。

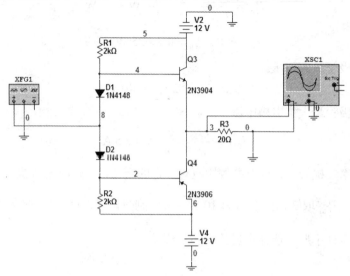

图 6.5　甲乙类互补对称放大电路仿真电路图

接上 $20\,\Omega$ 负载，连接电源，开启电源，调节 R_{P1} 至合适的静态工作点，记录万用表读数。低频信号发生器输出 $1\,\text{kHz}$ 正弦波信号，用示波器观察输出端波形。

如图 6.6 所示，可以看到此电路克服了交越失真的问题。

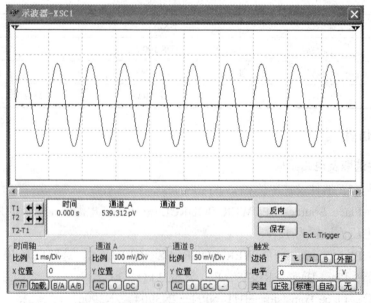

图 6.6　甲乙类互补对称放大电路输出波形

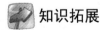 知识拓展

为了消除交越失真，必须让功放工作在甲乙类状态，即使两只三极管在静态时处于微导通状态，因此课题 1 电路原理图中通过加入 R，VD_1 和 VD_2，分别给两只三极管的发

射结提供了很小的正偏压。在实际电路中，还经常使用图 6.7 所示的功放电路来消除交越失真。

图 6.7（a）所示电路在 VT_1、VT_2 基极间串入由三极管 VT_3、VT_4 连接成的二极管，利用 VT_5 管的静态电流流过 VT_3、VT_4 产生的压降作为 VT_1、VT_2 管的静态偏置电压。这种偏置方法有一定的温度补偿作用，因为这里的二极管都是将三极管基极和集电极短接而成。VT_1、VT_2 两管的 U_{BE} 随温度的升高而减小时，VT_3、VT_4 两管的 U_{BE} 也随温度的升高而减小。

图 6.7（a）所示电路偏置电压不易调整，而在图 6.7（b）中，设流入 VT_4 的基极电流远小于流过 R_1、R_2 的电流，则由图可求出

$$U_{CE4} \approx \frac{U_{BE4}}{R_2}(R_1 + R_2) \tag{6.17}$$

U_{CE4} 用以供给 VT_1、VT_2 两管的偏置电压。由于 U_{BE4} 基本为一固定值（0.6～0.7 V），只要适当调节 R_1、R_2 的比值，就可改变 VT_1、VT_2 两管的偏压值。

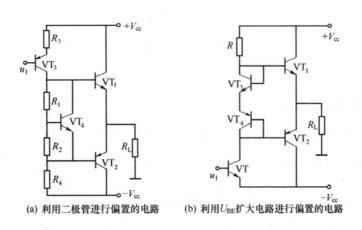

(a) 利用二极管进行偏置的电路　　(b) 利用 U_{BE} 扩大电路进行偏置的电路

图 6.7　甲乙类互补对称功率放大电路

课题 2　甲乙类单电源功率放大电路

课题描述

甲乙类双电源功率放大电路，由于静态时两管的发射极是零电位，所以负载可直接接到该处而不必采用耦合电容器，所以该电路又称为无输出电容的功率放大电路，即 OCL 电路。该电路具有低频响应好，输出功率大，电路便于集成等优点，但需要两个独立的电源，使用起来有时会感到不便。为此将电路进一步改进，采用单电源互补对称功率放大电路，如图 6.8 所示，只要在输出极接入隔直电容器即可，这个电路通常又称无输出变压器的电路，简称 OTL 电路。

由图 6.8 可以看出，该电路仍是由参数对称的 VT_1、VT_2 组成两个射极输出器，在共同的输出端与负载电阻 R_L 之间串联一只容量足够大的电容器 C_L，VT_2 的集电极接地。R、VD_1 和 VD_2 提供一定的偏置电压降，用来消除交越失真。

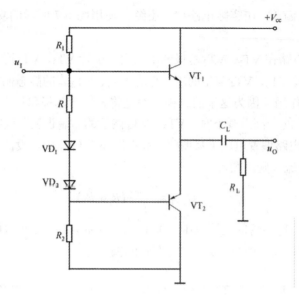

图 6.8　甲乙类单电源互补对称功率放大电路

电路知识

一、OTL 电路的工作原理

当两管基极电阻 R_1 和 R_2 取值合适，调整输入端静态电位，使静态时两管发射极电位为 $\frac{V_{CC}}{2}$，输出隔直电容器 C_L 两端电压也基本上稳定在这个数值。则 VT_1、VT_2 的集电极与发射极之间如同分别外加了 $+\frac{V_{CC}}{2}$ 和 $-\frac{V_{CC}}{2}$ 的电源电压。

当有信号 u_1 输入时，在 u_1 的正半周，VT_1 导通，VT_2 截止，有电流流过负载 R_L，同时向 C_L 充电；当输入信号 u_1 为负半周时，VT_2 导通，VT_1 截止，已充电的电容器 C_L 代替负电源向 VT_2 供电，并通过负载 R_L 放电。只要使时间常数 $R_L C_L$ 远大于信号周期 T，就可以认为在信号变化过程中，电容器两端电压基本保持不变。

与 OCL 电路相比，OTL 电路的优点是少用一个电源，故使用方便，缺点是由于电容器 C_L 在低频时的容抗可能比 R_L 大，所以 OTL 电路的低频响应较差。从基本工作原理上看，两个电路基本相同，只不过在 OTL 电路中每个三极管工作电压不是 V_{CC}，而是 $\frac{V_{CC}}{2}$，输出电压最大值也只能达到 $\frac{V_{CC}}{2}$，所以前面导出的输出功率、管耗和最大管耗的估算公式，要加以修正才能使用。修正时，只要以 $\frac{V_{CC}}{2}$ 代入原式中的 V_{CC} 即可。

二、采用复合管的 OTL 功放电路

1. 复合管

在功率放大电路中，如果负载电阻较小，而又要求获得较大的功率，就必然要给负载提

供很大的电流，在图 6.8 所示电路中，设负载电阻 $R_L = 4\,\Omega$，欲获得 $16\,W$ 功率，根据 $P = I^2R$，则需提供 $2\,A$ 的负载电流。若三极管的电流放大系数 β 为 20，则其基极电流将为 $100\,mA$。显然，这样大的电流很难从前级电路获得。倘若三极管的 $\beta = 1\,000$，则其基极电流将为 $2\,mA$，这样小的电流是比较容易从前级获得的。采用复合管的形式，将两个或两个以上三极管适当地连接在一起等效成一只三极管，就可获得非常大的电流放大系数 β。

图 6.9（a）和图 6.9（b）所示是由两只同类型三极管构成的复合管，图 6.9（c）和图 6.9（d）所示是由两只不同类型三极管构成的复合管。复合管等效的三极管类型由前级三极管 VT_1 决定。

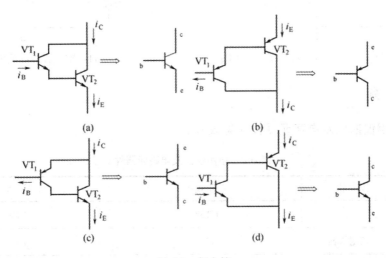

图 6.9 复合管

从图 6.9 中可以看出，VT_2 管的基极电流 i_{B2} 不是 VT_1 管的发射极电流 i_{E1}，就是 VT_1 管的集电极电流 i_{C1}，而 $i_{C1} \approx i_{E1}$，因此，若 VT_1 管电流放大系数为 β_1，VT_2 管电流放大系数为 β_2，则 VT_2 管的集电极电流

$$i_{C2} \approx \beta_2 i_{C1} = \beta_1 \beta_2 i_{B1}$$

所以复合管的电流放大系数 β 近似等于构成它的两只三极管的电流放大系数之积，即

$$\beta \approx \beta_1 \beta_2 \tag{6.18}$$

一般情况下，大功率三极管的电流放大系数只有 20～30 倍。

如果用图 6.9（a）和图 6.9（b）所示复合管分别取代图 6.8 所示电路中的 VT_1 和 VT_2 管，就可构成采用复合管的互补对称功率放大电路，如图 6.10 所示。

2. 复合管 OTL 功放电路

在图 6.10 所示电路中，一般 VT_2 与 VT_4 管均为大功率三极管，要使两只不同类型的大功率三极管的特性完全相同是非常困难的。因此，最好 VT_2 与 VT_4 管都采用同一种类型的三极管，如果用图 6.9（a）和图 6.9（c）所示复合管分别取代图 6.8 所示电路中的 VT_1 和 VT_2，就可以实现这一点，如图 6.11 所示。这种电路称为准互补对称放大电路。

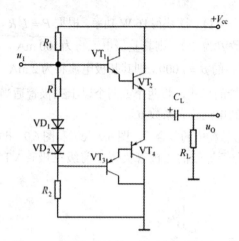

图 6.10　采用复合管的互补对称功率放大电路

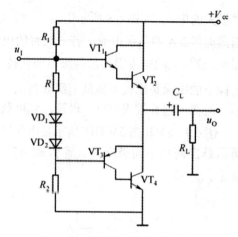

图 6.11　准互补对称放大电路

电路仿真

一、所用仪器以及电路元器件（见表 6.2）

表 6.2　所用仪器及电路元器件

序号	名　称	型号/规格	数　量
1	数字式万用表	UT58	1 块
2	交流毫伏表	SX2172	1 台
3	示波器	TDS 1002	1 台
4	三极管	2SC2001，2SA952	2SC2001 2 只，2SA952 1 只
5	电容器	4.7 μF，100 μF，220 μF	220 μF 2 只，其他各 1 只
6	电阻器	51 Ω，90.9 Ω，250 Ω，2.4 kΩ，3.3 kΩ	各 1 只
7	电位器（备用）	1 kΩ，10 kΩ	各 1 只

二、电路仿真

1．元器件选取及电路组成

仿真电路所有元器件及选取途径如下：

（1）电源：Place Sources→POWER_SOURCES→VCC，电源电压默认值为 12 V。

（2）接地：Place Sources→POWER_SOURCES→GROUND，选取电路中的接地。

（3）虚拟仪器：从虚拟仪器栏中调取信号发生器（XFG1）、双通道示波器（XSC2）。

（4）电阻器：Place Basic→RESISTOR，选取 51 Ω，90.9 Ω，250 Ω，2.4 kΩ，3.3 kΩ。

（5）三极管：Place Transistor→BJT_NPN→2SC2001、2SA952。

（6）二极管：Place Diode→1N4148。

2. 组建仿真电路（见图6.12）

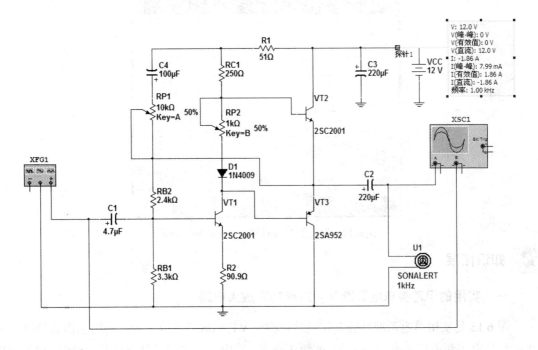

图 6.12　甲乙类单电源互补对称功率放大电路

分别调整两个滑动变阻器，使得中点电压在 6 V 左右，如图 6.13 所示。

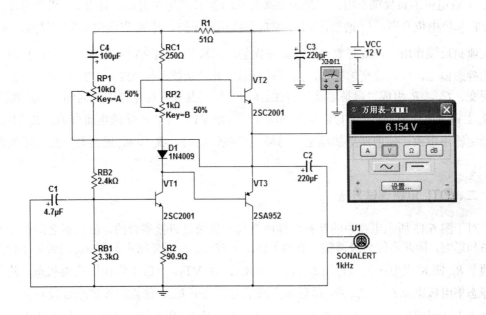

图 6.13　静态工作点测试

加输入信号，用示波器观察输入输出波形，如图 6.14 所示。

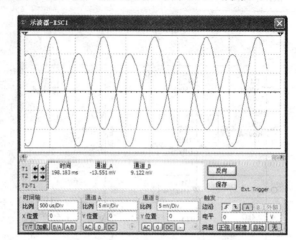

图 6.14　甲乙类互补对称放大电路输出波形

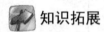 **知识拓展**

一、实用的甲乙类单电源准互补对称功率放大电路

图 6.15 是实用单电源准互补对称电路，图中 VT_5 构成前置放大级，它给输出级提供足够大的信号电压和信号电流，以驱动功率级工作。电路中由于采用了复合功率三极管，可使 VT_1 管、VT_3 管的基极信号电流大大减小。适当调整电位器 R_{P1}，可改变 VT_5 的静态集电极电流，从而改变 VT_1 和 VT_3 的基极电位，使 K 点对地电压 $U_k = V_{CC}/2$（K 点称为中点）。R_{P1} 还具有稳定 K 点电位的负反馈作用。如果由于某种原因使 K 点电位升高，通过 R_{P1} 和 R_1 分压，就可使 VT_5 基极电位升高，i_{C5} 增加，VT_1、VT_3 基极电位下降，使 K 点电位下降。显然，R_{P1} 还起到交流负反馈作用，可改善放大器的动态性能。二极管 VD_1、VD_2 给 $VT_1 \sim VT_4$ 提供一个合适的静态偏压，以消除交越失真，同时具有温度补偿功能，使 $VT_1 \sim VT_4$ 的静态电流不随温度而变。C_2、R_3 组成"自举电路"，它的作用是提高互补对称电路的正向输出电压幅度。R_6 和 R_8 上直流电压为 VT_2、VT_4 提供正向电压，可使 VT_1、VT_3 的穿透电流分流。R_9 和 R_{10} 是为了稳定输出电流，使电路更加稳定，另外当负载短路时，R_9 和 R_{10} 还具有一定的限流保护作用。

二、OTL 电路调试方法

对于图 6.15 所示电路中的互补对称电路与前置级是直接耦合的，前后级之间存在着相互联系和影响，因此不能分级调整，增加了调试的难度。一般先将电位器 R_{P2} 调到最小位置，然后调节 R_{P1} 使 K 点电压值为 $V_{CC}/2$。再调节 R_{P2}，使 VT_1、VT_3 工作在甲乙类状态，建立合适的静态集电极电流 I_{C1} 和 I_{C3} 值。最后加交流信号后调节 R_{P2}，使输出波形刚好没有交越失真为止。由于两级间的工作点互相牵制，故调节静态电流 I_{C1} 和 I_{C3} 将影响中心点 K 的电位，调中心点电位又影响静态电流，需要反复耐心地调到满意为止。

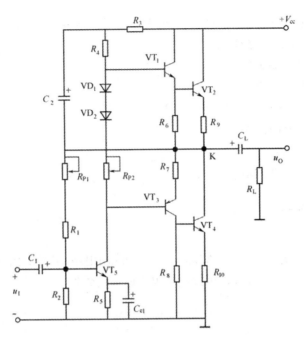

图 6.15　实用单电源准互补对称电路

当然，在调试中，千万不能将 R_{P2} 断开，否则 VT_1 管的基极电位升高，VT_3 管的基极电位变低，将使 VT_1、VT_3 电流变大而导致功放管损坏。

课题 3　集成功放电路

 课题描述

集成功率放大电路具有输出功率大、外围连接元器件少、使用方便等优点，目前使用越来越广泛。它的品种很多，本课题主要以 TDA2030A 音频功率放大器为例加以介绍，TDA2030A 外观及引脚图，如图 6.16 所示。

TDA2030A 的电气性能稳定，能适应长时间连续工作，集成块内部的放大电路和集成运放相似，但在内部集成了过载保护和热切断保护电路，若输出过载或输出短路及管芯温度超过额定值时均能立即切断输出电路，起保护作用，不致损坏功放电路。其金属外壳与负电源引脚相连，所以在单电源使用时，金属外壳可直接固定在散热片上并与地线（金属机箱）相接，无需绝缘，使用方便。

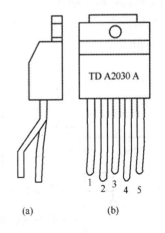

图 6.16　TDA2030A 外观及引脚图

电路知识

一、性能参数

TDA2030A 适用于有源音箱中，作音频功率放大器，也可作其他电子设备中的功率放大。

因其内部采用的是直接耦合，亦可以作直流放大。主要性能参数如下：

（1）电源电压 V_{CC}：$\pm 3 \sim \pm 18$ V 。

（2）输出峰值电流：3.5 A 。

（3）频响 BW：$0 \sim 140$ kHz 。

（4）静态电流：< 60 mA （测试条件：$V_{CC} = \pm 18$ V ）。

（5）谐波失真：THD $<0.5\%$ 。

（6）电压增益：30 dB 。

（7）输入电阻 R_i：> 0.5 MΩ 。

二、典型应用电路

1. OCL 应用电路

图 6.17 电路是双电源供电时 TDA2030A 的典型应用电路。信号 u_1 由同相输入端输入，R_1、R_2、C_2 构成交流电压串联负反馈，因此闭环电压放大倍数为

$$A_{uf} = 1 + \frac{R_1}{R_2} = 33$$

为了保持两输入端直流电阻平衡，使输入级偏置电流相等，选择 $R_3 = R_1$。R_4、C_5 为高频校正网络，用以消除自激振荡。VD_1、VD_2 起保护作用，用来泄放 R_L 产生的自感应电压，将输出端的最大电压钳位在（$V_{CC} + 0.7$ V）和（$-V_{CC} - 0.7$ V）上，C_3、C_4 为退耦电容器，用于减少电源内阻对交流信号的影响。C_1、C_2 为隔直、耦合电容器。

2. OTL 应用电路

对仅有一组电源的中、小型音响系统，可采用单电源供电方式，如图 6.18 所示。由于采用单电源，故正输入端必须用 R_1、R_2 组成分压电路，K 点电位为 $V_{CC}/2$，通过 R_3 向输入级提供直流偏置，在静态时，正、负输入端和输出端皆为 $V_{CC}/2$。其他元器件作用与双电源供电电路相同。

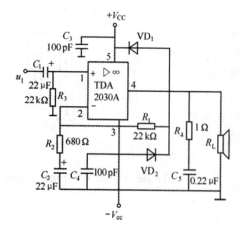

图 6.17　TDA2030A 构成 OCL 电路

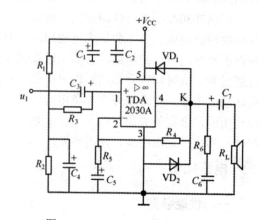

图 6.18　TDA2030A 构成 OTL 电路

电路仿真

一、所用仪器以及电路元器件（见表 6.3）

表 6.3   所用仪器及电路元器件

序号	名 称	型号/规格	数 量
1	数字式万用表	UT58	1 块
2	交流毫伏表	SX2172	1 台
3	示波器	TDS 1002	1 台
4	集成功放	TDA2030	1 只
5	电容器	22 μF，100 nF，2.2 mF，220 nF	22 μF 4 只，其他各 1 只
6	电阻器	1 Ω，4.7 kΩ，100 kΩ，150 kΩ	100 kΩ 3 只，其他各 1 只
7	电位器（备用）	22 kΩ	1 只

二、电路仿真

集成功放具有输出功率大，外围连接元器件少、使用方便等优点，目前使用越来越广泛。由一块 TDA2030A 和较少元器件组成单声道音频放大电路，仿真电路图，如图 6.19 所示。输出端波形仿真效果，如图 6.20 所示。

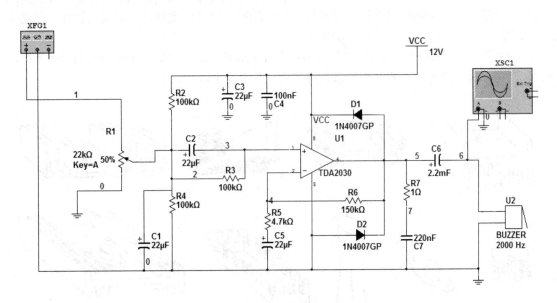

图 6.19　集成功放电路仿真电路图

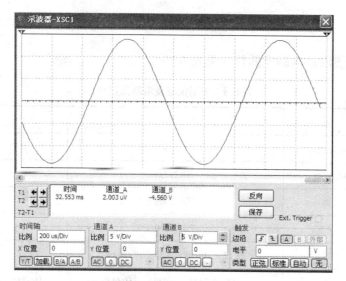

图 6.20 输出端波形仿真结果

 知识拓展

在功率放大电路中,功率三极管中流过的信号电流过大,功率三极管又存在一定的压降,因此功率三极管的管耗较大。其中大部分被处于较高反偏电压的集电结承受转化为热量,使集电结温度升高。对于硅材料器件,一般规定最大工作结温 T_{jM} 约为 120 ℃;锗材料器件的 T_{jM} 约为 90 ℃。半导体器件的可靠性很大程度上与 PN 结的温度有关,过高的结温容易加速元器件老化,甚至损坏。而器件的耗散功率决定了 PN 结的温度。如果采用散热措施,在相同的输出功率条件下,结温得以下降,就可以提高管功率三极管所允许承受的最大管耗。使功率放大电路有较大功率输出而不损坏功率三极管。

图 6.21 所示为几种常用的散热器外形,有时手册规定的管耗是在加散热片的情况下给出的。功率三极管所加散热器面积要求,可参考产品手册上所规定的尺寸。

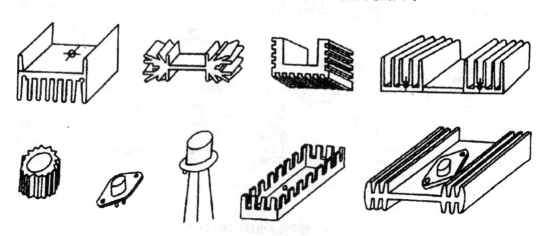

图 6.21 几种常用的散热器外形

小　结

1. 功率放大电路是一种以向负载提供较大信号功率为主要目的的放大电路。它的性能特点主要表现在：输出功率大、电路效率高和非线性失真小。

2. 从三极管的工作状态来看，功放管可分为甲类工作状态，即在输入信号的整个周期三极管都能导通；乙类工作状态，即在输入信号的整个周期三极管仅在半个周期内导通；甲乙类工作状态，即在输入信号的整个周期三极管导通的时间大于半周而小于全周。

3. 互补对称功率放大电路是目前应用较为广泛的功率放大器。它利用 NPN 和 PNP 两只参数对称的三极管，在输入信号控制下，两管轮流导通并向负载提供相反方向的电流，使输出电压形成完整的正弦波形。

4. 互补对称式电路有 OTL 电路和 OCL 电路。前者使用单电源供电，但需要接容量较大的电容器作输出隔直电容器，因此频率特性受到影响；后者采用直接耦合输出，但是需要双电源供电，要求电路对称，尽量避免静态工作点失调或器件损坏，否则负载电阻可能会有较大电流，造成更大的损坏。

5. 集成功率放大器是当前功率放大器的发展方向，应用日益广泛，使用时应注意查阅器件手册，按手册提供的典型应用电路连接外围元件。

习　题

1. 所谓效率是指_____。

　　A. 输出功率与输入功率之比　　　　　B. 输出功率与三极管上消耗的功率之比

　　C. 输出功率与电源提供的功率之比　　D. 最大不失真输出功率与电源提供的功率之比

2. 所谓放大电路的最大不失真输出功率是指输入正弦波信号的幅值足够大，使输出信号基本不失真且幅值最大时_____。

　　A. 三极管上得到的最大功率　　　　　B. 电源提供的最大功率

　　C. 负载上获得的最大直流功率　　　　D. 负载上获得的最大交流功率

3. 功率放大电路中产生失真主要是指_____。

　　A. 饱和失真　　　　B. 截止失真　　　　C. 交越失真　　　　D. 顶部失真

4. 为了克服互补功率放大器的交越失真，通常采取的措施是_____。

　　A. 设置较高的工作点

　　B. 加大输入信号

　　C. 提高电源电压

　　D. 三极管的基极设置一个微小的偏置，使三极管克服死区电压

5. 已知电路如图所示，VT_1 和 VT_2 管的饱和管压降 $U_{CE(sat)} = 1\,V$，$V_{CC} = 15\,V$，$R_L = 8\,\Omega$，当输入为正弦波时，若 R_1 虚焊（即开路），则输出电压_____。

　　A. 为正弦波　　　　B. 仅有正半波　　　　C. 仅有负半波　　　　D. 没有波形

6. 在下图所示电路中，已知 $V_{CC} = 16\,V$，$R_L = 4\,\Omega$，VT_1 和 VT_2 管的饱和管压降 $U_{CE(sat)} = 2\,V$，输入电压足够大。试问：最大输出功率和效率各为多少？

7. 电路如图所示，VT_1 和 VT_2 管的饱和管压降 $U_{CE(sat)} = 1\,V$，试问：最大输出功率和效率各为多少？

8. 电路如图所示，VT_1 和 VT_2 管的饱和管压降 $U_{CE(sat)} = 0.3\,V$，求最大不失真输出功率、管耗及电源供给功率。

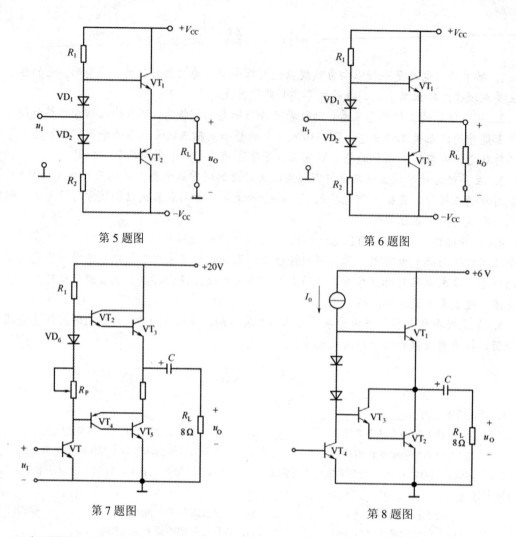

第 5 题图

第 6 题图

第 7 题图

第 8 题图

9. 在下图所示电路中，已知 VT_2 管和 VT_4 管的饱和管压降为 2 V，静态时电源电流可忽略不计。试问负载上可能获得的最大输出功率和效率各为多少？

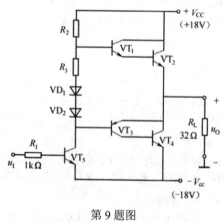

第 9 题图

在信号处理中，对信号的滤波是一个非常重要的处理方法。滤波器，顾名思义，是从信号中滤除不需要的信号成分，留下需要的信号成分。那么这个信号成分是指什么？在大部分情况下，这个信号成分是指信号的频率，或者说是频谱。在前面的内容，更多地接触到的是信号的时域特征，即信号的幅度随着时间的变化而变化，比如从示波器中所看到的正弦波，方波等信号。但是模拟信号更重要的是它的频率特征。以信号的频率来划分，20 Hz ~ 20 kHz 是音频信号；300 kHz 以下的是低频信号；300 kHz ~ 300 MHz 是高频信号；300 MHz ~ 3 GHz 是射频信号；以及频率更高的微波、毫米波信号。当然划分频率在数据上不是绝对的。

滤波器有什么用途？稳压电路中消除纹波；振荡电路中的选频网络；测量电路中从信号中去除高频噪声；在音响系统中，音调控制器分别对高音和低音进行增益控制；在收音机中，选择某个电台信号，这些例子都是滤波器的典型应用。当用一片红色的玻璃置于太阳光下，只有红光透过玻璃，这也是一个滤波器，是光学滤波器，本质上和电路滤波器是一样的。

滤波器种类很多。通常按选取频率的特性来分，可分为低通滤波器、高通滤波器、带通滤波器和带阻滤波器。按滤波元器件来分，可分为无源滤波器，有源滤波器；按滤波特性来分，可分为一阶滤波器，二阶滤波器，多阶滤波器；按处理信号类型来分，可分为模拟滤波器，数字滤波器。还有一些其他的分类方式。当然可以更为广义地去理解滤波器，任何一个电路都具有频率特性，也就是具有滤波特性。

这一单元主要研究频率小于 300 kHz 的低频滤波器电路，通过三种典型的模拟滤波电路的学习，熟悉滤波电路的原理与用途，了解滤波电路的参数计算和测量方法，以及一些初步的设计方法。

课题 1　无源 RC 低通滤波器

 课题描述

一、电路原理图

首先给出课题 1 的电路原理图，如图 7.1 所示为一阶无源 RC 低通滤波器。

二、电路的基本功能

图 7.1 所示电路是看到的一个最简单的电路，这个电路到底起什么作用，能完成什么功能？在电路的输入端加载一个正弦信号，幅度为 1 V，频率从 0 Hz 开始增加，在输出端测量输出信号的幅度。利用电路分析中学到的知识，可以看出随着

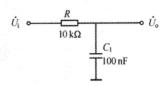

图 7.1　一阶无源 RC 低通滤波器

输入信号的频率增加,电容器的容抗变小,电容器上得到的电压幅度就会变小(见图 7.2,幅度随频率的变化而变化)。这就是低通滤波器,也就是说频率低的输入信号容易通过电路,而频率较高的输入信号被电路衰减掉了。低通滤波器又称 LPF(Low Pass Filter)。

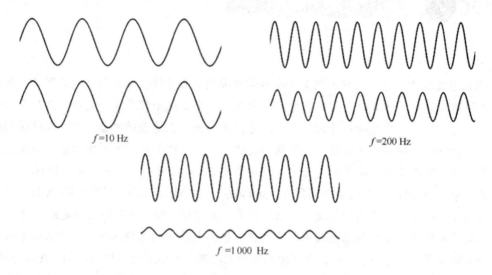

图 7.2 随输入信号频率变化,输出信号幅度变化

从图 7.2 中可以观察到另外一个细节:在 f=10 Hz 时,输入与输出相位基本同步,随着频率的增加,输出的电压波形滞后于输入电压波形,到 f=1 000 Hz 时,滞后差不多有 $\pi/2$,这就是相位差。

三、课题电路实物图

课题电路实物图,如图 7.3 所示。

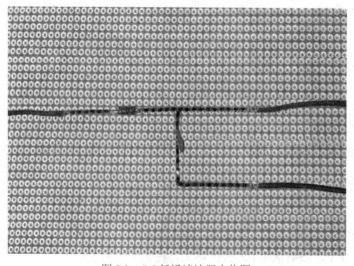

图 7.3 RC 低通滤波器实物图

电路知识

一、低通滤波器的增益、截止频率和带宽

为什么 RC 电路有滤波特性呢？在前面的定性分析中，可知因为电容器的频率特性。电容器的容抗和频率的关系：

$$X_C = \frac{1}{j\omega C} = \frac{1}{j2\pi fC} \tag{7.1}$$

式中，X_C 为电容器的容抗，单位 Ω；ω 为输入信号角频率，单位 rad/s；f 为输入信号频率，单位 Hz；C 为电容，单位 F；j 是复数的虚部符号，这表示电容器上的电流比电压相位上超前 $\frac{\pi}{2}$，也即 90°。相位在滤波电路中也是一个重要的参数。

参照电路原理图 7.1，输出电压就是电容器对输入电压的分压值，可以利用相量计算（电路相量计算可以参考电路分析基础有关内容）：

$$\dot{U}_o = \frac{X_C}{R + X_C} \cdot \dot{U}_i = \frac{\dfrac{1}{j2\pi fC}}{R + \dfrac{1}{j2\pi fC}} \cdot \dot{U}_i = \frac{1}{j2\pi fRC + 1} \cdot \dot{U}_i \tag{7.2}$$

电压向量的模即电压的幅度，假定输入电压的幅度为 1，输出电压幅度为：

$$\dot{U}_o = \left| \dot{U}_o \right| = \frac{1}{\sqrt{(2\pi fRC)^2 + 1}} \tag{7.3}$$

假定输入电压的相位为参考 0°，输出电压信号的相位为：

$$\varphi = -\arctan 2\pi fRC$$

上述结果本身就是这个电路输入与输出的相对关系，也就是电路的频率特性，严格定义系统特性的是电路放大增益 $A(f)$ 和相位差 $\varphi(f)$，即用幅频曲线和相频曲线来描述。图 7.1 所示电路的幅频特性曲线和相频特性曲线分别如图 7.4 和图 7.5 所示。

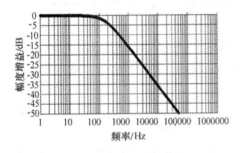

图 7.4 RC 低通滤波器幅频特性曲线

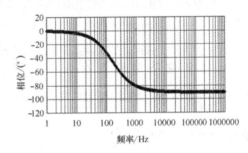

图 7.5 RC 低通滤波器的相频特性曲线

滤波器的电压增益，和放大器的电压增益的定义一样，是输出电压与输入电压之比，有两种表达形式：

电压增益：
$$A = \left| \frac{\dot{U}_o}{\dot{U}_i} \right| \tag{7.4}$$

用 dB 来描述的电压增益：
$$A\big|_{dB} = 20\lg\left|\frac{\dot{U}_o}{\dot{U}_i}\right| \tag{7.5}$$

对于无源滤波器的最大电压增益很显然为 1 倍，或 0 dB，注意这个结论描述滤波器通带内无谐振峰的情况。

理想低通滤波器，小于某个频率完全导通，大于某个频率完全截止。从图 7.4 的幅频特性曲线看到，幅度是随频率增加逐步衰减的，实际的滤波器都是如此。那么，RC 低通滤波器的截止频率如何确定？定义在幅频特性曲线上，最大增益的 0.707 倍对应的频率，就是截止频率 f_c。假如增益是用 dB 来描述，截止频率是最大增益下降 3dB 对应的频率，对于 RC 无源滤波器而言，-3 dB 所对应的频率点就是截止频率 f_c。关于这样定义根本的原因，不在这里阐述，读者可以参考其他相关书籍。

由
$$\frac{\left|\dot{U}_o\right|}{\left|\dot{U}_i\right|} = \frac{1}{\sqrt{(2\pi fRC)^2 + 1}} = 0.707 \tag{7.6}$$

可得 $2\pi fRC = 1$，截止频率为：$f_c = \dfrac{1}{2\pi RC}$

成立的条件为：$X_C = \dfrac{1}{2\pi fC} = R$，即电容器的容抗和电阻器的阻抗相等时。

另外，最关心的是有多宽的频率可以通过滤波器，这就是带宽（或通频带）。显然，对于低通滤波器的带宽：

$$f_{BW} = f_c$$

式中，f_c 为截止频率。

二、RC 低通滤波器相量图描述

在无源滤波器中，相量图的描述比较直观，图 7.1 的电路中电阻器上的电压与电容器上的电压相差 90°，电阻器上的电压与电容器上的电压相量和为输入电压，电容器上的电压即输出电压。图 7.6 的相量图可以非常清楚地表达上述关系，输入电压大小 $|\dot{U}_i|$ 不变，频率变化时 X_C 变小，f_c 变小。输入电压与输出电压相量夹角为相位差。

可以非常清楚看到有一个特殊的频率点，当 $X_C = \dfrac{1}{2\pi fC} = R$ 时，输出电压的大小等于输入电压的 0.707，输入与输出的相位差为 $\dfrac{\pi}{4}$。

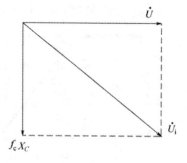

图 7.6　RC 滤波器电压 SH 量图

相量法在元器件较少电路简单的情况下，使用比较方便直观，在大部分滤波器分析中并不会被采用。

三、RC 低通滤波器的微分方程描述

其实对于有电容器和电感器等电抗器件的电路，还可以采用微分方程的方法，建立输出电压和输入电压的微分关系，这是一种时域的分析方法，可以计算输出电压，结论是一样的。

按图 7.1 的电路，建立输入电压与输出电压之间的微分方程：

$$RC\frac{\mathrm{d}\dot{U}_{\mathrm{o}}(t)}{\mathrm{d}t}+\dot{U}_{\mathrm{o}}=\dot{U}_{\mathrm{i}}(t) \tag{7.7}$$

假定电容器上初始电压为零，$\dot{U}_{\mathrm{i}}(t)=\sin\omega t$，解微分方程，解的过程较复杂，直接给出解的结果：

$$U_{\mathrm{o}}(t)=-\frac{RC\omega}{1+(RC\omega)^2}\bullet e^{-\frac{t}{RC}}+\frac{1}{\sqrt{1+(RC\omega)^2}}\sin(\omega t+\varphi) \tag{7.8}$$

上式中前一部分为电路的瞬态值，也就是当电路输入信号瞬间开始，过渡到电路稳态输出的过程。当 t 趋于∞时，即输出电压的稳态输出，也就是：

$$U_{\mathrm{o}}(t)=\frac{1}{\sqrt{1+(RC\omega)^2}}\sin(\omega t+\varphi)$$

其中，$\varphi=-\arctan\omega RC$。

从上述结果中，可以看出电路稳态输出电压随频率变化，电压的幅度与相位的变化规律，与前面的分析方法的结果是一致的。电路的瞬态过程反应电路响应快慢性能。

从微分方程也可以看出，输出电压是输入电压积分的结果，所以 RC 低通滤波器也是常说的积分电路。

例 7.1　如图 7.1 所示电路，电容为 0.1 μF，电阻为 10 kΩ，计算这个 RC 低通滤波器的截止频率和带宽。

解：截止频率为

$$f_{\mathrm{c}}=\frac{1}{2\pi RC}=\frac{1}{2\pi\times10\times10^3\times0.1\times10^{-6}}\mathrm{Hz}=159\,\mathrm{Hz}$$

带宽为

$$f_{\mathrm{BW}}=f_{\mathrm{c}}=159\,\mathrm{Hz}$$

电路仿真

打开 Multisim，新建一个电路 RC 无源低通滤波器，输入正弦波，电压与频率可以设为 1 V，6 MHz（设置为其他参数也可以）。接入 Bode Plotter 测量模块，可以观察电路的幅频特性与相频特性，并可以测量低通滤波器的截止频率。仿真的电路与结果如图 7.7 所示。仿真电路可以通过参数设置调整，可观察滤波特性的变化。

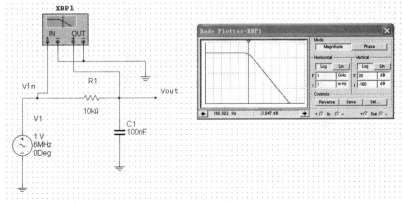

图 7.7　RC 低通滤波器仿真界面图

知识拓展

这一部分将对 *RC* 电路组成高通滤波器、带通滤波器和带阻滤波器讨论。首先介绍一下各种滤波器的表达方式，如图 7.8 所示。

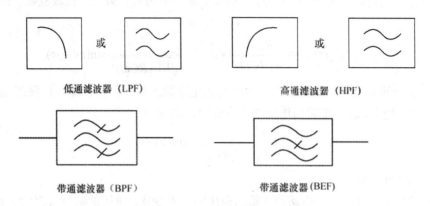

图 7.8　各种滤波器的图示

一、高通滤波器

高通滤波器与低通滤波器正好相反，低频的信号无法通过，高频的信号可以通过电路。从 *RC* 低通滤波器出发，如何构建一个高通滤波器？假如已经清楚了解电容器的电抗特性，这个问题不难解决，就是将电阻器和电容器的位置交换，如图 7.9 所示。定性分析，输入信号频率低，电容器容抗高，电阻器上得到的输出电压就低，假如输入信号频率增加，电容器的容抗降低，电阻器上得到的输出电压升高。这符合高通滤波器的特性。另一方面，以低通滤波器电路为基础，

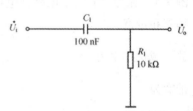

图 7.9　高通滤波器的电路

容抗器件与感抗器件（或阻抗）在电路上交换，也是高通滤波器常用的设计方法之一。图 7.10 为高通滤波器的频率特性曲线。

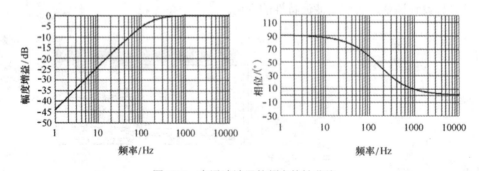

图 7.10　高通滤波器的频率特性曲线

在这里，无源 *RC* 高通滤波器的主要参数还是截止频率，计算方法和分析思路与低通滤波器是一致的。

二、带通滤波器

顾名思义，某频段的信号可通过该滤波器，低于这个频段的下限频率或高于这个频段的上限频率的信号被阻止通过。带通滤波器的幅频特性可以用图 7.11 来描述。

那如何来构造一个带通滤波器，假如对前面的 LPF 和 HPF 已经很好理解的话，这个事情就比较容易实现了。将一个截止频率为 f_1 为 LPF 和一个截止频率为 f_2 的 HPF 串联，其中 $f_2 > f_1$，就可以构成一个带通滤波器，如图 7.12 所示。

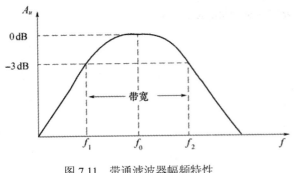

图 7.11　带通滤波器幅频特性

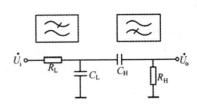

图 7.12　LPF 和 HPF 串联构成 BPF

对于无源 RC 带通滤波器来讲，主要的参数是中心频率、上限截止频率和下限截止频率，以及带宽（带宽=上限截止频率-下限截止频率）。关于截止频率的定义以及计算方法与 RC 低通滤波器是一致的。

这种构造带通滤波器的方法称为级联法，这种方法很容易理解，对于带通滤波器，可以灵活地调整上限截止频率和下限截止频率。把几个滤波器级联，会产生一些意想不到的效果，可以提升滤波器的性能。可以思考一下，假如把低通和低通级联，或者把高通和高通级联会有怎样的效果呢？

另外，在正弦振荡电路中，研究了 RC 串并联网络的选频特性，其实这也就是一种带宽很窄的带通滤波器。图 7.13 为实际 RC 串并联电路，图 7.14 为 RC 串并联网络的频率特性（选频特性）曲线：

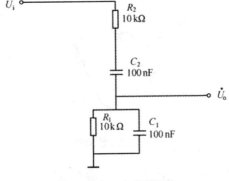

图 7.13　RC 串并联网络

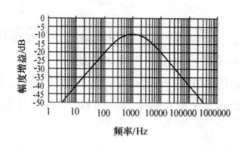 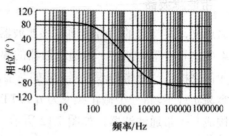

图 7.14   RC 串并联网络的频率特性

按照前面的分析，

幅频特性：$|A(\omega)| = \dfrac{1}{\sqrt{\left(\dfrac{\omega}{\omega_0} - \dfrac{\omega_0}{\omega}\right)^2 + 3^2}}$

相频特性：$\varphi(\omega) = -\arctan \dfrac{\dfrac{\omega}{\omega_0} - \dfrac{\omega_0}{\omega}}{3}$

中心频率：$\omega_0 = \dfrac{1}{RC}$ 或者 $f_0 = \dfrac{1}{2\pi RC}$

下限截止频率 $f_1 \approx \dfrac{f_0}{3}$，上限截止频率 $f_2 \approx 3f_0$。

根据图 7.14 所示，可得计算的结果为：$f_0 = 1\,\text{kHz}$。

三、带阻滤波器

带阻滤波器可以阻止某频段的信号通过电路，低于这个频段的下限频率或高于这个频段的上限频率的信号才能通过。带阻滤波器的幅频特性可以用图 7.15 来描述。

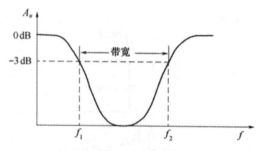

图 7.15   带阻滤波器幅频特性

是不是同样用级联的方法可以构建带阻滤波器？显然不能。从理论上讲，将截止频率为 f_1 低通滤波器和一个截止频率为 f_2 高通滤波器并联输出，其中 $f_1 < f_2$。图 7.16 电路就是典型的双 T 无源带阻滤波器（双 T 陷波滤波器）。

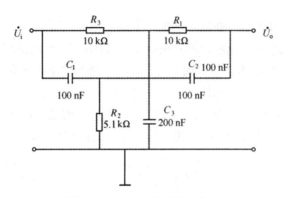

图 7.16   双 T 陷波滤波器电路

图 7.16 所示的双 T 陷波电路的频率特性曲线如图 7.17 所示。

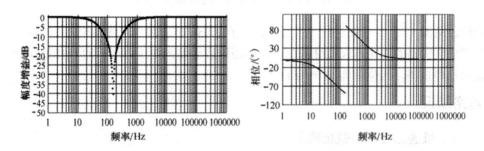

图 7.17   双 T 陷波电路的频率特性曲线

带阻滤波器的主要参数是中心频率、上限截止频率和下限截止频率，以及阻带带宽。计算方法在这里不做介绍了，读者可以参考相关的书籍和资料。

课题 2   无源 *LC* 低通滤波电路

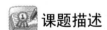 **课题描述**

一、电路原理图

同样先给出电路原理图，图 7.18 是无源 *LC* 低通滤波电路：

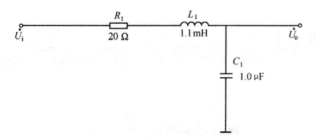

图 7.18   无源 *LC* 低通滤波电路

二、电路功能

这个电路的功能不难理解，在输入端加一个幅度不变，频率逐渐升高的电压。随着频率的增加，电感器的感抗增加，电容器的容抗减少，输出端的电压幅度也会减少，这也就是低通滤波器的特性，图 7.19 表达了随着频率的升高，电路的输出电压变小。这个电路，主要的特点是电感器和电容器都是电抗元件，不消耗功率，电感器与电容器决定这个 LPF 的截止频率，电路中的电阻器取值很小，为了抑制 LC 电路所产生的谐振，在电路分析中，做详细分析。这个电路常用在音频功放输出端，用来消除功放的高频噪声。

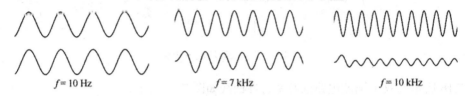

图 7.19　LC 低通滤波器输出电压随频率变化

同样，从图 7.19 中应观察到一个细节：在 $f=10\,\text{Hz}$ 时，输入与输出相位基本同步，随着频率的增加，输出的电压不仅幅度减少，波形还滞后于输入电压波形，到 $f=10\,\text{kHz}$ 时，输入输出波形已经反相，相位差为 $180°(\pi)$。

电路知识

一、LC 低通滤波器的截止频率

参考原理电路图 7.18 所示电路，电感器的感抗为

$$X_L = \text{j}\omega L = \text{j}2\pi f L$$

电容器的容抗为

$$X_C = \frac{1}{\text{j}\omega C} = \frac{1}{\text{j}2\pi f C}$$

$$\dot{U}_\text{o} = \frac{X_C}{R + X_L + X_C}\dot{U}_\text{i} = \frac{\dfrac{1}{\text{j}2\pi f C}}{R + \text{j}2\pi f L + \dfrac{1}{\text{j}2\pi f C}}\dot{U}_\text{i} = \frac{1}{\text{j}2\pi f R C - (2\pi f)^2 LC + 1}\dot{U}_\text{i} \tag{7.9}$$

电路的幅频特性：

$$A(f) = \left|\frac{\dot{U}_\text{o}}{\dot{U}_\text{i}}\right| = \left|\frac{1}{\text{j}2\pi f R C - (2\pi f)^2 LC + 1}\right| = \frac{1}{\sqrt{\left(1 - (2\pi f)^2 LC\right)^2 + (2\pi f R C)^2}} \tag{7.10}$$

电路的相频特性：

$$\varphi(f) = -\arctan\frac{2\pi f R C}{1 - (2\pi f)^2 LC}$$

按照上述的关系计算，图 7.18 所示电路的频率特性曲线如图 7.20 所示。

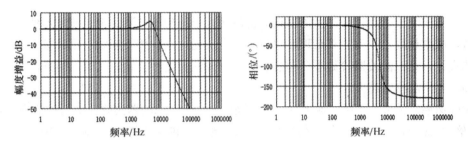

图 7.20   LC 低通滤波器频率特性曲线

按照增益的 0.707（即下降−3dB）计算截止频率，

$$f_c \approx 7.3 \text{ kHz}$$

低通滤波器的带宽

$$f_{BW} = f_c \approx 7.3 \text{ kHz}$$

二、LC 低通滤波器中的 R 的影响

在上述的幅频特性图中，可看到在约 5 kHz 的位置上，产生一个峰，这就是 LC 电路的谐振频率点。在选频电路中，会充分利用这样谐振特点，而在低通滤波器中，并不希望看到谐振峰出现。在电感器上串联一个电阻器可以有效抑制谐振点出现，但是电阻值不能太大，太大会使电阻器在低通特性中起主要作用，降低电感器的作用。图 7.21 表示了不同电阻值对 LC 低通滤波器频率特性产生的影响。

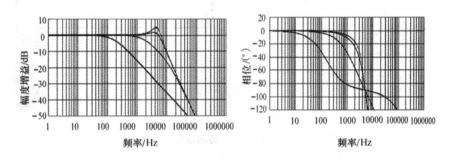

图 7.21   不同电阻值时的 LC 低通滤波器的特性曲线

三、滤波器的阶数

把 RC 低通滤波器的幅频特性和 LC 低通滤波器做个比较，不去看截止频率的不同，会发现，LC 低通滤波器的截止区曲线下降的速率比 RC 低通滤波器要快，曲线随频率变化的速率称为滚降速率，对滤波器来讲，滚降速率越大越好，越大对频率分离的效果越好。

什么原因造成滚降速率的不同？是电抗元件的个数，这里不做定量的理论分析。滤波器的阶数是指滤波器中电抗元件的个数。一阶滤波器是指使用一个电容器（或一个电感器）

构成的滤波器，二阶滤波器是指使用两个电容器或两个电感器或使用一个电感器和一个电容器。

滤波器的阶数越高，理论上可以设计得越接近于理想滤波器。但是滤波器使用的电抗元件越多，成本越高，设计的复杂程度也越高，电抗元件之间相互影响，设计参数难以控制，一般的设计，无源滤波器阶数不会超过五阶，有源滤波器不会超过八阶。另外，滤波器的阶数越高，相位漂移也越大。

滚降速率通常采用下降（或上升）斜率来标定，一阶滤波器滚降速率为每倍频-6 dB（或每 10 倍频-20 dB），二阶滤波器滚降速率为每倍频-12 dB（或每 10 倍频-40 dB）。

电路仿真

打开 Multisim，新建一个电路 LC 无源低通滤波器，输入正弦波，电压与频率可以设为 1 V，6 MHz，接入 Bode Plotter 测量模块，可以观察电路的幅频特性与相频特性，并可以测量低通滤波器的截止频率。仿真界面如图 7.22 所示。

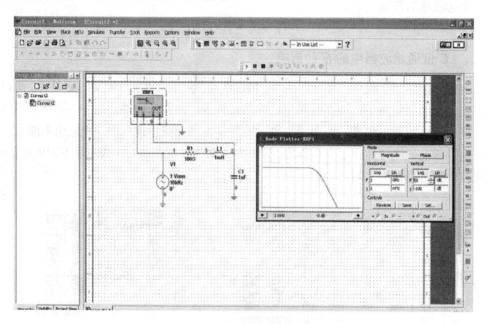

图 7.22　LC 低通滤波器仿真界面图

在仿真电路图上，修改参数 R 可以看到不同的 R 值对频率特性的影响。通过修改 LC 的取值，可以调整截止频率的大小。

知识拓展

LC 滤波器的优点是频率范围宽，高频应用性能好，损耗小；缺点是滤波器体积大，电感器制作比较困难，高阶设计中前后级影响大。在以前，LC 滤波器设计采用归一化表进行手工计算，现在都采用计算机软件仿真设计，电路仿真以及滤波器专用的设计软件很多，具体内容读者可以查阅相关资料。

一、常用的两种 *LC* 低通滤波器

常用的 3 阶 *LC* 无源低通滤波器有两种形式：一种是 Π 型，一种是 T 型。下面给出这两种形式的基本电路，如图 7.23 和图 7.24 所示。

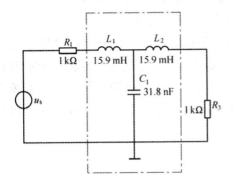

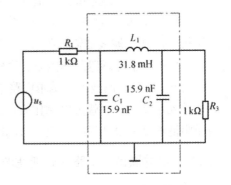

图 7.23　T 型 *LC* 低通滤波器　　　　　　　　图 7.24　Π 型 *LC* 低通滤波器

T 型 *LC* 低通滤波器的频率特性曲线如图 7.25 所示，Π 型 *LC* 低通滤波器的频率特性曲线如图 7.26 所示。

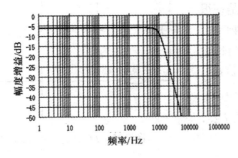

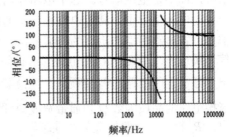

图 7.25　T 型 *LC* 低通滤波器的频率特性曲线

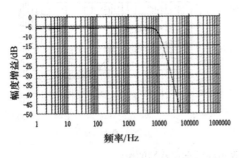

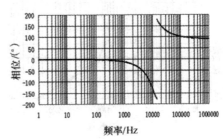

图 7.26　Π 型 *LC* 低通滤波器的频率特性曲线

这两个电路设计是按照归一化表设计的，其基本的方法与步骤：

（1）负载阻抗与输入端阻抗相等；

（2）查归一化表格，得到归一化电感和电容值；

（3）根据要求的截止频率和输入阻抗值，去归一化得到实际的滤波器电感和电容值。

归一化的设计方法不做详细解释，因为涉及到关于 Butterworth 滤波器、Chebyshev 滤波器以及 Bessel 滤波器的知识，以及滤波器传递函数表达与求解的知识。不过可以理解，在设计过程中已经考虑了输入阻抗以及负载的影响，这是和前面研究输出开路，负载阻抗无穷大的情况是不一样的，这也提醒读者实际滤波器的设计必须考虑输入阻抗和负载的影响。

这两种类型滤波器可以达到同样的效果，两者的基本特点，在阻带频率下，T 型滤波器输入阻抗大，Π 型滤波器输入阻抗小，当被处理信号，阻带成分较多时，选用 T 型滤波器，功耗小。另外由于电感器制作困难、价格高、体积大，通常情况下会选用电感器较少的电路。

二阶和三阶 LC 滤波器是基本电路单元，按照上一节中的滤波器级联的方法，将 LC 滤波器基本单元电路串联，就可以制作成任意高阶的 LC 滤波器。关于高通滤波器、带通滤波器以及带阻滤波器的设计思路和上一节的阐述是一致的。

二、LC 并联谐振电路（带通滤波器）

LC 并联谐振电路是一种比较特殊的 LC 带通滤波器，这种滤波器主要用来选频，在高频电子电路课程中，会专门计算分析 LC 谐振电路。在这里只是初步认识：

观察一下图 7.27 所示的电路，电路输入端是个电流源，不是电压源，在无线信号接收天线端，就是一个电流信号，而不是电压信号。这个电路作用是在很多频率成分的电流信号中，利用电路在特定的频率上会产生谐振，在电路两端产生高的谐振电压，将特定的频率信号挑选出来。其中 R_p 是电路的谐振阻抗，电感器和电容器决定了电路的谐振频率（中心频率），R_p 决定了谐振电路的品质因数 Q 和通带宽度。从图 7.28，可以看出，R_p 越大，电路的选频特性越好。

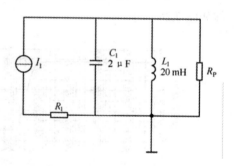

图 7.27　LC 并联谐振电路

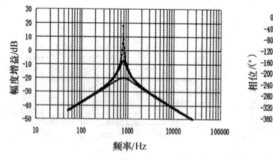 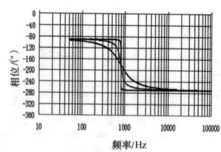

图 7.28　不同 R_p 对于谐振电路的谐振特性的影响

不要把给出的电路看成是实际的电路，这是并联谐振电路等效分析电路，其中的谐振阻抗 R_p 也不是实际的电阻，R_p 是由电路电容、电感以及实际电阻等效计算后的阻抗。这里不做进一步解释了。

这个电路和所讲的带通滤波器一样，存在中心频率、上限截止频率、下限截止频率和通带带宽等参数。定义方法与前面阐述一致。

三、品质因数 Q

品质因数最核心的是电路的无功功率与有功功率之比，什么是无功功率？理想的电容器和电感器本身不会消耗功率，电感器和电容器上的电压电流形成无功功率。有功功率是指由电路的电阻器和有源器件实际消耗的功率，从能量的形式来看，电路还有可能以电磁波的形式向外辐发射能量，这也是电路有功功率的一部分。

在滤波器中，低通滤波器和高通滤波器的 Q 值，可以简单定义为在截止频率或谐振频率（有谐振峰时）上，增益与通带增益之比。比如一阶低通或高通滤波器，根据截止频率的定义，就可以知道品质因数 $Q=0.707$。对于二阶以上的低通和高通滤波器，品质因数有可能高于 0.707，也有可能小于 0.707，观察图 7.29，理解不同 Q 值的低通滤波器的特点。

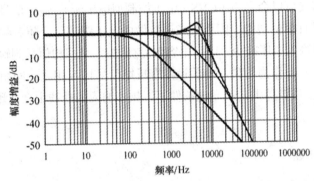

图 7.29　不同 Q 值的低通滤波器的频响曲线

在绝大部分时候，不去关心低通和高通滤波器的 Q 值。有的高通和低通滤波器设计方法是从电路 Q 值出发来设计的，这会涉及到由 Q 值和截止频率计算电感、电容和电阻值。

对于带通滤波器或谐振电路，Q 值是一个非常重要的指标。其定义为带通滤波器的中心频率与带宽之比，表示为

$$Q = \frac{f_0}{f_{BW}}$$

这个公式也可以从电路在中心频率时的无功功率和有功功率之比推导出来。上述公式非常直观地反映带通滤波器的选频特性，Q 越大，幅频曲线越尖锐，选频性越好。

课题 3　二阶有源 RC 低通滤波电路

**课题描述**

一、电路原理图

下面给出一个二阶有源 RC 低通滤波电路，如图 7.30 所示。

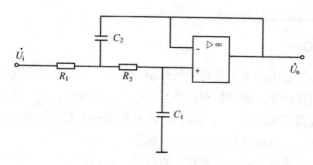

图 7.30 二阶有源 RC 低通滤波电路

二、电路的功能

这是一个很常用的二阶有源滤波器，是一种正反馈型有源滤波器，又称 Sallen-Key 电路；这种电路的工作形态又可以命名为 VCVS（电压控制型电压源）。输入信号为低频时两个电容器视为开路，滤波器有单位增益，因为集成运放做成电压跟随器。随着频率的增加，电容器的容抗减少。同相端输入电压减少，同时电容器 C_1 反馈一个同相信号到输入端。反馈信号增加了在输入端的源信号。作为结果，与假设没有反馈信号情况相比，同相端信号减少得少。C_1 与 C_2 相比越大，正反馈越大，在一定条件下，频率响应的曲线上会出现峰值。

电路知识

一、电路设计计算

这部分以一个例题形式讲解上述电路的设计计算。这个例题中涉及的一些知识点这里简单介绍一下，Butterworth 滤波器又称通带最平坦滤波器，没有谐振峰，二阶 Butterworth 滤波器的品质因数为 0.707。

例 7.2 如电路图 7.30 为一个有源低通滤波器，设计要求截止频率为 $f_c = 1\,\text{kHz}$，滤波器为 Butterworth 滤波器，即品质因数 $Q = 0.707$，求解这个电路中电阻器和电容器的值。

解：这个例题是一个滤波器设计，不去做数学推导，只是讲过程和方法。考虑到与前级电路的阻抗相匹配，选取电阻 $R_f = R_1 = R_2 = 1\,\text{k}\Omega$。

$$f_c = \frac{1}{2\pi C_f R_f} \Rightarrow C_f = \frac{1}{2\pi f_c R_f} = \frac{1}{2\pi \times 1 \times 1} \times 10^{-6}\,\text{F} = 159\,\text{nF}$$

$$C_2 = 2QC_f = 2 \times 0.707 \times 159\,\text{nF} = 225\,\text{nF}$$

$$C_1 = \frac{C_f}{2Q} = \frac{159}{2 \times 0.707}\,\text{nF} = 112\,\text{nF}$$

从上面的计算中，可以看出 $\dfrac{C_2}{C_1} = 4Q^2$，电容的比值决定了电路的品质因数。

二、电路的频率特性

对于例题电路参数，频率特性曲线如图 7.31 所示。

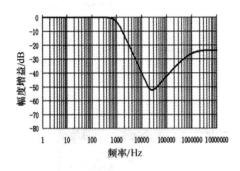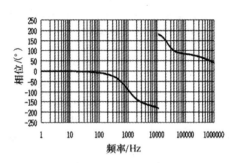

图 7.31　*RC* 有源低通滤波器频率特性

从幅频曲线上看，这个电路在阻带上对于高频信号的抑制能力不强。这是由于集成运放的特点所造成的，当频率升高时，集成运放的开环增益会减少，反馈也相应减少，高频抑制作用也会减少。

三、电路的稳定性改进

一般模拟电子技术教材上不会讲解，集成运放组成的电压跟随器的稳定性问题。在实际电压跟随器使用中，工作在某些频率下，经常由于相位裕度小，而造成输出反馈与同相输入端反相，产生自激振荡。

对于上述电路，会采用如下的改进，在反馈回路中加上 C_3 和 R_3，如图 7.32 所示。其中，$R_3 \approx R_1 + R_2$，C_3 取值为 1 nF～1 μF。

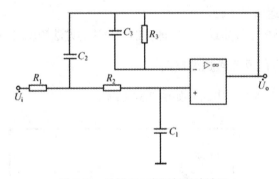

图 7.32　改进 *RC* 有源低通滤波器

电路仿真

打开 Multisim，新建一个电路二阶有源低通滤波器，输入正弦波，电压与频率可以设为 1 V，6 MHz，接入 Bode Plotter 测量模块，可以观察电路的幅频特性与相频特性，并可以测量低通滤波器的截止频率。仿真效果如图 7.33 所示，可以修改电阻器电容器参数，观察仿真结果。

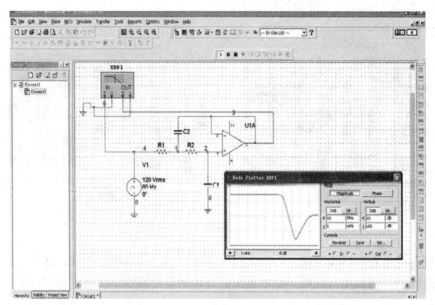

图 7.33　RC 有源低通滤波器仿真界面

知识拓展

有源滤波器本质上就是无源滤波器加上有源的集成运放或其他有源元器件，集成运放的使用既有利又有弊。集成运放使用使得滤波器在增益调整、前后级阻抗匹配上带来很大的灵活性，设计的精度也得到提高。但是由于集成运放本身就有频率特性，随频率增加，开环增益会减少，输入输出相位差会增加，这也给有源滤波器在高频上的应用带来一定的困难。因此有源 RC 滤波器主要应用在工作频率 300 kHz 以下的电路中。改善有源滤波器的高频特性，选择高频特性好的集成运放是关键。

设计高阶的有源滤波器以及带通、带阻滤波器，设计的方法和思路与第二节中的阐述一致。

一、增益大于 1 的有源低通滤波电路

增益大于 1 的有源低通滤波电路，如图 7.34 所示。

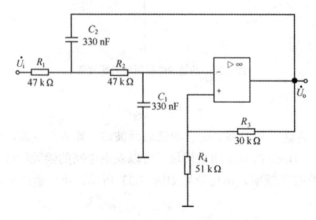

图 7.34　增益大于 1 的 RC 有源滤波电路

上述电路中，有

$$R=R_1+R_2 \qquad C=C_1=C_2$$

截止频率为

$$f_c = \frac{1}{2\pi RC}$$

反馈阻抗为

$$R_3 = \left(2 - \frac{1}{Q}\right)R_3$$

放大倍数为

$$A = 1 + \frac{R_3}{R_4} = 3 - \frac{1}{Q}$$

这个电路增益电阻必须精度高，因为同时影响增益和品质因数。

二、有源音调控制器

图 7.35 是有源滤波器一个非常典型的应用，作为音箱电路中，高低音调控制。

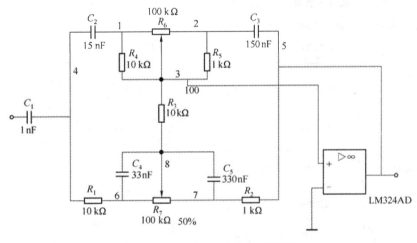

图 7.35　有源 Baxandall 音调控制器

图中输入部分接入的是 Baxandall 音调控制器，上半部分是高通滤波器，下半部分是低通滤波器，通过电位器分别控制高通和低通滤波器的增益，来达到高低音调控制的目的，集成运放起到放大作用。

小　结

1. 滤波器按频率特性可以分为低通滤波器、高通滤波器、带通滤波器和带阻滤波器。低通滤波器按所用器件可分为 RC 无源低通滤波器、LC 无源低通滤波器以及有源低通滤波器。

2. 无源滤波器具有结构简单、成本低、高频特性好等优点，缺点是无增益调整，高阶滤波器难设计、制作，前后级对其参数影响大。

3. 有源滤波器具有增益可调整、高阶滤波器设计容易、前后级影响小等优点，缺点是成本较高，高频特性差。

4. 滤波器电路中所用的电抗器件的数量，决定了滤波器的阶数，滤波器阶数越高，性能可以越接近于理想滤波器。

5. 滤波器的主要参数是带宽。带通滤波器具有选频特性，因此还有中心频率以及品质因数 Q 等重要参数。另外滤波器带内纹波的大小、阻带到通带过渡的陡降斜率、阻带衰减大小决定了滤波器的性能好坏。

6. 滤波器的使用首先由使用的场合确定滤波器的种类，再确定技术参数，计算所用器件的参数。

7. 器件参数的计算方法主要有归一化表的手工计算以及计算机仿真软件计算，滤波器的计算机仿真设计是发展趋势。

习　题

1. 滤波器有什么用途?

2. 滤波器可以分为哪几类?

3. 什么是品质因数? 低通滤波器、高通滤波器和带通滤波器的品质因数分别如何定义?

4. RC 电路如图所示，试求电路的截止频率。

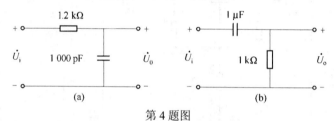

第 4 题图

5. RC 电路如图所示，试求电路的截止频率。

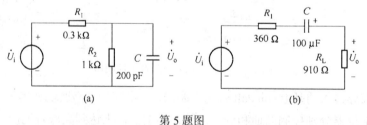

第 5 题图

6. RC 电路如图所示，要求其下限截止频率 $f_L = 300\,\text{Hz}$，试求电容器 C 的容量为多大?

7. RC 串并联网络如图所示。$R = 20\,\text{k}\Omega$，$C = 150\,\text{nF}$，求其下限截止频率和上限截止频率。

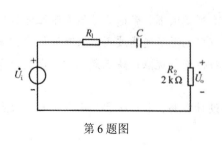

第 6 题图

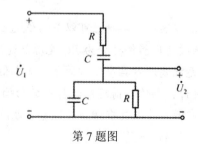

第 7 题图

实验 1　单管共射极放大电路

一、实验目的

（1）熟悉放大电路静态工作点的调试方法，掌握放大电路电压放大倍数、输入电阻、输出电阻的测试方法。

（2）学习单管放大电路故障的排除方法，培养独立解决问题的能力。

（3）熟悉常用电子仪器及模拟电路实验设备的使用。

二、实验使用仪器与器件

（1）直流稳压电源 1 个；

（2）信号发生器 1 台；

（3）电子交流毫伏表 1 台；

（4）电子示波器 1 台；

（5）万用表 1 只；

（6）三极管 3DG6×1（$\beta=50\sim100$）或 9013×1，电阻器、电容器若干。

三、实验内容及步骤

在实验板上接好如图 8.1 所示的分压偏置电路。为防止干扰，各仪器的公共端必须连在一起，同时信号源、交流毫伏表和示波器的引线应采用专用电缆线或屏蔽线，若使用屏蔽线，则屏蔽线的外包金属网应接在公共接地端上。

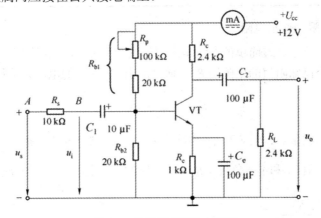

图 8.1　共射极单管放大电路

1．测量静态工作点

先将 R_p 调至最大，函数信号发生器输出旋钮旋至零。再接通+12 V 电源、调节 R_p，使 I_c=2.0 mA（即 U_{EQ}=2.0 V），用直流电压表测量 U_{BQ}、U_{EQ}、U_{CQ} 及用万用电表测量 R_{b2} 值。记入表 8.1 中。

表 8.1　I_C=2.0 mA 时静态工作点的测量

测　　量　　值				计　　算　　值		
U_{BQ}/V	U_{EQ}/V	U_{CQ}/V	R_{b2}/kΩ	U_{BEQ}/V	U_{CEQ}/V	I_{CQ}/mA

2．测量电压放大倍数并观察 R_L 对放大倍数的影响

在放大电路输入端输入频率为 1 kHz 的正弦信号 u_s，调节函数信号发生器的输出旋钮使 U_i=10 mV，同时用示波器观察放大器输出电压 u_o 的波形，在波形不失真的条件下用交流毫伏表测量下述三种情况下的 u_o 值，并用双踪示波器观察 u_o 和 u_i 的相位关系，记入表 8.2 中。

表 8.2　电压放大倍数的测量

R_c/kΩ	R_L/kΩ	u_o/V	A_u	观察记录一组 u_o 和 u_1 波形
2.4	∞			
1.2	∞			
2.4	2.4			

3．观察静态工作点对电压放大倍数的影响

使 $R_L=\infty$，连续设置 U_i 的测试值，用示波器观察输出电压波形，在 u_o 不失真的范围内，测量数组 I_C 和 U_o 的值，记入表 8.3 中。

表 8.3　静态工作点对电压放大倍数的影响

I_C/mA	0.5	1	2	3	4
U_o/V					
A_u					

4．测量输入电阻和输出电阻

（1）输入电阻的测量。最简单的办法是采用如图 8.2 所示的串联电阻法，在放大电路与信号源之间串入一个已知阻值的电阻器 R_s，通过测出 U_s 和 U_i 的电压来求得 R_i。

$$R_i = \frac{U_i}{U_s - U_i} R_s$$

（2）输出电阻的测量。按图 8.2 所示电路连接，在放大器正常工作条件下，测出输出端接入负载 R_L 时的电压输出值 U_L 和不接负载（$R_L=\infty$）时的输出电压 U_o，根据 $U_L = \dfrac{R_L}{R_o + R_L} U_o$ 即可求得输出电阻 $R_L = \dfrac{U_L R_L}{U_o - U_L}$。

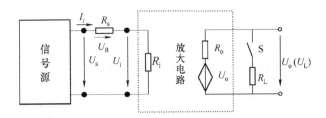

图 8.2　输入、输出电阻测量电路

在本实验中，置 R_c＝2.4 kΩ，R_L＝2.4 kΩ，I_c＝2.0 mA。输入 f＝1 kHz，电压 U_i＝10 mV 的正弦信号,在输出电压 u_o 不失真的情况下，用交流毫伏表测出 U_s、U_i 和 U_L 记入表 8.4 中。保持 U_s 不变，断开 R_L，再测量输出电压 U_o，记入表 8.4 中。

表 8.4　U_s、U_i、U_L 和 U_o 的测量值

U_s/mV	U_i/mV	R_i/kΩ		U_L/V	U_o/V	R_o/kΩ	
		测量值	计算值			测量值	计算值

四、实验报告要求

（1）列表整理测量数据，分析静态工作点、电压放大倍数、输入电阻、输出电阻之值与理论计算值存在差异的原因。

（2）总结 R_c，R_L 及静态工作点对放大电路电压放大倍数、输入电阻、输出电阻的影响。

（3）分析讨论在调试过程中出现的问题及其处理情况。

实验 2　共集电极放大电路

一、实验目的

（1）了解并掌握共集电极放大电路的特点。

（2）进一步掌握放大电路的增益的测量方法。

（3）掌握测量放大电路的输入与输出电阻的方法。

二、实验使用仪器与器件

（1）直流稳压电源 1 个；

（2）信号发生器 1 台；

（3）电子交流毫伏表 1 只；

（4）电子示波器 1 台；

（5）万用表 1 只；

（6）三极管 3DG6×1（β＝50～100）或 9013×1，电阻器、电容器若干。

三、实验内容及步骤

（1）按图 8.3 连接电路，检查无误后，接上电源+12 V。

（2）静态工作点的调整。在图 8.4 所示电路中 B 点加入 $f=1\ \text{kHz}$ 正弦信号，通过调节 R_p 和输入信号幅度 u_i，用示波器在输出端观察，直至得到最大不失真的输出波形，然后置 $u_i=0$，用直流电压表测量三极管各电阻对地电位，将测得数据记入表 8.5 中。

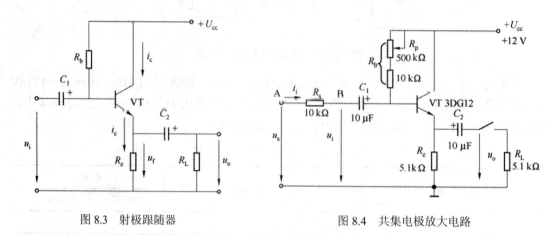

图 8.3　射极跟随器　　　　　　　　图 8.4　共集电极放大电路

表 8.5　静态工作点的测量

U_{EQ}/V	U_{BQ}/V	U_{CQ}/V	I_{EQ}/mA

在下面整个测试过程中应保持 R_p 值不变（即 I_E 不变）。

（3）测量电压放大倍数 A_u。在图 8.4 的 B 点加入 $f=1\ \text{kHz}$ 正弦信号，调节输入信号幅度 u_i。接入负载 $R_L=1\ \text{k}\Omega$，用示波器在输出端观察，直至得到最大不失真的输出波形，用交流毫伏表测 u_i、u_L 值，并将所测数据记入表 8.6 中。

表 8.6　电压放大倍数的测量

u_i/V	U_L/V	A_u

（4）测量输出电阻 R_o。在图 8.4 的在 B 点加入 $f=1\ \text{kHz}$ 正弦信号，用示波器观察输出波形不失真，用交流毫伏表测空载输出电压 u_o（$R_L=\infty$），有负载时输出电压 u_L（$R_L=1\ \text{k}\Omega$），记入表 8.7。

表 8.7　输出电阻的测量

u_o/V	u_L/V	$R_o/k\Omega$

（5）测量输入电阻 R_i。在图 8.4 的 A 点加 $f=1\ \text{kHz}$ 的正弦信号，用示波器观察输出波形不失真，用交流毫伏表分别测出 A、B 点对地的电位 u_s、u_i，则 $R_i=\dfrac{u_i}{u_s-u_i}R_s$，将测量数据记入表 8.8 中。

表 8.8　输入电阻的测量

u_o / V	u_i / V	R_i / kΩ

（6）测试跟随特性。接入负载 $R_L = 1\,\mathrm{k\Omega}$，在 B 点加入 $f = 1\,\mathrm{kHz}$ 的正弦信号，逐渐增大信号 u_i 的幅度，用示波器观察输出波形直至屏幕上出现最大不失真波形为止。测量对应的 u_L 值，即跟随范围，并记入表 8.9 中。

表 8.9　跟随特性测试

u_i / V					
u_L / V					

（7）测试频率响应特性。保持输入信号 u_i 的幅度不变，改变信号源的频率，用示波器观察输出波形，用交流毫伏表测量不同频率下的输出电压 u_L 的值，记入表 8.10 中。

表 8.10　频率响应特性测试

f / kHz					
u_L / V					

四、实验报告要求

（1）整理实验数据及说明实验中出现的各种现象，并画出输入、输出波形，比较相位关系。

（2）分析共集电极放大电路的性能和特点。

实验 3　负反馈放大电路

一、实验目的

（1）加深理解电压串联负反馈对放大电路各项性能指标的影响。

（2）进一步掌握放大电路性能指标的测量方法。

（3）进一步巩固示波器、低频信号发生器、低频毫伏表等常用仪器的使用方法。

二、实验使用仪器与器件

（1）直流稳压电源 1 个；

（2）信号发生器 1 台；

（3）电子交流毫伏表 1 只；

（4）电子示波器 1 台；

（5）万用表 1 只；

（6）三极管 3DG6×1（$\beta = 50 \sim 100$）或 9013×1，电阻器、电容器若干。

三、实验内容及步骤

1. 测量静态工作点

按图 8.5 连接实验电路，取 $U_{CC} = +12\,\text{V}$，$U_i = 0$，用直流电压表分别测量第一级、第二级的静态工作点，记入表 8.11 中。

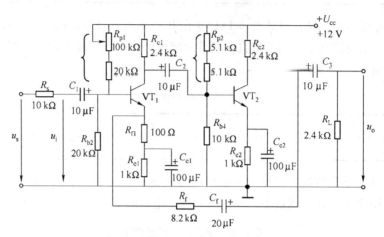

图 8.5　带有电压串联负反馈的两级阻容耦合放大器

表 8.11　静态工作点测量

级别	U_{BQ}/V	U_{EQ}/V	U_{CQ}/V	I_{CQ}/mA
第一级				
第二级				

2. 测试基本放大电路的各项性能指标

将实验电路改接成图 8.6 所示，即把 R_f 断开后分别并在 R_{f1} 和 R_L 上，其他连线不动。

（1）在放大器的输入端输入 $f = 1\,\text{kHz}$，U_s 约 $6\,\text{mV}$ 正弦信号，用示波器观察输出波形 u_o，在 u_o 不失真的情况下，用交流毫伏表测量 u_s、u_i 和 u_L，记入表 8.12 中。

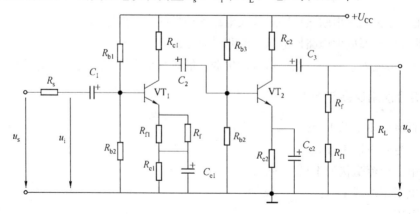

图 8.6　基本放大电路

（2）保持 u_o 不变，断开负载电阻 R_L（注意，R_f 不要断开），测量空载时的输出电压 u_o，记入表 8.12 中。

表 8.12　基本放大电路各项性能指标的测试

放大器类别	u_s/mV	u_i/mV	u_L/V	u_o/V	A_u	R_i/kΩ	R_o/kΩ
基本放大器							
负反馈放大器							

3．测试负反馈放大电路的各项性能指标

将实验电路恢复为图 8.5 所示的负反馈放大电路。适当加大 u_s（约 10 mV），在输出波形不失真的条件下，测量负反馈放大电路的 A_u、R_{if} 和 R_{of}，记入表 8.12 中。

四、实验报告要求

（1）画出实验电路图，整理实验数据。
（2）将基本放大电路和负反馈放大电路动态参数的实测值和理论估算值列表进行比较。
（3）讨论电压串联负反馈对放大电路性能的影响。

实验 4　差分放大电路

一、实验目的

（1）通过实验加深理解差分放大电路的性能特点。
（2）掌握差分放大电路的调整及性能指标的测量方法。

二、实验使用仪器与器件

（1）直流稳压电源 1 个；
（2）信号发生器 1 台；
（3）电子交流毫伏表 1 只；
（4）电子示波器 1 台；
（5）万用表 1 只；
（6）三极管 3DG6×3（$\beta=50\sim100$）要求 VT_1、VT_2 管特性参数一致，电阻器、电容器若干。

三、实验内容及步骤

1．典型差分放大电路性能测试

按图 8.7 连接实验电路，开关 S 拨向左边构成典型差分放大电路。

（1）测量静态工作点。将放大器输入端 A、B 与地短接，接通 ±12 V 直流电源，调节调零电位器 R_p，用直流电压表测量输出电压 U_o，使 $U_o=0$。调节要仔细，力求准确。零点调好以后，用直流电压表测量 VT_1、VT_2 管各电极的电位及射极电阻 R_e 两端的电压 U_{R_e}，将测量结果记入表 8.13。

表 8.13 静态工作点测量

测量值	U_{CQ} /V	U_{BQ} /V	U_{EQ} /V	U_{CQ} /V	U_{BQ} /V	U_{EQ} /V	U_{Re} /V
计算值	I_{CQ} /mA			I_{BQ} /mA		U_{CEQ} /V	

（2）测量差模电压放大倍数。断开直流电源，调节函数信号发生器的输出为频率 $f=1$ kHz 的正弦信号，并将输出端接在放大电路的输入端 A，地端接放大电路输入端 B 构成双端输入方式（注意：此时信号源浮地）。先使输入信号 u_i 的幅度为零，用示波器观察输出端（集电极 c1 或 c2 与地之间）。

接通±12 V 直流电源，逐渐增大输入电压 u_i（约 100 mV），在输出波形无失真的情况下，用交流毫伏表测 u_i、u_{C1} 和 u_{C2}，并记入表 8.14 中；观察 u_i、u_{C1} 和 u_{C2} 之间的相位关系及 u_{Re} 随 u_i 的改变而变化的情况。（如测 u_i 时因浮地有干扰，可分别测 A 点和 B 点对地间电压，两者之差为 u_i）。

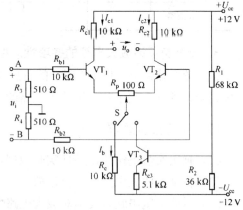

图 8.7 差分放大电路实验电路

（3）测量共模电压放大倍数。将放大电路 A、B 短接，信号源接 A 端与地之间，构成共模输入方式。输入信号为 $f=1$ kHz，$u_i=1$ V 的正弦波，在输出电压不失真的情况下，测量 u_{C1}、u_{C2} 之值记入表 8.14，并观察 u_i、u_{C1} 和 u_{C2} 之间的相位关系及 u_{Re} 随 u_i 的改变而变化的情况。

2. 具有恒流源的差分放大电路性能测试

将图 8.7 所示电路中开关 S 拨向右边，构成具有恒流源的差分放大电路。重复内容 1 中步骤（2）和（3），并测出相应的数据，记入表 8.14 中。

表 8.14 差分放大电路性能测试

电路 测量值	典型差分放大电路		具有恒流源差分放大电路	
	双端输入	共模输入	双端输入	共模输入
u_i	100 mV	1 V	100 mV	1 V
u_{C1} /V				
u_{C2} /V				
$A_{d1}=\dfrac{u_{C1}}{u_i}$		—		—
$A_d=\dfrac{u_o}{u_i}$		—		—
$A_{c1}=\dfrac{u_{C1}}{u_i}$				
$A_c=\dfrac{u_o}{u_i}$	—		—	
$K_{CMR}=\left|\dfrac{A_d}{A_c}\right|$				

四、实验报告要求

（1）将典型差分放大电路单端输出时的 K_{CMR} 实测值与理论值比较，并分析原因。

（2）比较典型差分放大电路单端输出时的 K_{CMR} 实测值与具有恒流源的差分放大电路的 K_{CMR} 的实测值，并分析之。

（3）比较 u_i、u_{C1} 和 u_{C2} 之间的相位关系。

（4）根据实验中所观察的现象，总结电阻器 R_e 和恒流源的作用。

实验 5　集成运算放大器的基本应用一：模拟运算电路

一、实验目的

（1）了解集成运算放大器的三种输入方式。

（2）了解用集成运算放大器组成的比例、加法、减法和积分等基本运算电路的功能。

二、实验使用仪器与器件

（1）直流稳压电源 1 个；

（2）信号发生器 1 台；

（3）电子交流毫伏表 1 只；

（4）电子示波器 1 台；

（5）万用表 1 只；

（6）集成运算放大器 μA741×1，电阻器、电容器若干。

三、实验内容及步骤

本实验采用的集成运放型号为 μA741（或 F007），引脚排列如图 8.8 所示。它是八引脚双列直插式组件，2 引脚和 3 引脚为反相和同相输入端，6 引脚为输出端，7 引脚和 4 引脚为正、负电源端，1 引脚和 5 引脚为失调调零端，15 引脚之间可接入一只几十千欧的电位器并将中心抽头接到负电源端。8 引脚为空脚。

实验前要看清集成运放组件各引脚的位置；切忌正、负电源极性接反和输出端短路，否则将会损坏集成块。

1．反相比例运算电路

（1）按图 8.9 连接实验电路，接通±12 V 电源，输入端对地短路，进行调零和消振。

（2）输入端加入 f=100 Hz，$u_i=0.5$ V 的正弦交流信号。

（3）用毫伏表测出相应的输出 u_o，并记入表 8.15 中。

表 8.15　反相比例运算电路的测试

u_i/V	u_o/V	u_i 波形	u_o 波形	A_u	
				实测值	计算值

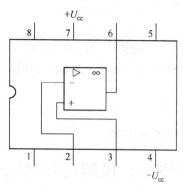

图 8.8 μA741 引脚图

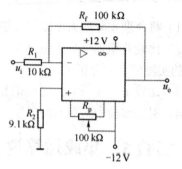

图 8.9 反相比例运算电路

（4）用示波器观察输入、输出波形，比较他们的相位关系。

2. 同相比例运算电路

（1）按图 8.10（a）连接实验电路。实验步骤同上，将结果记入表 8.16 中。

（2）将图 8.10（a）中的 R_1 断开，得图 8.10（b）电路重复内容 1。

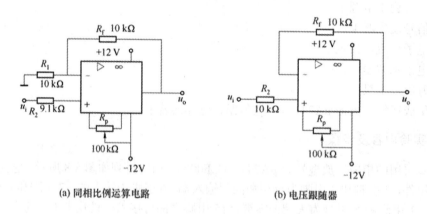

（a）同相比例运算电路　　　　　　　　（b）电压跟随器

图 8.10 同相比例运算电路

表 8.16 同相比例运算电路

u_i/V	u_o/V	u_i波形	u_o波形	A_u	
				实测值	计算值
		u_i 　 O 　 t	u_o 　 O 　 t		

3. 反相加法运算电路

（1）按图 8.11 连接实验电路。注意调零和消振。

（2）本部分实验输入端采用如图 8.12 所示电路构成的直流信号。实验时要注意选择合适的直流信号幅度以确保集成运放工作在线性区。用直流电压表测量输入电压 u_{i1}、u_{i2} 及输出电压 u_o，记入表 8.17 中。

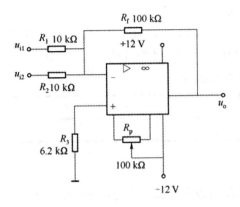

图 8.11　反相加法运算电路

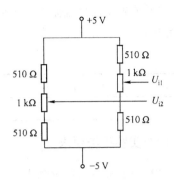

图 8.12　简易可调直流信号源

表 8.17　反相加法运算电路的测试

u_{i1} /V				
u_{i2} /V				
u_o /V				

4. 减法运算电路

按图 8.13 连接实验电路。要求同上，测量结果记入表 8.18 中。

表 8.18　减法运算电路的测试

u_{i1} /V				
u_{i2} /V				
u_o /V				

5. 积分运算电路

（1）按图 8.14 连接实验电路。打开 S2，闭合 S1，对集成运放输出进行调零。

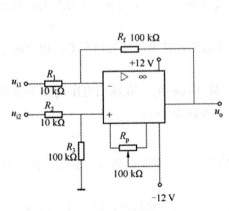

图 8.13　减法运算电路

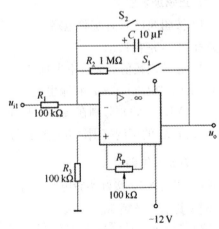

图 8.14　积分运算电路

（2）调零完成后，再打开 S1，闭合 S2，使 $u_C(0)=0$。

（3）预先调好直流输入电压 $u_i=0.5\,\text{V}$，接入实验电路，再打开 S2，然后用直流电压表测量输出电压 u_o，每隔 6 s 读一次 u_o，记入表 8.19 中，直到 u_o 不继续明显增大为止。

表 8.19　积分运算电路测试

t/s	0	6	12	18	24	30	36	...
u_o/V								

四、实验报告要求

（1）整理实验数据及结果，画出波形图，总结集成运算放大器的各种运算功能。

（2）将实测数据和理论计算结果相比较，分析产生误差的原因。

实验 6　集成运算放大器的基本应用二：波形发生器

一、实验目的

学习用集成运算放大器构成正弦波发生器、方波发生器和三角波发生器。

二、实验使用仪器与器件

（1）直流稳压电源 1 个；

（2）信号发生器 1 台；

（3）电子交流毫伏表 1 只；

（4）电子示波器 1 台；

（5）万用表 1 只；

（6）集成运算放大器 μA741×2、稳压管 2CW231×1，电阻器、电容器若干。

三、实验内容及步骤

1. 正弦波发生器

（1）按图 8.15 接好实验电路。改变负反馈支路 R_p 的阻值，使电路输出正弦信号，观察并描绘输出电压 u_o 的波形。

（2）在输出幅值最大且不失真的情况下，用示波器测量输出信号的频率 f_0，用交流毫伏表测量出反馈电压 u_+、u_- 和输出电压 u_o。

（3）VD_1、VD_2 分别在接入和断开的情况下，调节电阻 R_p，在输出电压 u_o 不失真的条件下，记下 R_p 的可调范围，并进行比较，分析 VD_1、VD_2 的作用。

2. 方波发生器

（1）按图 8.16 接好实验电路。将 R_p 调至中心位置，观察并描绘方波 u_o 和三角波 u_c 的波形，测量其幅值及频率。

（2）改变 R_p 的位置，观察 u_o 和 u_c 的波形、幅值及频率的变化情况，把动点调到最上端和最下端，测出频率范围。

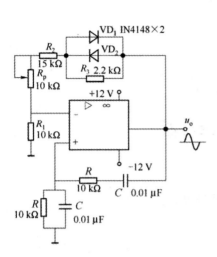

图 8.15　R_c 桥式正弦波振荡器

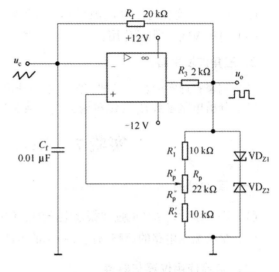

图 8.16　方波发生器

（3）将 R_p 调至中心位置，用一导线将两稳压管之一短接，观察 u_o 的波形，分析 VD_Z 限幅的作用。

3.　三角波-方波发生器

（1）按图 8.17 接好实验电路。将 R_p 调至中心位置，观察 u'_o 和 u_o 的波形、幅值及频率。

（2）改变 R_p 的位置，观察其对 u'_o 和 u_o 的波形、幅值及频率的影响。

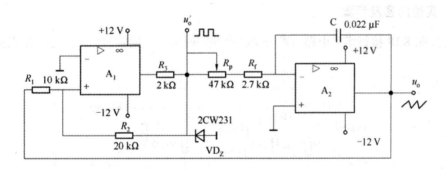

图 8.17　三角波-方波发生器

四、实验报告要求

1.　正弦波发生器

（1）列表整理实验数据，画出波形，把实测频率与理论值进行比较。

（2）讨论 R_p 调节对建立自激振荡的影响。

（3）讨论二极管 VD_1、VD_2 的稳幅作用。

2.　方波发生器

（1）列表整理实验数据，把实测频率与理论值进行比较。

（2）分析 R_p 变化时，对 u_o 波形的幅值及频率的影响。

（3）讨论 VD_Z 的限幅作用。

3．三角波发生器

（1）列表整理实验数据，把实测频率与理论值进行比较。

（2）分析电路参数 R_p 变化对输出波形频率及幅值的影响。

实验 7　　RC 正弦波振荡器

一、实验目的

（1）进一步学习 RC 正弦波振荡电路的工作原理和电路结构。

（2）学会振荡电路的调整与测量频率的方法。

二、实验使用仪器与器件

（1）直流稳压电源 1 个；

（2）信号发生器 1 台；

（3）电子交流毫伏表 1 个；

（4）电子示波器 1 台；

（5）万用表 1 只；

（6）三极管 3DG12×2 或 9013×2，电阻器、电容器若干。

三、实验内容及步骤

（1）按图 8.18 接好实验电路。断开 RC 串并联网络，测量放大电路静态工作点及电压放大倍数。

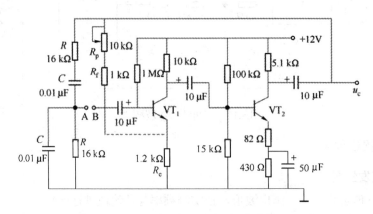

图 8.18　RC 串并联选频网络振荡器

（2）接通 RC 串并联网络，并使电路起振，用示波器观测输出电压 u_o 波形，调节 R_f 使获得满意的正弦信号，记录波形及其参数。

（3）测量振荡频率，并与计算值进行比较。

（4）测量负反馈放大电路的放大倍数 A_{uf} 及反馈系数 F：

① 调节 R_p 使电路振荡并维持稳定振荡时，记下此时的幅值 u_o。

② 断开 A、B 连线，在 B 端加入和振荡频率一致的电压信号，使输出波形的幅值与原振荡幅值相同。测量 B 点对地电位和电阻器 R_e 上的压降。

③ 断开电源及信号源，用万用表测量电位器 R_p 此时的电阻值，并将测量结果记入表 8.20 中。

表 8.20

测　量　值					计算值	
u_i	u_o	u_i	R_f+R_p	A_{uf}	$F=\dfrac{R_e}{R_e+(R_f+R_p)}$	

四、实验报告要求

（1）绘出实验电路图。

（2）由给定电路参数计算振荡频率，并与实测值比较，分析误差产生的原因。

实验 8　低频功率放大器：OTL 功率放大器

一、实验目的

（1）进一步理解 OTL 功率放大器的工作原理。

（2）掌握 OTL 功率放大器的调试及主要性能指标的测试方法。

二、实验使用仪器与器件

（1）直流稳压电源 1 个；

（2）信号发生器 1 台；

（3）电子交流毫伏表 1 只；

（4）电子示波器 1 台；

（5）直流电压表 1 只。

（6）直流毫安表 1 只；

（7）三极管 3DG6×1、3DG12×1、3CG12×1，二极管 IN4007×1，8Ω 喇叭×1，电阻器、电容器若干。

三、实验内容及步骤

1. 静态工作点的测试

按图 8.19 连接实验电路，电源进线中串入直流毫安表，先使输入信号 $u_i=0$，电位器 R_{p2} 置最小位，R_{p1} 置中间位置。接通+5 V 电源，观察毫安表指示，同时用手触摸输出级三极管，若电流过大，或三极管温升显著，应立即断开电源检查原因（如 R_{p2} 开路，电路自激，或输出管性能不好等）。如无异常现象，可开始调试。

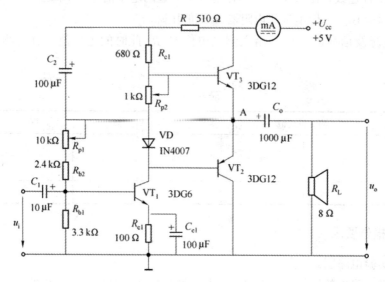

图 8.19 OTL 功率放大器实验电路

（1）调节电位器 R_{p1}，用直流电压表测量 A 点电位，使 $U_A = \frac{1}{2}U_{CC}$。

（2）调节 R_{p2}，使 VT_2、VT_3 管的 $I_{C2} = I_{C3} = 5 \sim 10 \text{ mA}$，以防止交越失真。

输出级电流调好以后，测量各级静态工作点，记入表 8.21 中。

表 8.21 静态工作点测量

测量电位 ＼ 三极管	VT_1	VT_2	VT_3
U_{BQ} /V			
U_{CQ} /V			
U_{EQ} /V			

2. 最大输出功率 P_{om} 和效率 η 的测试

（1）测量 P_{om}。在输入端接入 $f = 1 \text{ kHz}$ 的正弦信号，输出端用示波器观察输出电压波形。逐渐增大 u_i，使输出电压达到最大不失真输出，用交流毫伏表测出负载 R_L 两端的电压 u_{om}，则放大器最大不失真输出功率为 $P_{om} = \dfrac{u_{om}^2}{R_L}$。

（2）测量 η。当输出电压为最大不失真输出时，读出直流毫安表中的电流值，此电流即为直流电源供给的平均电流 I_{dc}（有一定误差），由此可近似求得 $P_E = U_{CC}I_{dc}$，再根据上面测得的 P_{om}，即可求出 $\eta = \dfrac{P_{om}}{P_E}$。

3. 噪声电压的测试

测量时将输入端短路，观察输出噪声波形，并用交流毫伏表测量输出电压，即为噪声电压 U_N，电路若 $U_N < 15\,\text{mV}$，即满足要求。

四、实验报告要求

（1）整理实验数据，计算静态工作点、最大不失真输出功率 P_{om} 和效率 η 等，并与理论值进行比较。画频率响应曲线。

（2）讨论实验中发生的问题及解决办法。

实验 9　串联型直流稳压电源

一、实验目的

（1）研究单相桥式整流、电容滤波电路的特性。

（2）掌握串联型晶体管稳压电源主要技术指标的测试方法。

二、实验使用仪器与器件

（1）直流稳压电源 1 个；

（2）信号发生器 1 台；

（3）电子交流毫伏表 1 只；

（4）电子示波器 1 台；

（5）直流电压表 1 只；

（6）直流毫安表 1 只；

（7）三极管 3DG6×2、3DG12×1，二极管 IN4007×4，稳压管 2CW53×1，电阻器、电容器若干。

三、实验内容及步骤

1. 整流滤波电路测试

按图 8.20 连接实验电路。将可调工频电源调至 16 V，作为整流电路输入电压 u_2。

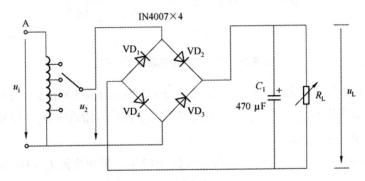

图 8.20　整流滤波电路

（1）取 $R_L = 240\,\Omega$，不加滤波电容器，测量 U_L、u_2 及纹波电压 $\tilde{U}_L$，并用示波器观察 U_L、u_2 波形．记入表 8.22 中。

（2）仍取 $R_L = 240\,\Omega$，在整流电路与负载之间接入滤波电容器 $C = 470\,\mu F$，重复内容（1）的要求，记入表 8.22 中。

（3）再取 $R_L = 120\,\Omega$，$C = 470\,\mu F$，重复内容（1）的要求，记入表 8.22 中。

表 8.22　整流滤波电路测试

电路形式		U_L/V	u_L/V	u_L 波形
$R_L = 240\,\Omega$				
$R_L = 240\,\Omega$ $C = 470\,\mu F$				
$R_L = 120\,\Omega$ $C = 470\,\mu F$				

2. 串联型稳压电源性能测试

在图 8.20 基础上按图 8.21 连接好实验电路。

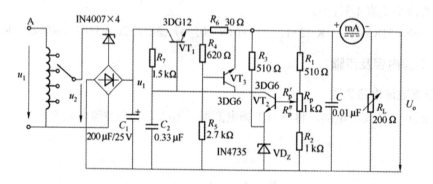

图 8.21　串联型稳压电源实验电路

（1）测量输出电压可调范围。调节负载 R_L，使输出电流 $I_o \approx 100\,mA$。再调节电位器 R_p，测量输出电压可调范围 $U_{o\,min} \sim U_{o\,max}$，且使 R_p 动点在中间位置附近时 $U_o = 12\,V$。若不满足要求，可适当调整 R_1、R_2 之值。

（2）测量各级静态工作点。调节输出电压 $U_o = 12\,V$，输出电流 $I_o \approx 100\,mA$，使工频电源为 16 V 情况下，测量各级静态工作点，并记入表 8.23 中。

表 8.23　静态工作点测试

三极管 测量电位	VT$_1$	VT$_2$	VT$_3$
U_{BQ}/V			
U_{CQ}/V			
U_{EQ}/V			

（3）测量稳压系数 S。取 $I_o \approx 100$ mA，按表 8.24 改变整流电路输入电压 u_2（模拟电网电压波动），分别测出相应的稳压器输入电压 U_i 及输出直流电压 U_o，记入表 8.24 中。

（4）测量输出电阻 R_o。取 $u_2 = 16$ V，改变滑动变阻器 R_L 位置，使 I_o 分别为空载、50 mA 和 100 mA，测量相应的 U_o 值，记入表 8.25 中。

表 8.24　稳压系数的测量

测　试　值			计　算　值
u_2/V	U_i/V	U_o/V	S
14			
16		12	
18			$S_{23}=$

表 8.25　输出电阻的测量

测　试　值		计　算　值
I_o/mA	U_o/V	R_o/Ω
空载		$R_{o12}=$
50	12	
100		$R_{o23}=$

（5）测量输出纹波电压。取 $u_2 = 16$ V，$U_o = 12$ V，$I_o \approx 100$ mA 测量输出纹波电压 $\tilde{U}_o$。

（6）调整过流保护电路：

① 断开工频电源，接上保护回路，再接通工频电源，调节 R_p 及 R_L 使 $U_o = 12$ V，$I_o \approx 100$ mA 此时保护电路应不起作用，测出 VT$_3$ 管各极电位值。

② 逐渐减小 R_L，使 I_o 增加到 120 mA，观察 U_o 是否下降，并测出保护起作用时 VT$_3$ 管各极的电位值。若保护作用过早或迟后，可改变 R_6 之值进行调整。

③ 用导线瞬时短接一下输出端，测量 U_o 值，然后去掉导线，检查电路是否能自动恢复正常工作。

四、实验报告要求

（1）将各项测试数据列表并与理论值比较。

（2）记录和分析实验中出现的故障及其排除方法。

附　录

本书图形符号对照表

序　号	名　称	软件截图中画法	国家标准画法
1	二极管		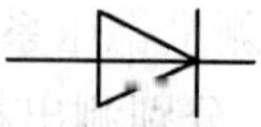
2	三极管	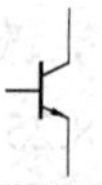	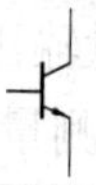
3	电解电容器		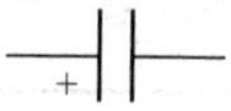
4	电位器	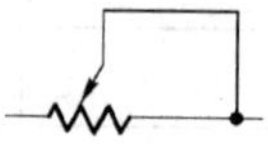	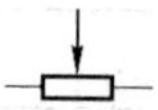
5	电阻器		
6	稳压二极管		
7	集成运放	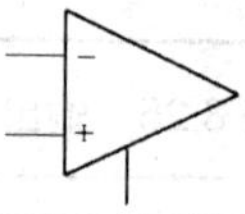	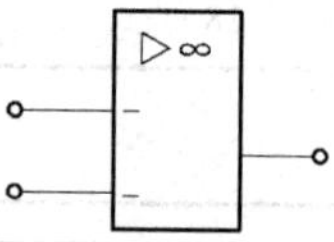
8	交流电压源		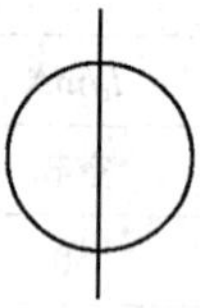
9	直流电流源	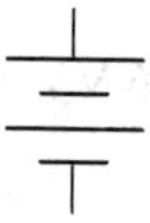	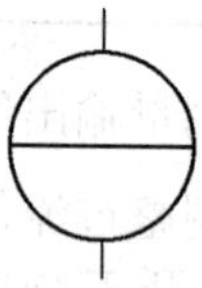
10	二极管整流桥	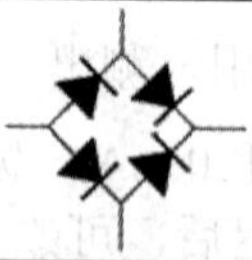	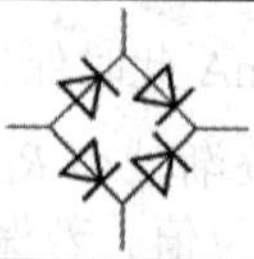
11	变压器	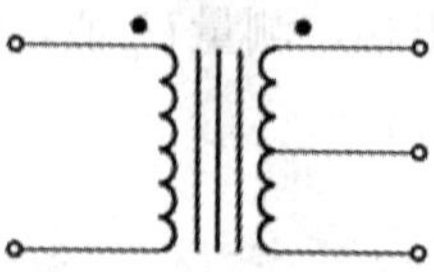	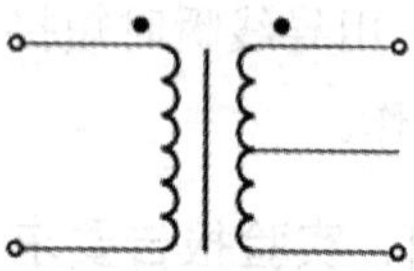
12	开关		

部分习题参考答案

单 元 1

1~5 A、C、C、C、A、B、C; 6. D

9. $U_O = 8.5\,V$ $I_Z = 8.4\,mA$ 安全

11. (a) VD 导通 $U_O = 3.7\,V$

(b) VD_1 截止 VD_2 导通 $U_O = 5.3\,V$

12. (1) S 闭合。

(2) R 的范围为:

$$R_{min} = (V - U_D)/I_{Dmax} \approx 233\,\Omega$$
$$R_{max} = (V - U_D)/I_{Dmin} = 700\,\Omega$$

15. (a) 饱和; (b) 放大; (c) 截止; (d) 放大

16. e c b; 硅管; NPN 型

17. (a) 可能; (b) 可能; (c) 不可能; (d) 不可能; (e) 可能

18. 选用 $\beta = 100$、$I_{CBO} = 10\,\mu A$ 的三极管,因其 β 适中、I_{CEO} 较小,因而温度稳定性较另一只三极管好。

19. $I_B = 0.023\,mA$ $I_C = 2.3\,mA$ $U_{CE} = 5.1\,V$

20. $I_C = 2.6\,mA$ $U_{CE} = 4.2\,V$

单 元 2

1~5 A、B、D、B、C; 6. A

7. (1) $U_2 = 16.7\,V$

(2) $I_{F\,min} = 55\,mA$ $U_{R\,min} = 26\,V$

8. (2) $U_{O(AV)} \approx 0.9U_2$ $I_{L(AV)} \approx \dfrac{0.9U_2}{R_L}$

(3) $I_D \approx \dfrac{0.45U_2}{R_L}$ $U_R = 2\sqrt{2}U_2$

9. (1) 均为上"+"、下"−"。

(2) 均为全波整流。

(3) $U_{O1} = -U_{O2} = 18\,V$

(4) $U_{O1} = -U_{O2} = 18\,V$

10. (1) R_L 开路;

(2) 正常;

(3) C 开路;

(4) 半波整流、C 开路。

11.（1）$R_2 = \dfrac{U_Z}{(I_{R1\max} - I_{Z\max})} = 600\,\Omega$

（2）$R_{L\min} = \dfrac{U_Z}{I_{L\max}} = 250\,\Omega$

$R_{L\min} = \infty$

12.（1）$U_2 = 20\,\text{V}$

（2）$U_O = 6\,\text{V}$

13. 19.5 V

14. 9 V

15. $U_O = (1.25 \sim 20)\,\text{V}$

单 元 3

1～5 C、A、C、D、C；6. A

7.（1）$R_b \approx 565\,\text{k}\Omega$

（2）$R_L = 1.5\,\text{k}\Omega$

8.（1）$I_{BQ} = 31\,\mu\text{A}$　　$I_{CQ} = 1.86\,\text{mA}$　　$U_{CEQ} = 4.56\,\text{V}$

（2）$A_u = -95$

（3）$R_i = 952\,\Omega$　　$R_o = 3\,\text{k}\Omega$

9.（1）$I_{CQ} = 1.76\,\text{mA}$　　$U_{CEQ} = 5.1\,\text{V}$　　$I_{BQ} = 22\,\mu\text{A}$

（2）$A_u = -214$　　$R_i = 1.38\,\text{k}\Omega$　　$R_o = 3.9\,\text{k}\Omega$

10.（1）$U_{BQ} == 4.92\,\text{V}$　　$I_{EQ} == 1.92\,\text{mA}$　　$U_{CEQ} = 11.5\,\text{V}$

（2）$A_u = -144$　　$R_i = 1.2\,\text{k}\Omega$　　$R_o = 4.3\,\text{k}\Omega$

11.（1）$I_{BQ} == 32.3\,\mu\text{A}$　　$I_{EQ} = 2.61\,\text{mA}$　　$U_{CEQ} = 7.17\,\text{V}$

（2）$R_i = 110\,\text{k}\Omega$　　$A_u = 0.996$　　$R_i = 76\,\text{k}\Omega$　　$A_u = 0.992$

（3）$R_o = 37\,\Omega$

12.（1）$I_{CQ1} = I_{CQ2} = 0.83\,\text{mA}$　　$U_{CEQ} = 2.4\,\text{V}$

（2）$A_{ud} = -293$

（3）$R_{id} = 5.5\,\text{k}\Omega$　　$R_o = 20\,\text{k}\Omega$

13. $u_{ic} = 15\,\text{mV}$　　$u_{id} = 10\,\text{mV}$　　$\Delta u_O = -0.67\,\text{V}$

14.（1）$I_{CQ1} = I_{CQ2} = 0.35\,\text{mA}$　　$U_{CQ1} = U_{CQ2} = 7.8\,\text{V}$

（2）$A_u = -154$

（3）$R_{id} = 12.4\,\text{k}\Omega$　　$R_o = 24\,\text{k}\Omega$

15. $I_{EQ} = 0.517\,\text{mA}$　　$A_d = -95$　　$R_i = 16.7\,\text{k}\Omega$

16. $u_1 = 37.6\,\text{mV}$　　$u_O = 2.9\,\text{V}$

17.（a）$A_u = -\dfrac{\beta_1\left\{R_2 /\!/ [r_{be2} + (1+\beta_2)R_3]\right\}}{R_1 + r_{be1}} \cdot \dfrac{(1+\beta_2)R_3}{r_{be2} + (1+\beta_2)R_3}$　　$R_i = R_1 + r_{be1}$　　$R_o = R_3 /\!/ \dfrac{r_{be2} + R_2}{1 + \beta_2}$

（b）$A_u = \dfrac{(1+\beta_1)(R_2 /\!/ R_3 /\!/ r_{be2})}{r_{be1} + (1+\beta_1)(R_2 /\!/ R_3 /\!/ r_{be2})} \cdot \left(-\dfrac{\beta_2 R_4}{r_{be2}}\right)$　　$R_i = R_1 /\!/ [r_{be1} + (1+\beta_1)(R_2 /\!/ R_3 /\!/ r_{be2})]$　　$R_o = R_4$

18. （1） $A_u = -25.7$　　　$R_i = 10.5 \text{ k}\Omega$　　　$R_o = 67\ \Omega$

（2） $U_o = 216\text{ mV}$

单元 4

1～5　D、B、D、C、C；6～7A、D

8.（a）引入了交、直流负反馈

（b）引入了交、直流负反馈

9.（a）并联电路负反馈

（b）电压并联负反馈

10. $A_{uf} = 1 + \dfrac{R_6}{R_4}$

11. $A_{uf} = 2$

12.（a） $U_o = -1.8\,\text{V}$ ；（b） $U_o = 5\,\text{V}$ ；（c） $U_o = 6.2\,\text{V}$ ；（d） $U_o = 2.8\,\text{V}$

13. $U_O = 12\,\text{V}$

14. $u_o = (K+1)(u_{i2} - u_{i1})$

15. $u_o = i_S R_F$

16. $u_{i1} + u_{i2} = -0.02u_o'$

单元 5

1～5　B、A、A、A、B；6.C

7.（a）可能；（b）不可能

单元 6

1～5　C、D、C、D、C

6. $P_{om} = 24.5\,\text{W}$　　　$\eta = 69.8\%$

7. $P_{om} = 5.06\,\text{W}$　　　$\eta = 70.6\%$

8. $P_{om} = 0.456\,\text{W}$　　　$P_{DC} = 0.645\,\text{W}$　　　$P_C = 0.189\,\text{W}$

9. $P_{om} = 4\,\text{W}$　　　$\eta = 69.8\%$

单元 7

4. $f_H = 133\,\text{kHz}$　　　$f_L = 159\,\text{kHz}$

5. $f_H = 3.45\,\text{MHz}$　　　$f_L = 12.5\,\text{Hz}$

6. $C = 0.212\,\mu\text{F}$

参 考 文 献

[1] 康华光. 电子技术基础（模拟部分）[M]. 4 版. 北京：高等教育出版社，1999.

[2] 华成英. 模拟电子技术基本教程[M]. 北京：清华大学出版社，2006.

[3] 陈仲林. 模拟电子技术基础[M]. 北京：人民邮电出版社，2006.

[4] 曾令琴. 模拟电子技术[M]. 北京：人民邮电出版社，2008.

[5] 杨素行. 模拟电子电路[M]. 北京：中央广播电视大学出版社，1994.

[6] 胡宴如. 模拟电子技术[M]. 2 版. 北京：高等教育出版社，2004.

[7] 沈任元. 模拟电子技术基础[M]. 北京：机械工业出版社，2000.

[8] 蒋黎红. 电子技术基础实验 MULTISIM 10 仿真[M]. 北京：电子工业出版社，2010.

[9] 童诗白. 模拟电子技术基础[M]. 北京：高等教育出版社，2006.

[10] 陈大钦. 电子技术基础实验：电子电路实验、设计[M]. 北京：高等教育出版社，2010.

[11] 何金茂. 电子技术基础实验[M]. 北京：高等教育出版社，1991.

[12] 吴荣海. 模拟电子技术[M]. 北京：机械工业出版社，2011.